STARK

ABITUR

Prüfungsaufgaben mit Lösungen **2005**

Mathematik

Leistungskurs
Gymnasium
Bayern
1996–2004

STARK

Die Jahrgänge ab 1998 wurden nach den Regeln der neuen Rechtschreibung abgefasst.

ISBN: 3-89449-081-0

D-85318 Freising · Postfach 1852 · Tel. (0 81 61) 1790
27. ergänzte Auflage 2004

Inhalt

Fortsetzung nächste Seite

Abiturprüfung 2000

Abiturprüfung 2001

Abiturprüfung 2002

Abiturprüfung 2003

Abiturprüfung 2004

Jeweils im Herbst erscheinen die neuen Ausgaben der Abiturprüfungsaufgaben mit Lösungen.

Lösungen der Aufgaben:

StD Sybille Reimann

Hinweise

Liebe (Fast-)Abiturienten!

Dieses Heft mit den vom bayerischen Kultusministerium zentral gestellten Abituraufgaben der letzten 9 Jahre soll es Ihnen ermöglichen, sich möglichst frühzeitig mit dem Stil der Prüfungsaufgaben vertraut zu machen, um so die „Schrecksekunden“ zu verringern. Wenn Sie anhand dieser Aufgaben die Prüfungssituation „durchspielen“, sollten Sie sich auch an die vorgegebene Prüfungszeit halten. Sie müssen im Abitur je Prüfungsgebiet eine der Aufgaben bearbeiten (die Auswahl trifft Ihr Kursleiter!) und haben dazu insgesamt 4 Stunden Zeit.

Die Verteilung der zu erzielenden Punkte – 40 Punkte für jedes Prüfungsgebiet – kann als Anhaltspunkt für die Zeiteinteilung – also 80 Minuten für jede Aufgabe – angesehen werden. Die Erfahrung hat gezeigt, dass die Aufgabe in der Wahrscheinlichkeitsrechnung oft weniger Zeit erfordert, sodass „Luft“ für die anderen Gebiete bleibt.

Damit Sie dieses Heft nicht nur unmittelbar vor der Abiturprüfung, sondern schon von Beginn Ihrer Leistungskurszeit an sinnvoll einsetzen können, finden Sie vorne ein **Stichwortverzeichnis**. Auf diese Weise können Sie sich – entsprechend dem bis dahin behandelten Stoff – bereits für die 1. Leistungskursklausur die passenden Aufgaben heraussuchen. Mit etwas Glück liegen Sie damit in der Klausur genau richtig, denn schließlich sollen diese Arbeiten Sie auf das Abitur vorbereiten.

Also: An die Aufgaben, damit Ihr Fleiß mit vielen Punkten belohnt wird!

Sybille Reimann

Stichwortverzeichnis

Infinitesimalrechnung

Wahrscheinlichkeitsrechnung

Analytische Geometrie

Leistungskurs Mathematik: Abiturprüfung 1996
Infinitesimalrechnung I

Gegeben ist die Schar der Funktionen

$$f_k\colon\ x \mapsto \frac{1}{x\cdot(k-\ln x)^2} \quad \text{mit } k \in \mathbb{R} \text{ und maximaler Definitionsmenge } D_k.$$

Der zu f_k gehörige Graph wird mit G_k bezeichnet.

1. a) Begründen Sie, daß $D_k = \mathbb{R}^+ \setminus \{e^k\}$ ist.
Untersuchen Sie das Verhalten von f_k an den Rändern von D_k.
Hinweis: $\lim\limits_{x \overset{>}{\to} 0} x\cdot(\ln x)^n = 0$ mit $n \in \mathbb{N}$ kann verwendet werden. (6 BE)

   b) Zeigen Sie: $f_k'(x) = \dfrac{2-k+\ln x}{x^2\cdot(k-\ln x)^3}$

   Bestimmen Sie Koordinaten und Art des Extrempunkts von f_k und geben Sie das Monotonieverhalten von f_k an. (10 BE)

   c) Berechnen Sie $f_1(e^2)$, $f_1(1)$ und $f_1'(1)$. Zeichnen Sie G_1 unter Verwendung der bisherigen Ergebnisse (Längeneinheit 2 cm). (6 BE)

2. Jeder Graph G_k hat genau eine Tangente t_k, die durch den Ursprung geht.

   a) Bestimmen Sie die Funktionsgleichung für t_k und zeichnen Sie t_1 in das Koordinatensystem von Teilaufgabe 1 c ein.
[Ergebnis: t_k: $y = e^{2-2k}\cdot x$] (7 BE)

   b) Die Tangente t_k bildet mit der x-Achse und der Geraden $x = e^k$ ein Dreieck. Zeigen Sie, daß der Flächeninhalt dieses Dreiecks unabhängig von k ist. (2 BE)

3. a) Bestimmen Sie mittels einer geeigneten Substitution eine Stammfunktion F_k von f_k.

   [mögliches Ergebnis: $F_k(x) = \frac{1}{k-\ln x}$] (4 BE)

   b) Weisen Sie nach, daß die uneigentlichen Integrale

   $$\int_0^{\frac{e}{2}} f_1(t)\,dt \quad \text{und} \quad \int_{2e}^{\infty} f_1(t)\,dt$$

   existieren und gleich sind. (5 BE)

(40 BE)

Lösungen

1. a) Nenner $\neq 0 \Rightarrow x \neq 0$ und $\ln x \neq k$, also $x \neq e^k$
$\mathbb{D}_{\ln} = \mathbb{R}^+ \Rightarrow x > 0$
$\Big\} \Rightarrow \mathbb{D}_k = \mathbb{R}^+ \setminus \{e^k\}$

$$\lim_{x \overset{>}{\to} 0} f_k(x) = \lim_{x \overset{>}{\to} 0} \frac{1}{xk^2 - 2\underbrace{xk\ln x}_{\text{siehe}} + \underbrace{x(\ln x)^2}_{\text{Hinweis}}} = \text{"}\frac{1}{0^+ \cdot k^2 - 2k \cdot 0^+ + 0^+}\text{"} = \text{"}\frac{1}{0^+}\text{"} = +\infty$$

$$\lim_{x \overset{<}{\to} e^k} f(x) = \text{"}\frac{1}{e^k(k-k)^2}\text{"} = \text{"}\frac{1}{0^+}\text{"} = +\infty$$

$$\lim_{x \overset{>}{\to} e^k} f(x) = \text{"}\frac{1}{e^k(k-k)^2}\text{"} = \text{"}\frac{1}{0^+}\text{"} = +\infty$$

$$\lim_{x \to \infty} f(x) = \text{"}\frac{1}{\infty \cdot (k-\infty)^2}\text{"} = \text{"}\frac{1}{\infty}\text{"} = 0^+$$

b)

$$f'(x) = \frac{-1(k-\ln x)^2 - x \cdot 2(k-\ln x) \cdot \left(-\frac{1}{x}\right)}{x^2(k-\ln x)^4} = \frac{2(k-\ln x) - (k-\ln x)^2}{x^2(k-\ln x)^4} =$$

$$\frac{2-k+\ln x}{x^2(k-\ln x)^3}$$

$f'(x) = 0 \Rightarrow 2-k+\ln x = 0 \Rightarrow \ln x = k-2 \Rightarrow x = e^{k-2}$

$$f(e^{k-2}) = \frac{1}{e^{k-2}(k-k+2)^2} = \frac{1}{4e^{k-2}}$$

Extrempunkt: $\left(e^{k-2} \,/\, \frac{1}{4e^{k-2}}\right)$

Monotonie: Zähler $= 2 - k + \ln x$ — Zähler > 0 für $x > e^{k-2}$; Zähler < 0 für $x < e^{k-2}$

Nenner $= \underbrace{x^2}_{>0}(k-\ln x)^3$ — Nenner > 0 für $x < e^k$; Nenner < 0 für $x > e^k$

	e^{k-2}		e^k	
$Z < 0$		$Z > 0$		$Z > 0$
$N > 0$		$N > 0$		$N < 0$
$f' < 0$		$f' > 0$		$f' < 0$

$f(x)$ streng monoton steigend in $]\,e^{k-2}; e^k\,[$
$f(x)$ streng monoton fallend in $]\,0; e^{k-2}\,[\ \cup\ ]\,e^k; \infty\,[$

somit Min $\left(e^{k-2} \,/\, \frac{1}{4e^{k-2}}\right)$

c) $f_1(x) = \frac{1}{x(1-\ln x)^2}$

$f_1(e^2) = \frac{1}{e^2(1-2)^2} = \frac{1}{e^2} \approx 0{,}14$

$f_1(1) = \frac{1}{1(1-0)^2} = 1$

$f_1'(1) = \frac{2-1+0}{1(1-0)^3} = 1$

$\text{Min}\left(e^{-1} / \frac{e}{4}\right) \approx (0{,}37 / 0{,}68)$

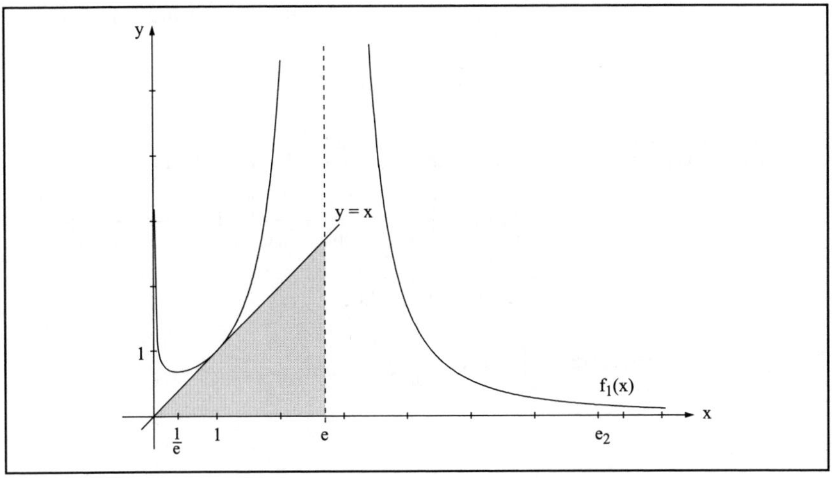

2. a) Tangente durch den Ursprung: $y = mx \Rightarrow f_k(x) = f_k'(x) \cdot x$

somit:

$$\frac{1}{x(k-\ln x)^2} = \frac{2-k+\ln x}{x^2(k-\ln x)^3} \cdot x$$

$$k - \ln x = 2 - k + \ln x$$

$$2k - 2 = 2\ln x$$

$$\ln x = k - 1$$

$$x = e^{k-1}$$ Berührpunkt $\left(e^{k-1} / \frac{1}{e^{k-1}}\right)$

$$f_k'(e^{k-1}) = \frac{2-k+k-1}{e^{2k-2}(k-k+1)^3} = \frac{1}{e^{2k-2}} = e^{2-2k}$$

Tangente: $y = e^{2-2k} \cdot x$ für k = 1 gilt: $y = x$

b) Schnittpunkt zwischen Tangente und Asymptote $x = e^k$:

$y = e^{2-2k} \cdot e^k = e^{2-k} \Rightarrow (e^k / e^{2-k})$

$A_\Delta = \frac{1}{2} \cdot e^k \cdot e^{2-k} = \frac{1}{2} e^2$

3. a) $F_k(x) = \int \frac{1}{x(k-\ln x)^2}\,dx = \int \frac{1}{x \cdot z^2} \cdot (-x\,dz) = \int -\frac{1}{z^2}\,dz = \frac{1}{z} + C = \frac{1}{k-\ln x} + C$

Substitution: $z = k - \ln x \qquad \frac{dz}{dx} = -\frac{1}{x} \;\Rightarrow\; dx = -x\,dz$

b) $$\lim_{a\to 0} \int_a^{\frac{e}{2}} \frac{1}{t(1-\ln t)^2}\,dt = \lim_{a\to 0}\left[\frac{1}{1-\ln t}\right]_a^{\frac{e}{2}} = \lim_{a\to 0}\left[\frac{1}{1-\ln\frac{e}{2}} - \frac{1}{1-\ln a}\right] =$$

$$= \lim_{a\to 0}\left[\frac{1}{1-\ln e-\ln\frac{1}{2}} - \frac{1}{1-\ln a}\right] = \lim_{a\to 0}\left[\frac{1}{\ln 2} - \frac{1}{1-\ln a}\right] =$$

$$= \frac{1}{\ln 2} - \text{"}\frac{1}{1+\infty}\text{"} = \frac{1}{\ln 2}$$

$$\lim_{b\to\infty} \int_{2e}^{b} \frac{1}{t(1-\ln t)^2}\,dt = \lim_{b\to\infty}\left[\frac{1}{1-\ln t}\right]_{2e}^{b} = \lim_{b\to\infty}\left[\frac{1}{1-\ln b} - \frac{1}{1-\ln 2e}\right] =$$

$$= \lim_{b\to\infty}\left[\frac{1}{1-\ln b} - \frac{1}{1-\ln 2-\ln e}\right] = \lim_{b\to\infty}\left[\frac{1}{1-\ln b} + \frac{1}{\ln 2}\right] =$$

$$= \text{"}\frac{1}{1-\infty}\text{"} + \frac{1}{\ln 2} = \frac{1}{\ln 2}$$

$$\int_0^{\frac{e}{2}} f_1(t)\,dt = \int_{2e}^{\infty} f_1(t)\,dt = \frac{1}{\ln 2}$$

Leistungskurs Mathematik: Abiturprüfung 1996
Infinitesimalrechnung II

Gegeben ist die in $\mathbb{R}$ definierte Funktion

$$f:\ x \mapsto \frac{e^{|x|}}{e^x + 1}.$$

Ihr Graph wird mit G bezeichnet.

1. a) Ermitteln Sie das Verhalten von f an den Rändern des Definitionsbereichs. Begründen Sie, daß f stetig ist. (3 BE)

   b) Bestimmen Sie f'(x) für $x \neq 0$ und zeigen Sie damit, daß f in $x = 0$ nicht differenzierbar ist.
   Bestimmen Sie Koordinaten und Art des Extrempunkts.
   [Teilergebnis: $f'(x) = \dfrac{e^x}{(e^x + 1)^2}$ für $x > 0$] (8 BE)

   c) Berechnen Sie f(1) und f(–1), und zeichnen Sie G unter Verwendung der bisherigen Ergebnisse (Längeneinheit 2 cm). (5 BE)

2. Die Einschränkung von f auf $\mathbb{R}_0^+$ wird mit g bezeichnet.

   a) Begründen Sie, daß g umkehrbar ist, bestimmen Sie den Funktionsterm $g^{-1}(x)$ und geben Sie Definitions- und Wertemenge von g^{-1} an. (4 BE)

   b) Bestimmen Sie den Grenzwert der ersten Ableitung von g^{-1} bei rechtsseitiger Annäherung an die Stelle $x = \frac{1}{2}$, ohne den Term $g^{-1}(x)$ zu differenzieren. (3 BE)

   c) Zeichnen Sie den Graphen von g^{-1} unter Verwendung aller bisherigen Ergebnisse in das Koordinatensystem von Teilaufgabe 1 c ein. (3 BE)

3. Nun wird die in ganz $\mathbb{R}$ definierte Funktion $F:\ x \to \int_0^x f(t)\,dt$ betrachtet.

   a) Begründen Sie, ohne die Integration auszuführen, folgende Eigenschaften von F:
   F ist differenzierbar, F besitzt genau eine Nullstelle, der Graph von F weist keine horizontalen Tangenten auf und hat den Ursprung als Wendepunkt. (6 BE)

   b) Bestimmen Sie nun eine integralfreie Darstellung von F(x) für $x \geq 0$. (3 BE)

   c) Untersuchen Sie, ob das für $x \geq 0$ zwischen G und der Geraden mit der Gleichung $y = 1$ gelegene Flächenstück einen endlichen Inhalt besitzt. (5 BE)

(40 BE)

Lösungen

1\. a) $$f(x)=\begin{cases}\dfrac{e^{x}}{e^{x}+1} & \text{für} \quad x\geq 0\\[2mm] \dfrac{e^{-x}}{e^{x}+1} & \text{für} \quad x<0\end{cases}$$

$$\lim_{x\to+\infty} f(x) \overset{\text{l. H.}}{=} \lim_{x\to+\infty} \frac{e^{x}}{e^{x}}=1$$

$$\lim_{x\to-\infty} f(x)=\frac{+\infty}{0+1}=+\infty$$

$$\lim_{x \underset{>}{\to} 0} f(x)=\frac{1}{1+1}=\frac{1}{2} \qquad \lim_{x \underset{<}{\to} 0} f(x)=\frac{1}{1+1}=\frac{1}{2} \qquad f(0)=\frac{1}{2} \quad \Rightarrow \quad f(x) \text{ ist stetig in } \mathbb{R}$$

b) $$f'(x)=\begin{cases}\dfrac{e^{x}(e^{x}+1)-e^{x}\cdot e^{x}}{(e^{x}+1)^{2}}=\dfrac{e^{x}}{(e^{x}+1)^{2}} & \text{für} \quad x>0\\[2mm] \dfrac{-e^{-x}(e^{x}+1)-e^{-x}e^{x}}{(e^{x}+1)^{2}}=\dfrac{-1-e^{-x}-1}{(e^{x}+1)^{2}}=\dfrac{-e^{-x}-2}{(e^{x}+1)^{2}} & \text{für} \quad x<0\end{cases}$$

$$\lim_{x \underset{>}{\to} 0} f'(x)=\frac{1}{(1+1)^{2}}=\frac{1}{4} \qquad \lim_{x \underset{<}{\to} 0} f'(x)=\frac{-1-2}{(1+1)^{2}}=-\frac{3}{4} \quad \Rightarrow \quad \text{nicht diff. bar in } x=0$$

Extrempunkt: $$\left.\begin{array}{ll} f'(x)>0 & \text{für} \quad x>0\\ f'(x)<0 & \text{für} \quad x<0\end{array}\right\} \Rightarrow \text{Tiefpunkt}\left(0 \,/\, \frac{1}{2}\right)$$

c) $$f(1) \;=\frac{e}{e+1} \approx 0{,}73$$

$$f(-1)=\frac{e}{e^{-1}+1} \approx 1{,}99$$

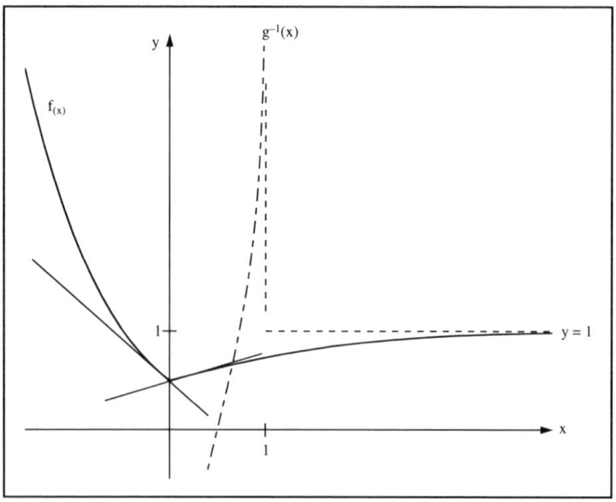

2. a) $g(x) = \dfrac{e^x}{e^x + 1}$ mit $x \geq 0$

$g(x)$ ist umkehrbar, da in $\mathbb{R}_0^+$ streng monoton steigend (siehe 1 b)

Bestimmung von $g^{-1}(x)$:

$$y = \frac{e^x}{e^x + 1}$$
$$x = \frac{e^y}{e^y + 1}$$
$$x(e^y + 1) = e^y$$
$$e^y(1 - x) = x$$
$$e^y = \frac{x}{1 - x}$$
$$y = \ln \frac{x}{1 - x}$$
$$g^{-1}(x) = \ln \frac{x}{1 - x}$$

$\mathbb{D}_{g^{-1}} = \left[\frac{1}{2}; 1\right[$ $\qquad$ $\mathbb{W}_{g^{-1}} = \mathbb{R}_0^+$

b) $$\lim_{x \to \frac{1}{2}} (g^{-1})'(x) = \lim_{x \to \frac{1}{2}} \frac{1}{g'(g^{-1}(x))} = \left[\text{da } g^{-1}\left(\frac{1}{2}\right) = 0\right] = \lim_{x \to 0} \frac{1}{g'(x)} = \frac{1}{\frac{1}{4}} = 4$$

c) siehe 1 c

3. a) $F(x) = \displaystyle\int_0^x \frac{e^{|t|}}{e^t + 1}\,dt$ $\qquad$ $x \in \mathbb{R}$

F ist differenzierbar, da die Integrandenfunktion f stetig ist (siehe 1 a)

$F(0) = 0$	(0 I 0) ist einzige Nullstelle, da $f(x) > 0$ in $\mathbb{R}$
$F'(x) = f(x) > 0$	also keine waagrechten Tangenten möglich
$F''(x) = f'(x)$	Vorzeichenwechsel von $f'(x)$ bei $x = 0$ (siehe 1 b), also ist (0 I 0) Wendepunkt für F(x)

b) $F(x) = \displaystyle\int_0^x \frac{e^t}{e^t + 1}\,dt = \left[\ln|e^t + 1|\right]_0^x = \ln(e^x + 1) - \ln 2$ $\qquad$ mit $x \geq 0$

c) $$A(b) = \int_0^b (1 - f(x))\,dx = \left[x - \ln(e^x + 1)\right]_0^b =$$
$$= b - \ln(e^b + 1) + \ln 2 = b - \ln(e^b + 1) + \ln 2$$

$$\lim_{b\to\infty} A(b) = \lim_{b\to\infty}\left[b - \ln(e^b+1) + \ln 2\right] = \lim_{b\to\infty}\left[\ln e^b - \ln(e^b+1) + \ln 2\right]$$

$$= \lim_{b\to\infty}\left[\ln\frac{e^b}{e^b+1} + \ln 2\right] = \ln 1 + \ln 2 = \ln 2$$

(siehe 1 a)

Leistungskurs Mathematik: Abiturprüfung 1996
Wahrscheinlichkeitsrechnung/Statistik III

Die Fernsehsendung "Sport TV" berichtet über das Sportgeschehen.

1. Bei "Sport TV" treten Bildstörungen mit 4 % Wahrscheinlichkeit auf. Ist das Bild gestört, dann kommt es mit 60 % Wahrscheinlichkeit auch noch zu Tonstörungen. Ist das Bild einwandfrei, dann ist auch der Ton mit 90 % Wahrscheinlichkeit in Ordnung. Verwenden Sie folgende Bezeichnungen:
   B: "Bei 'Sport TV' treten Bildstörungen auf",
   T: "Bei 'Sport TV' treten Tonstörungen auf".
   a) Untersuchen Sie B und T auf stochastische Unabhängigkeit. (5 BE)
   b) Wie groß ist die Wahrscheinlichkeit für ein einwandfreies Bild, falls der Ton gestört ist? (3 BE)
   c) Falls das Bild nicht gestört ist, tritt das Ereignis Z: "Ein Zuschauer schaltet während der Sendung um" höchstens mit der Wahrscheinlichkeit $\frac{1}{6}$ ein. Welchen größtmöglichen Wert kann die Wahrscheinlichkeit P(Z) annehmen? (5 BE)

2. Vier Studiogäste und zwei Moderatoren setzen sich auf sechs Stühle, die im Studio in einem Halbkreis aufgestellt sind.
   Bestimmen Sie jeweils die Anzahl der möglichen Sitzanordnungen, wenn alle Personen unterschieden werden und folgendes gilt:
   a) Die Moderatoren nehmen auf den beiden mittleren Stühlen Platz. (3 BE)
   b) Die beiden Moderatoren sitzen beliebig, aber nicht nebeneinander. (5 BE)

3. Im Studio ist ein Basketballkorb aufgebaut. Ein Studiogast treffe mit einer Wahrscheinlichkeit p in den Korb. Wie groß muß p mindestens sein, damit der Gast bei 6 Versuchen mit einer Wahrscheinlichkeit von wenigstens 95 % mindestens einmal trifft? (6 BE)

4. Der Sender möchte die Einschaltquote mit einer Sicherheit von 90 % auf 2 Prozentpunkte genau erfahren. Bestimmen Sie mit der Tschebyschow-Ungleichung die Mindestzahl von Personen, die man befragen muß. (4 BE)

5. Der Sender braucht 400 neue, einwandfreie Magnetbänder. Erfahrungsgemäß sind 2 % der gelieferten Bänder schadhaft.
   Wie viele Bänder müssen mindestens bestellt werden, damit mit mindestens 99 % Wahrscheinlichkeit wenigstens 400 einwandfreie Bänder darunter sind? Verwenden Sie die Normalverteilung als Näherung. (9 BE)

(40 BE)

Lösungen

1. a)

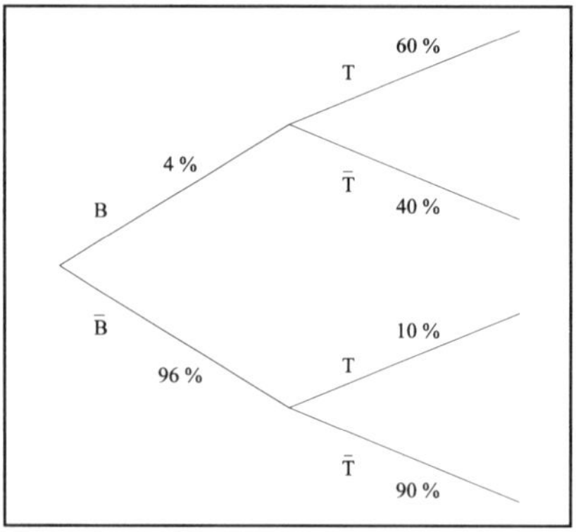

$$P(B) = 0{,}04$$
$$P(T) = 0{,}04 \cdot 0{,}6 + 0{,}96 \cdot 0{,}1 = 0{,}12$$
$$P(B \cap T) = 0{,}04 \cdot 0{,}6 = 0{,}024$$
$$0{,}024 \neq 0{,}04 \cdot 0{,}12$$

$\Rightarrow$ B und T sind stochastisch abhängig

b) $P_T\left(\overline{B}\right) = \dfrac{P\left(T \cap \overline{B}\right)}{P(T)} = \dfrac{0{,}96 \cdot 0{,}1}{0{,}12} = 0{,}8 = 80\%$

c) $P(Z) \leq 0{,}96 \cdot \dfrac{1}{6} + 0{,}04 \cdot 1 = 0{,}16 + 0{,}04 = 0{,}2$

2. a) $2 \cdot 4! = 48$

b) mögliche Plätze für die Moderatoren 1–3, 1–4, 1–5, 1–6, 2–4, 2–5, 2–6, 3–5, 3–6, 4–6, somit

$10 \cdot 2 \cdot 4! = 480$

3. $1 - (1-p)^6 \geq 0{,}95$

$$(1-p)^6 \leq 0{,}05$$
$$1 - p \leq \sqrt[6]{0{,}05}$$
$$p \geq 1 - \sqrt[6]{0{,}05} \approx 0{,}393$$

4. $P\left(\left|\dfrac{k}{n} - p\right| \leq 0{,}02\right) \geq 0{,}9$

$$1 - \frac{1}{4 \cdot 0{,}02^2 \cdot n} \geq 0{,}9$$
$$\frac{1}{4 \cdot 0{,}02^2 \cdot n} \leq 0{,}1$$
$$n \geq \frac{1}{4 \cdot 0{,}02^2 \cdot 0{,}1}$$
$$n \geq 6250$$

Man muß mindestens 6 250 Personen befragen.

5. $P^n_{0.98}\,(Z \geq 400) \geq 0{,}99$ $\mu = 0.98 \cdot n$ $\sigma = \sqrt{0{,}0196n} = 0{,}14\sqrt{n}$

$1 - P^n_{0.98}\,(Z < 399) \geq 0{,}99$

$$1 - \phi\left(\frac{399 - 0{,}98n + 0{,}5}{0{,}14\sqrt{n}}\right) \geq 0{,}99$$

$$\phi\left(\frac{399 - 0{,}98n + 0{,}5}{0{,}14\sqrt{n}}\right) \leq 0{,}01$$

$$\frac{399 - 0{,}98n + 0{,}5}{0{,}14\sqrt{n}} \leq -2{,}3264$$

$-0{,}98n + 0{,}325696\sqrt{n} + 399{,}5 \leq 0$ quadratische Gleichung für $\sqrt{n}$!

$$\sqrt{n} = \frac{-0{,}325696 \pm \sqrt{0{,}325696^2 + 4 \cdot 0{,}98 \cdot 399{,}5}}{-2 \cdot 0{,}98} = 20{,}357$$

$\Rightarrow\ n = 414{,}4\ \Rightarrow\ n \geq 415$

Es müssen mindestens 415 Bänder bestellt werden.

Leistungskurs Mathematik: Abiturprüfung 1996
Wahrscheinlichkeitsrechnung/Statistik IV

In einem Spielsalon gibt es zwei Sorten von Laplace-Oktaedern. Typ I hat auf den acht Seiten die Ziffern 1, 1, 1, 1, 2, 3, 3, 3, Typ II ist mit den Ziffern 1, 1, 1, 2, 2, 2, 3, 3 beschriftet. Als geworfen gilt die Ziffer, die oben liegt.

1. Wie groß sind die Wahrscheinlichkeiten p_I bzw. p_{II}, mit drei Oktaedern vom Typ I bzw. mit drei Oktaedern vom Typ II drei gleiche Ziffern zu werfen?
   [Ergebnis: $p_I = 18{,}0\,\%$, $p_{II} = 12{,}1\,\%$] (4 BE)

2. In einer Urne liegen fünf Oktaeder vom Typ I und drei vom Typ II. Bei einem Spiel werden drei Oktaeder gleichzeitig rein zufällig aus der Urne herausgegriffen und geworfen. Gewonnen ist das Spiel, wenn bei drei Oktaedern des gleichen Typs drei gleiche Ziffern fallen.

   a) Anton spielt einmal. Mit welcher Wahrscheinlichkeit gewinnt er?
   [Ergebnis: P(Gewinn) = 3,4 %] (5 BE)

   b) Bernd spielt einmal und verliert. Wie groß ist dann die bedingte Wahrscheinlichkeit dafür, daß er drei Oktaeder vom Typ I aus der Urne gegriffen hat? (7 BE)

   c) Mit welcher Zahl von Gewinnen kann man mit einer Wahrscheinlichkeit von mehr als 99 % mindestens rechnen, wenn das Spiel 1000mal gespielt wird? Verwenden Sie die Normalverteilung als Näherung. (7 BE)

3. Acht Oktaeder des Typs I werden geworfen und anschließend in einer Reihe angeordnet. Es entsteht eine achtstellige Zahl.

   a) Wie viele solche Zahlen sind möglich? (2 BE)

   b) Bei wie vielen Zahlen ergibt die Quersumme die Zahl 22? (4 BE)

4. Eine Firma liefert Oktaeder vom Typ II und versichert, daß bei jedem Oktaeder alle Seiten mit gleicher Wahrscheinlichkeit fallen. Der Inhaber des Spielsalons prüft eines der Oktaeder, indem er es n-mal wirft und die Anzahl der geworfenen Dreier betrachtet.
   Im folgenden wird davon ausgegangen, daß die Angabe der Lieferfirma zutrifft.

   a) Das Oktaeder wird 1000mal geworfen. Um welche Zahl a muß die Anzahl der geworfenen von der Zahl der zu erwartenden Dreier mindestens abweichen, wenn die Wahrscheinlichkeit für diese Abweichung unter 25 % bleiben soll? Verwenden Sie die Tschebyschow-Ungleichung. (5 BE)

b) Das Oktaeder wird 200mal geworfen. Der Inhaber des Spielsalons lehnt die Behauptung der Lieferfirma nicht ab, wenn die Zahl der geworfenen Dreier in einem möglichst kleinen, symmetrisch um den Erwartungswert gelegenen Bereich enthalten ist, der so festgelegt ist, daß sich der Inhaber mit einer Wahrscheinlichkeit von höchstens 5 % irrt.
Ermitteln Sie diesen Bereich. (6 BE)

(40 BE)

Lösungen

1. $p_I = P_I(111) + P_I(222) + P_I(333)$

$$= \left(\frac{1}{2}\right)^3 + \left(\frac{1}{8}\right)^3 + \left(\frac{3}{8}\right)^3 = 0{,}17969 \approx 18{,}0\%$$

$p_{II} = P_{II}(111) + P_{II}(222) + P_{II}(333)$

$$= \left(\frac{3}{8}\right)^3 + \left(\frac{3}{8}\right)^3 + \left(\frac{1}{4}\right)^3 = 0{,}12109 \approx 12{,}1\%$$

2. a) $P(G) = P(3\text{mal I}) \cdot p_I + P(3\text{mal II}) \cdot p_{II}$

$$= \frac{\binom{5}{3}\binom{3}{0}}{\binom{8}{3}} \cdot 0{,}180 + \frac{\binom{5}{0}\binom{3}{3}}{\binom{8}{3}} \cdot 0{,}121 = \frac{10}{56} \cdot 0{,}180 + \frac{1}{56} \cdot 0{,}121 = 0{,}0343 \approx 3{,}4\%$$

b) $P = P_{\overline{G}}(3\text{mal I}) = \dfrac{P(\overline{G} \cap 3\text{mal I})}{P(\overline{G})} = \dfrac{(1-p_I) \cdot \left[\binom{5}{3} : \binom{8}{3}\right]}{1 - P(G)} =$

$$= \frac{0{,}820 \cdot \frac{10}{56}}{1 - 0{,}0343} = 0{,}15163 \approx 15{,}2\%$$

c) $P_{0,034}^{1000}(Z \geq k) > 0{,}99$ $\qquad \mu = 34 \qquad \sigma = \sqrt{32{,}844}$

$$1 - \phi\left(\frac{k - 1 - 34 + 0{,}5}{\sqrt{32{,}844}}\right) > 0{,}99$$

$$\phi\left(\frac{k - 1 - 34 + 0{,}5}{\sqrt{32{,}844}}\right) < 0{,}01$$

$$\frac{k - 1 - 34 + 0{,}5}{\sqrt{32{,}844}} < -2{,}3264$$

$k < 21{,}05$

mindestens 21 Gewinne bei 1 000 Spielen

3. a) $3^8 = 6\,561$

b) Quersumme 22 für 7mal 3 und 1mal 1 $\Rightarrow$ 8 Zahlen

oder 6mal 3 und 2mal 2 $\Rightarrow \binom{8}{2} = 28$ Zahlen

$\Rightarrow$ 36 Zahlen

4. a) $P(|X-\mu| \geq a) < 0{,}25$

$$\frac{\text{Var } X}{a^2} < 0{,}25$$

$$\frac{1000 \cdot \frac{1}{4} \cdot \frac{3}{4}}{a^2} < 0{,}25$$

$$a^2 > 750$$

$$a > 27{,}386$$

Abweichung um mindestens 28

b) $P_{0,25}^{200}(|X-\mu| \leq c) \geq 0{,}95$ $\qquad \mu = 50$

$$\sum_{i=0}^{50+c} B(200; 0{,}25; i) - \sum_{i=0}^{50-c-1} B(200; 0{,}25; i) \geq 0{,}95$$

Suchen in der Tabelle ergibt:
für c = 12 gilt:
0,97745 – 0,01824 = 0,95921 ≥ 0,95, d. h. A = {38, ..., 62}

oder:
Annahmebereich A = {50 – c, ..., 50 + c} = $\{k_1, ..., k_2\}$
Bei einem zweiseitigen Test wird das Signifikanzniveua α gleichmäßig auf die beiden Abschnitte des Abrechnungsbereiches verteilt, d. h.

$$\sum_{i=0}^{k_1-1} B(200; 0{,}25; i) \leq 0{,}025$$

Suchen in der Tabelle ergibt
$k_1 - 1 = 37$ also $k_1 = 38$

$$\sum_{i=k_2+1}^{200} B(200; 0{,}25; i) \leq 0{,}025$$

$$1 - \sum_{i=0}^{k_2} B(200; 0{,}25; i) \leq 0{,}025$$

$$\sum_{i=0}^{k_2} B(200; 0{,}25; i) \geq 0{,}975$$

Suchen in der Tabelle ergibt $k_2 = 62$

⇒ A = {38, ..., 62}

Auch die Normalverteilung als Näherung der Binomalverteilung ergibt c = 12.

$$2\,\phi\left(\frac{c+0{,}5}{\sigma}\right) - 1 \geq 0{,}95 \;\Rightarrow\; \phi\left(\frac{c+0{,}5}{\sqrt{37{,}5}}\right) \geq 0{,}975$$

$$\frac{c+0{,}5}{\sqrt{37{,}5}} \geq 1{,}96 \;\Rightarrow\; c \geq 11{,}5$$

also: c = 12

Leistungskurs Mathematik: Abiturprüfung 1996
Analytische Geometrie V

1. a) Wann heißen n Vektoren $\vec{v}_1, ..., \vec{v}_n$ ($n \in \mathbb{N}$) linear unabhängig? (2 BE)

   b) In einem vierdimensionalen reellen Vektorraum gelten zwischen den Vektoren $\vec{v}_1, \vec{v}_2, \vec{v}_3, \vec{v}_4$ die Beziehungen $\vec{v}_1 = \vec{v}_2 + \vec{v}_4$ und $\vec{v}_2 = \vec{v}_3 + \vec{v}_4$. Zeigen Sie, daß die drei Vektoren $\vec{v}_1, \vec{v}_2, \vec{v}_3$ linear abhängig sind. (4 BE)

Gegeben ist ein kartesisches Koordinatensystem im $\mathbb{R}^3$.

2. Geben Sie eine Normalenform der Ebene E an, die die Richtungsvektoren

   $\vec{a} = \begin{pmatrix} 0 \\ 1 \\ 2 \end{pmatrix}$ und $\vec{b} = \begin{pmatrix} -1 \\ 0 \\ 2 \end{pmatrix}$ hat und den Punkt $P(3 \mid -2 \mid 2)$ enthält.

   [mögliches Ergebnis: E: $2x_1 - 2x_2 + x_3 - 12 = 0$] (4 BE)

3. Die Ebene E aus Aufgabe 2 begrenzt mit den drei Koordinatenebenen eine dreiseitige Pyramide Λ.

   a) Bestimmen Sie die Koordinaten der Ecken von Λ und fertigen Sie ein Schrägbild an. (4 BE)

   b) Die Kante von Λ, die auf der x_2-Achse liegt, und die ihr gegenüberliegende Kante legen zwei Geraden fest, die zueinander windschief sind. Berechnen Sie den Abstand dieser Geraden. (7 BE)

   c) Bestimmen Sie den Punkt R, der von den Ecken von Λ gleiche Entfernung hat.
   Begründen Sie durch Rechnung, daß R außerhalb von Λ liegt.
   [Ergebnis: $R(3 \mid -3 \mid 6)$] (6 BE)

   d) Bestimmen Sie den Parameter s so, daß der Punkt $S(s \mid -s \mid s)$ von allen vier Seitenflächen von Λ gleichen Abstand hat und im Innern von Λ liegt.
   [Ergebnis: $s = 1{,}5$] (7 BE)

   e) Um den Punkt R kann eine Kugel K_1 gelegt werden, welche die vier Eckpunkte von Λ enthält. Um den Punkt S kann eine Kugel K_2 gelegt werden, welche die vier Seitenflächen von Λ berührt. Berechnen Sie den kleinsten Abstand (auf zwei Dezimalen genau), den zwei Punkte $C \in K_1$ und $D \in K_2$ haben können. (6 BE)

(40 BE)

Lösungen

1. a) n Vektoren sind linear unabhängig, wenn aus

$\lambda_1\vec{v}_1 + \lambda_2\vec{v}_2 + ... + \lambda_n\vec{v}_n = \vec{0}$ folgt $\lambda_1 = \lambda_2 = ... = \lambda_n = 0$

(siehe FS!)

b) Da die lineare Abhängigkeit der Vektoren $\vec{v}_1, \vec{v}_2, \vec{v}_3$ gezeigt werden soll, muß $\vec{v}_4$ aus den beiden Gleichungen eliminiert werden

$$\left.\begin{array}{l} \vec{v}_1 = \vec{v}_2 + \vec{v}_4 \;\Rightarrow\; \vec{v}_4 = \vec{v}_1 - \vec{v}_2 \\ \vec{v}_2 = \vec{v}_3 + \vec{v}_4 \end{array}\right\} \Rightarrow \vec{v}_2 = \vec{v}_3 + \vec{v}_1 - \vec{v}_2 \;\Rightarrow\; \vec{v}_1 - 2\vec{v}_2 + \vec{v}_3 = \vec{0}$$

$\Rightarrow$ $\vec{v}_1, \vec{v}_2, \vec{v}_3$ linear abhängig (siehe FS!)

2. $\vec{n}_E = \begin{pmatrix} 0 \\ 1 \\ 2 \end{pmatrix} \times \begin{pmatrix} -1 \\ 0 \\ 2 \end{pmatrix} = \begin{pmatrix} 2 \\ -2 \\ 1 \end{pmatrix}$

E: $\begin{pmatrix} 2 \\ -2 \\ 1 \end{pmatrix} \circ \left[\vec{X} - \begin{pmatrix} 3 \\ -2 \\ 2 \end{pmatrix} \right] = 0$

$2x_1 - 2x_2 + x_3 - 12 = 0$

3. a) $E \cap x_1$-Achse: A(6 / 0 / 0)

$E \cap x_2$-Achse: B(0 / –6 / 0)

$E \cap x_3$-Achse: C(0 / 0 / 12)

b) Kante k_1 durch 0 und B

k_1: $\vec{X} = \lambda \begin{pmatrix} 0 \\ 1 \\ 0 \end{pmatrix}$

Kante k_2 durch A und C

k_2: $\vec{X} = \begin{pmatrix} 6 \\ 0 \\ 0 \end{pmatrix} + \mu \begin{pmatrix} -1 \\ 0 \\ 2 \end{pmatrix}$

Ebene F durch k_2, parallel zu k_1 aufstellen

$\vec{n}_F = \begin{pmatrix} 0 \\ 1 \\ 0 \end{pmatrix} \times \begin{pmatrix} -1 \\ 0 \\ 2 \end{pmatrix} = \begin{pmatrix} 2 \\ 0 \\ 1 \end{pmatrix}$

F: $\begin{pmatrix} 2 \\ 0 \\ 1 \end{pmatrix} \circ \left[\vec{X} - \begin{pmatrix} 6 \\ 0 \\ 0 \end{pmatrix} \right] = 0$

$2x_1 + x_3 - 12 = 0$

F_{HNF}: $\frac{1}{\sqrt{5}}(2x_1 + x_3 - 12) = 0$

$d(k_1; k_2) = d(0; F) = \left| -\frac{12}{\sqrt{5}} \right| = \frac{12}{5}\sqrt{5}$

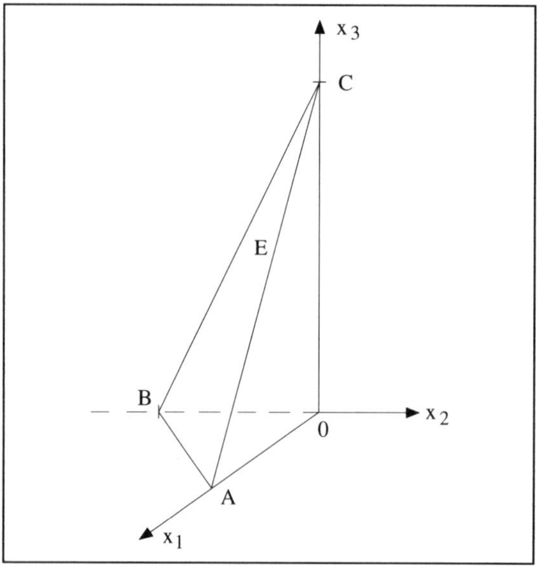

c) $\left| \overrightarrow{0R} \right| = \left| \overrightarrow{AR} \right| = \left| \overrightarrow{BR} \right| = \left| \overrightarrow{CR} \right|$

$\sqrt{r_1^2 + r_2^2 + r_3^2} = \sqrt{(r_1 - 6)^2 + r_2^2 + r_3^2} = \sqrt{r_1^2 + (r_2 + 6)^2 + r_3^2} = \sqrt{r_1^2 + r_2^2 + (r_3 - 12)^2}$

$r_1^2 + r_2^2 + r_3^2 = (r_1 - 6)^2 + r_2^2 + r_3^2 \quad \Rightarrow r_1^2 = r_1^2 - 12r_1 + 36 \quad \Rightarrow r_1 = 3$

$r_1^2 + r_2^2 + r_3^2 = r_1^2 + (r_2 + 6)^2 + r_3^2 \quad \Rightarrow r_2^2 = r_2^2 + 12r_1 + 36 \quad \Rightarrow r_2 = -3$

$r_1^2 + r_2^2 + r_3^2 = r_1^2 + r_2^2 + (r_3 - 12)^2 \Rightarrow r_3^2 = r_3^2 - 24r_3 + 144 \Rightarrow r_3 = 6$

$\Rightarrow \quad R(3 / -3 / 6)$

E_{HNF}: $\frac{1}{3}(2x_1 - 2x_2 + x_3 - 12) = 0$

$d(R; E) = \frac{1}{3}(2 \cdot 3 - 2 \cdot (-3) + 6 - 12) = 2$

Da d(R; E) > 0 muß R auf der dem Ursprung abgewandten Seite von E liegen, also außerhalb der Pyramide.

d) $s_1 = s \Rightarrow d(S;\ x_2\text{-}x_3\text{-Ebene}) = s$

$s_2 = -s \Rightarrow d(S;\ x_1\text{-}x_3\text{-Ebene}) = |-s| = s$

$s_3 = s \Rightarrow d(S;\ x_1\text{-}x_2\text{-Ebene}) = s$

$$d(S;\ E) = \frac{1}{3}(2 \cdot s - 2(-s) + s - 12) = \frac{5}{3}s - 4$$

es muß gelten d(S; E) = –s, damit der Abstand gleich groß ist und S auf der dem Ursprung zugewandten Seite von E liegt (innerhalb der Pyramide!)

$$\frac{5}{3}s - 4 = -s \Rightarrow \frac{8}{3}s = 4 \Rightarrow s = \frac{3}{2} \Rightarrow S(1{,}5\ /\ -1{,}5\ /\ 1{,}5)$$

e) $r_1 = \left|\vec{R}\right| = \sqrt{9+9+36} = 3\sqrt{6}$

$r_2 = s = \frac{3}{2}$

$$\overline{RS} = \left|\overrightarrow{RS}\right| = \left|\begin{pmatrix} -1{,}5 \\ 1{,}5 \\ -4{,}5 \end{pmatrix}\right| = \sqrt{24{,}75}$$

$$d = r_1 - r_2 - \overline{RS} = 3\sqrt{6} - \frac{3}{2} - \sqrt{24{,}75} \approx 0{,}87$$

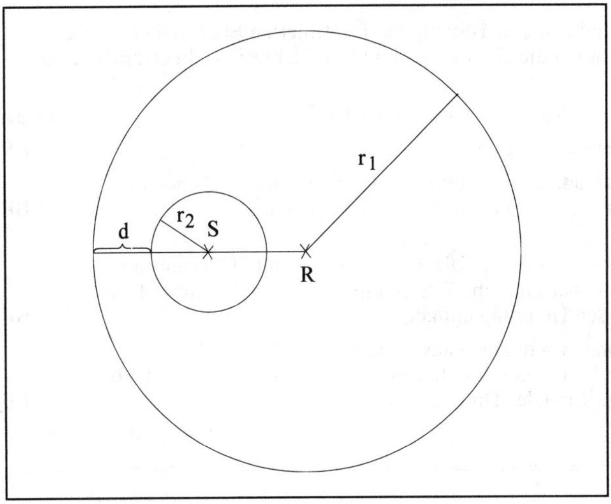

Leistungskurs Mathematik: Abiturprüfung 1996
Analytische Geometrie VI

Gegeben sind in einem kartesischen Koordinatensystem die beiden Geradenscharen g_t und h_t:

$$g_t\colon\ \vec{x} = \begin{pmatrix} 0 \\ t \\ 0 \end{pmatrix} + \lambda \begin{pmatrix} 2 \\ -3 \\ 6 \end{pmatrix},\quad h_t\colon\ \vec{x} = \begin{pmatrix} 4 \\ 0 \\ 0 \end{pmatrix} + \mu \begin{pmatrix} 2t \\ -3t \\ 2+5t \end{pmatrix},\quad t \in \mathbb{R},\ \lambda \in \mathbb{R},\ \mu \in \mathbb{R}$$

1. a) Begründen Sie, daß alle Geraden der Schar g_t zueinander parallel sind und daß alle Geraden der Schar h_t einen gemeinsamen Punkt haben. (2 BE)

   b) Die Ebene G enthält alle Geraden g_t. Ermitteln Sie eine Gleichung der Ebene G in Normalenform.
   Welche besondere Lage hat die Ebene G im Koordinatensystem?
   [mögliches Ergebnis: G: $3x_1 - x_3 = 0$] (5 BE)

   c) Weisen Sie nach, daß alle Geraden h_t in der Ebene H: $3x_1 + 2x_2 - 12 = 0$ liegen. (3 BE)

   d) G und H schneiden sich in einer Geraden s. Ermitteln Sie eine Gleichung von s.
   [zur Kontrolle: $s = g_6$] (5 BE)

Im folgenden bezeichnen G und H die in Teilaufgabe 1 definierten Ebenen. Die Ebene F: $3x_1 + 6x_2 + 2x_3 - 12 = 0$ enthält die Geraden g_2 und h_2 (Nachweis nicht erforderlich).

2. a) Welche gegenseitige Lage haben die Geraden g_2 und h_2? (3 BE)

   b) Berechnen Sie den Abstand von g_2 und h_2. (5 BE)

   c) Fertigen Sie eine Skizze an, aus der die Lagebeziehungen der Ebenen F, G und H sowie ihrer Schnittgeraden zueinander hervorgehen. (4 BE)

3. a) Begründen Sie ohne Rechnung, daß die Ebenen F, G und H gemeinsame Lotebenen haben, und geben Sie eine Gleichung derjenigen Lotebene L in Normalenform an, die den Ursprung enthält. (5 BE)

   b) Die drei Ebenen F, G und H schneiden aus L ein Dreieck heraus. Berechnen Sie dessen Flächeninhalt, und entscheiden Sie, ob der Ursprung innerhalb, außerhalb oder auf dem Rand des Dreiecks liegt. (8 BE)

(40 BE)

Lösungen

1. a) alle g_t parallel, da Richtungsvektor stets gleich
alle h_t durch gemeinsamen Aufpunkt A(4 | 0 | 0)

b) G: $\vec{X} = t\begin{pmatrix}0\\1\\0\end{pmatrix} + \lambda\begin{pmatrix}2\\-3\\6\end{pmatrix}$ $\qquad t, \lambda \in \mathbb{R}$

$$\vec{n}_G = \begin{pmatrix}0\\1\\0\end{pmatrix} \times \begin{pmatrix}2\\-3\\6\end{pmatrix} = \begin{pmatrix}6\\0\\-2\end{pmatrix} \hat{=} \begin{pmatrix}3\\0\\-1\end{pmatrix}$$

G: $3x_1 - x_3 = 0$ $\qquad$ verläuft parallel zur x_2-Achse (da x_2 beliebig) und durch den Ursprung (da konst. Glied = 0) $\Rightarrow$ enthält die x_2-Achse

c) alle h_t bilden die Ebene H

H: $\vec{X} = \begin{pmatrix}4\\0\\0\end{pmatrix} + \mu\begin{pmatrix}0\\0\\2\end{pmatrix} + \sigma\begin{pmatrix}2\\-3\\5\end{pmatrix}$ $\qquad \sigma = \mu \cdot t \qquad \mu; \sigma \in \mathbb{R}$

$$\vec{n}_H = \begin{pmatrix}0\\0\\2\end{pmatrix} \times \begin{pmatrix}2\\-3\\5\end{pmatrix} = \begin{pmatrix}6\\4\\0\end{pmatrix} \hat{=} \begin{pmatrix}3\\2\\0\end{pmatrix}$$

H: $3x_1 + 2x_2 - \begin{pmatrix}3\\2\\0\end{pmatrix} \circ \begin{pmatrix}4\\0\\0\end{pmatrix} = 0$

$3x_1 + 2x_2 - 12 = 0$

d) $G \cap H$ durch Einsetzen von G_{PF} in H_{NF}

$3(2\lambda) + 2(t - 3\lambda) - 12 = 0$

$6\lambda + 2t - 6\lambda - 12 = 0 \Rightarrow t = 6 \Rightarrow s = g_6!$

s: $\vec{X} = 6\begin{pmatrix}0\\1\\0\end{pmatrix} + \lambda\begin{pmatrix}2\\-3\\6\end{pmatrix}$

$$\vec{X} = \begin{pmatrix}0\\6\\0\end{pmatrix} + \lambda\begin{pmatrix}2\\-3\\6\end{pmatrix}$$

2. a) g_2: $\vec{X} = \begin{pmatrix}0\\2\\0\end{pmatrix} + \lambda\begin{pmatrix}2\\-3\\6\end{pmatrix}$

$\Rightarrow g_2 \parallel h_2$

h_2: $\vec{X} = \begin{pmatrix}4\\0\\0\end{pmatrix} + \mu\begin{pmatrix}4\\-6\\12\end{pmatrix}$

b) Aufstellen der Ebene E, senkrecht zu g_2 durch $P(0 \mid 2 \mid 0) \in g_2$

$$E: \quad \begin{pmatrix} 2 \\ -3 \\ 6 \end{pmatrix} \circ \left[\vec{X} - \begin{pmatrix} 0 \\ 2 \\ 0 \end{pmatrix} \right] = 0$$

$$2x_1 - 3x_2 + 6x_3 + 6 = 0$$

$$E \cap h_2: \quad 2(4 + 4\mu) - 3(-6\mu) + 6 \cdot 12\mu + 6 = 0 \quad \Rightarrow \quad \mu = -\frac{1}{7}$$

$$\Rightarrow \quad \vec{S} = \begin{pmatrix} 4 \\ 0 \\ 0 \end{pmatrix} - \frac{1}{7} \begin{pmatrix} 4 \\ -6 \\ 12 \end{pmatrix} \quad \Rightarrow \quad S\left(3\frac{3}{7} \middle| \frac{6}{7} \middle| -1\frac{5}{7} \right)$$

$$d(g_2; h_2) = \left| \overrightarrow{PS} \right| = \sqrt{\left(3\frac{3}{7}\right)^2 + \left(\frac{6}{7} - 2\right)^2 + \left(-1\frac{5}{7}\right)^2} = \sqrt{16} = 4$$

c) $g_2 \parallel h_2$ (siehe 2 a)
$g_2 \parallel g_6$ (siehe 1 a) $\Rightarrow$ $g_2 \parallel h_2 \parallel g_6$ $\Rightarrow$ sie besitzen unendlich viele gemeinsame Lotebenen (siehe 3 a)

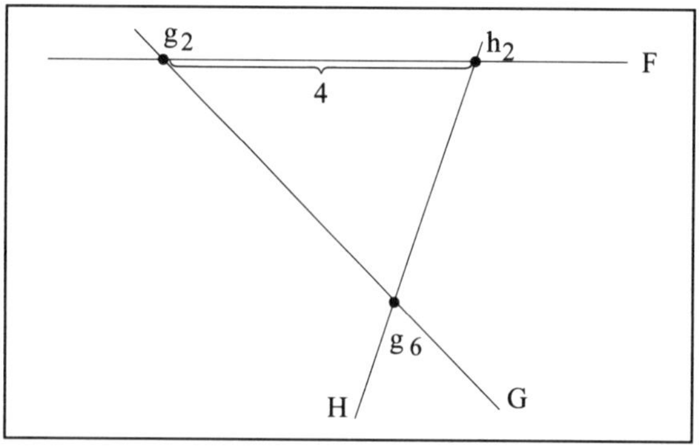

3. a) gemeinsame Lotebene durch den Ursprung

$$L: \begin{pmatrix} 2 \\ -3 \\ 6 \end{pmatrix} \circ \left[\vec{X} - \begin{pmatrix} 0 \\ 0 \\ 0 \end{pmatrix} \right] = 0$$

$$2x_1 - 3x_2 + 6x_3 = 0$$

b) Höhe des Dreiecks ist der Abstand von g_6 zu F

F_{HNF}: $\frac{1}{7}(3x_1 + 6x_2 + 2x_3 - 12) = 0$

$d(g_6; F) = \frac{1}{7}(3 \cdot 0 + 6 \cdot 6 + 2 \cdot 0 - 12) = \frac{24}{7}$

$A_\Delta = \frac{1}{2} \cdot 4 \cdot \frac{24}{7} = \frac{48}{7}$

Da $d(g_6; F) > 0$ liegt g_6 auf der dem Ursprung abgewandten Seite von F
$\Rightarrow$ der Ursprung liegt außerhalb des Dreiecks.

Leistungskurs Mathematik: Abiturprüfung 1997
Infinitesimalrechnung I

Gegeben ist die Schar der in $\mathbb{R}^+$ definierten Funktionen $f_k : x \mapsto \frac{1 + k \cdot \ln x}{x}$ mit $k \in \mathbb{R}^+$.
Der Graph von f_k wird mit G_k bezeichnet.

Hinweis: Im folgenden dürfen die Grenzwerte $\lim\limits_{x \to +\infty} \frac{\ln x}{x} = 0$ und $\lim\limits_{x \overset{>}{\to} 0} (x \ln x) = 0$ ohne Beweis verwendet werden.

1. a) Zeigen Sie, daß $e^{-\frac{1}{k}}$ Nullstelle von f_k ist. Untersuchen Sie das Verhalten von f_k an den Rändern des Definitionsbereichs. (3 BE)

   b) Weisen Sie nach, daß G_k den Hochpunkt $H_k(x_H \mid y_H)$ mit $x_H = e^{1-\frac{1}{k}}$ und $y_H = k \cdot e^{\frac{1}{k}-1}$ besitzt. Zeigen Sie, daß H_1 auf allen Graphen G_k liegt. (8 BE)

   c) Berechnen Sie $f_k(e)$ für $k = \frac{1}{2}$ und $k = 2$. Zeichnen Sie die Graphen $G_{\frac{1}{2}}$ und G_2 unter Berücksichtigung aller bisherigen Ergebnisse (Längeneinheit 2 cm). (7 BE)

2. a) Welche Werte nimmt x_H aus Teilaufgabe 1b für $k \in \mathbb{R}^+$ an? Begründen Sie Ihre Antwort. (6 BE)

   b) Zeigen Sie, daß für y_H aus Teilaufgabe 1b gilt: (5 BE)

   $$y_H = \frac{1}{x_H \cdot (1 - \ln x_H)}$$

   Wie verhält sich y_H für $x_H \overset{\to}{>} 0$ und für $x_H \overset{\to}{<} e$?

   c) Skizzieren Sie unter Verwendung aller bisherigen Ergebnisse die Kurve K, auf der die Hochpunkte H_k liegen, in das Koordinatensystem von Teilaufgabe 1c. (3 BE)

3. Bestimmen Sie k so, daß der Inhalt des endlichen Flächenstücks, das vom Graphen G_k, der x-Achse und der Geraden x = 1 begrenzt wird, den Wert 1 hat. (8 BE)

(40 BE)

Lösungen

1. a) $f_k(x) = \frac{1 + k \cdot \ln x}{x}$ $\quad \mathbb{D} = \mathbb{R}^+ \quad k \in \mathbb{R}^+$

Nullstelle für $1 + k \cdot \ln x = 0$

$$\ln x = -\frac{1}{k}$$

$$x = e^{-\frac{1}{k}} \qquad \left(e^{-\frac{1}{k}} \;\middle|\; 0\right)$$

$$\lim_{x \to +\infty} \frac{1 + k \cdot \ln x}{x} = \lim_{x \to +\infty} \left(\frac{1}{x} + k \cdot \frac{\ln x}{x}\right) = 0^+ + k \cdot 0^+ = 0^+ \quad \text{(siehe Hinweis)}$$

$$\lim_{x \overset{>}{\to} 0} \frac{1 + k \cdot \ln x}{x} = \lim_{x \overset{>}{\to} 0} \frac{1}{x}(1 + k \cdot \ln x) = (+\infty) \cdot (-\infty) = -\infty$$

b) $f_k'(x) = \frac{k \cdot \frac{1}{x} \cdot x - (1 + k \cdot \ln x) \cdot 1}{x^2} = \frac{k - 1 - k \cdot \ln x}{x^2}$

$$f_k''(x) = \frac{-k \cdot \frac{1}{x} \cdot x^2 - (k - 1 - k \cdot \ln x) \cdot 2x}{x^4} = \frac{-k - 2k + 2 + 2k \cdot \ln x}{x^3} = \frac{2 - 3k + 2k \cdot \ln x}{x^3}$$

$f_k'(x) = 0$

$k - 1 - k \cdot \ln x = 0$

$$\ln x = \frac{k-1}{k}$$

$$x = e^{\frac{k-1}{k}}$$

$$x = e^{1 - \frac{1}{k}} \quad y = \frac{1 + k\left(1 - \frac{1}{k}\right)}{e^{1 - \frac{1}{k}}} = \frac{1 + k - 1}{e^{1 - \frac{1}{k}}} = k \cdot e^{\frac{1}{k} - 1}$$

$$f_k''\left(e^{1 - \frac{1}{k}}\right) = \frac{2 - 3k + 2k \cdot \left(1 - \frac{1}{k}\right)}{e^{3 - \frac{3}{k}}} = \frac{2 - 3k + 2k - 2}{e^{3 - \frac{3}{k}}} = \frac{-k}{e^{3 - \frac{3}{k}}} = \frac{< 0}{> 0} < 0$$

$H_k\left(e^{1 - \frac{1}{k}} \;\middle|\; k \cdot e^{\frac{1}{k} - 1}\right)$ ist Maximum

$H_1(1 \mid 1)$

$f_k(1) = \frac{1 + k \cdot 0}{1} = 1 \quad \Rightarrow \quad$ für alle k ist $f_k(1) = 1$

c) $k = \frac{1}{2}$

NSt: $(e^{-2} \approx 0{,}1 \mid 0)$

Max: $\left(e^{-1} \approx 0{,}4 \,\middle|\, \frac{1}{2}e \approx 1{,}4\right)$

$f_{\frac{1}{2}}(e) = \frac{1{,}5}{e} \approx 0{,}55$

$k = 2$

NSt: $\left(e^{-\frac{1}{2}} \approx 0{,}6 \,\middle|\, 0\right)$

Max: $\left(e^{\frac{1}{2}} \approx 1{,}6 \,\middle|\, 2e^{-\frac{1}{2}} \approx 1{,}2\right)$

$f_2(e) = \frac{3}{e} \approx 1{,}1$

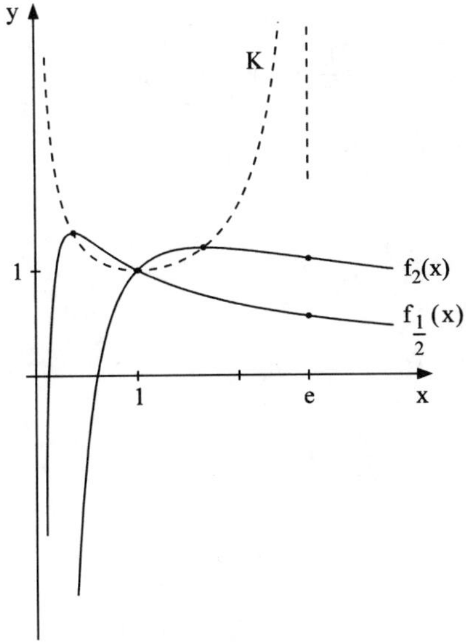

2. a) $\left.\begin{array}{l} \lim\limits_{k \to +\infty} e^{1-\frac{1}{k}} = e^1 \\ \lim\limits_{k \overset{>}{\to} 0} e^{1-\frac{1}{k}} = "e^{-\infty}" = 0^+ \end{array}\right\} \quad x_H \in \,]0; e[$

b) $y_H = \frac{1}{e^{1-\frac{1}{k}} \cdot \left(1 - \left(1 - \frac{1}{k}\right)\right)} = \frac{1}{\frac{1}{k} \cdot e^{1-\frac{1}{k}}} = k \cdot e^{\frac{1}{k}-1} = y_H$ aus 1b

$$\lim_{x_H \overset{>}{\to} 0} \frac{1}{x_H \cdot (1 - \ln x_H)} = \lim_{x_H \overset{>}{\to} 0} \frac{1}{x_H - x_H \ln x_H} = "\frac{1}{0^+ - (-0^+)}" = "\frac{1}{0^+}" = +\infty$$

(s. Hinweis)

$$\lim_{x_H \overset{<}{\to} e} \frac{1}{x_H \cdot (1 - \ln x_H)} = "\frac{1}{e \cdot (1 - 1^-)}" = "\frac{1}{0^+}" = +\infty$$

c) siehe 1c

3. $A = \int_{e^{-\frac{1}{k}}}^{1} \frac{1+k\cdot\ln x}{x}\,dx = 1$

$$\int \frac{1+k\cdot\ln x}{x}\,dx = \int\left(\frac{1}{x}+k\cdot\frac{\ln x}{x}\right)dx = \ln x + k\cdot\int\frac{\ln x}{x}\,dx =$$

$$= \ln x + \frac{k}{2}\cdot\int\left(2\cdot\ln x\cdot\frac{1}{x}\right)dx = \ln x + \frac{k}{2}\cdot(\ln x)^2$$

oder mit der Substitution $x = e^z$ und somit $dx = e^z\,dz$

$$\int \frac{1+k\cdot\ln x}{x}\,dx = \int \frac{1+k\cdot z}{e^z}\cdot e^z\,dz = \int(1+kz)\,dz = z + \frac{k}{2}z^2 = \ln x + \frac{k}{2}\cdot(\ln x)^2$$

$$A = \left[\ln x + \frac{k}{2}(\ln x)^2\right]_{e^{-\frac{1}{k}}}^{1} = 0 - \left(-\frac{1}{k}\right) - \frac{k}{2}\left(-\frac{1}{k}\right)^2 = \frac{1}{k} - \frac{1}{2k} = \frac{1}{2k}$$

$$\frac{1}{2k} = 1 \quad\Rightarrow\quad k = \frac{1}{2}$$

Leistungskurs Mathematik: Abiturprüfung 1997
Infinitesimalrechnung II

Hinweis: Im folgenden dürfen die Grenzwerte $\lim\limits_{x \to +\infty} \frac{x^n}{e^x} = 0$ und $\lim\limits_{x \overset{>}{\to} 0} (x \ln x) = 0$ ohne Beweis verwendet werden.

1. Gegeben ist die Funktion $f: x \mapsto e^{-\frac{1}{x}}$ mit $D_f = \mathbb{R} \setminus \{0\}$.

   a) Untersuchen Sie das Verhalten von f an den Rändern des Definitionsbereichs D_f. Geben Sie an, ob f in x = 0 stetig ergänzt werden kann. (5 BE)

   b) Bestimmen Sie das Monotonieverhalten von f.
   Untersuchen Sie das Verhalten der Ableitungsfunktion f' für $x \overset{>}{\to} 0$.
   Substituieren Sie dazu $\frac{1}{x}$ durch z. (5 BE)

   c) Skizzieren Sie den Graphen von f unter Verwendung aller bisherigen Ergebnisse. (3 BE)

Gegeben ist die Schar der in $\mathbb{R}$ definierten Funktionen $f_n: x \mapsto e^{-x^n}$, wobei n eine natürliche Zahl mit $n \geq 2$ ist. G_n ist der Graph von f_n.

2. a) Alle Graphen G_n haben zwei gemeinsame Punkte (Nachweis nicht erforderlich). Geben Sie deren Koordinaten an. (2 BE)

   b) Untersuchen Sie gegebenenfalls mittels Fallunterscheidung das Verhalten von f_n für $x \to -\infty$ und $x \to +\infty$. Für welche n ist G_n symmetrisch zur y-Achse? (5 BE)

   c) Zeigen Sie, daß jeder Graph G_n einen Punkt mit waagrechter Tangente hat. Bestimmen Sie ohne Verwendung der 2. Ableitung die Art dieses Punktes in Abhängigkeit von n. (6 BE)

   d) Berechnen Sie $f_2\left(\frac{1}{2}\right)$, $f_3(-1)$ und $f_3\left(\frac{1}{2}\right)$, und zeichnen Sie in einem neuen Koordinatensystem G_2 und G_3 unter Verwendung aller bisherigen Ergebnisse (Längeneinheit 2 cm). (5 BE)

3. Der Graph G_2 rotiert um die y-Achse. Der entstehende, sich ins Unendliche erstreckende Rotationskörper wird mit einer zur y-Achse senkrechten Ebene geschnitten, die vom Ursprung den Abstand $y\,(0 < y \leq 1)$ hat. Der Inhalt der Schnittfläche ist A(y).

   a) Zeigen Sie, daß $A(y) = -\pi \cdot \ln y$ ist. (4 BE)

   b) Berechnen Sie das uneigentliche Integral $\int_0^1 A(y)\,dy$
   Deuten Sie das Ergebnis geometrisch. (5 BE)

(40 BE)

Lösungen

1. a) $f(x) = e^{-\frac{1}{x}}$ $\qquad \mathbb{D} = \mathbb{R} \setminus \{0\}$

$$\lim_{x \to +\infty} e^{-\frac{1}{x}} = e^{0^-} = 1^-$$

$$\lim_{x \to -\infty} e^{-\frac{1}{x}} = e^{0^+} = 1^+$$

$$\left.\begin{array}{l} \lim\limits_{x \stackrel{>}{\to} 0} e^{-\frac{1}{x}} = \text{"}e^{-\infty}\text{"} = 0^+ \\ \lim\limits_{x \stackrel{<}{\to} 0} e^{-\frac{1}{x}} = \text{"}e^{+\infty}\text{"} = +\infty \end{array}\right\} \text{stetige Fortsetzung in } x = 0 \text{ nicht möglich}$$

b) $f'(x) = e^{-\frac{1}{x}} \cdot \dfrac{1}{x^2} = \dfrac{e^{-\frac{1}{x}}}{x^2}$

Zähler und Nenner stets positiv $\Rightarrow$ f(x) streng monoton steigend in $\mathbb{D}$

$$\lim_{x \stackrel{>}{\to} 0} f'(x) = \lim_{z \to +\infty} \frac{e^{-z}}{\left(\frac{1}{z}\right)^2} = \lim_{z \to +\infty} z^2 \cdot e^{-z} = \lim_{z \to +\infty} \frac{z^2}{e^z} = 0 \quad \text{(siehe Hinweis)}$$

$\Rightarrow$ waagrechte Tangente für $x \stackrel{>}{\to} 0$

c)

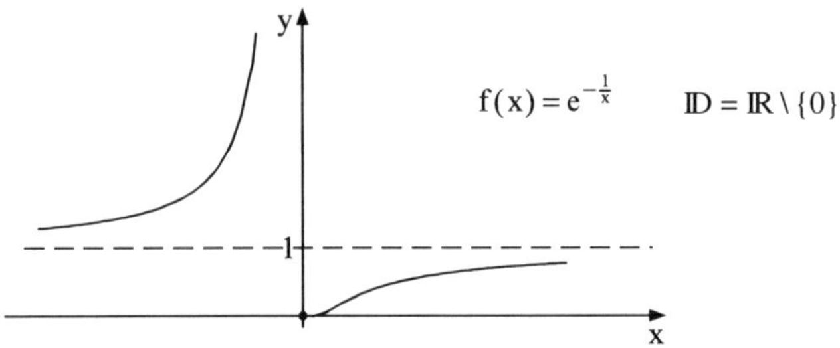

2. a) $f_n(x) = e^{-x^n} \qquad n \in \mathbb{N} \setminus \{1\} \quad \mathbb{D} = \mathbb{R}$

$(0\,|\,1) \qquad \left(1 \middle| \frac{1}{e}\right)$

b) $\lim\limits_{x \to +\infty} e^{-x^n} = \text{"}e^{-\infty}\text{"} = 0^+$

$$\lim_{x \to -\infty} e^{-x^n} = \begin{cases} \text{"}e^{-\infty}\text{"} = 0^+ & \text{für gerade n} \\ \text{"}e^{+\infty}\text{"} = +\infty & \text{für ungerade n} \end{cases}$$

achsensymmetrisch nur für gerade n

c) $f'(x) = e^{-x^n} \cdot (-nx^{n-1})$

$f'(x) = 0 \quad \Rightarrow \quad x = 0 \qquad (0|1)$

n gerade: $x < 0$: $x^{n-1} < 0$ $\quad -nx^{n-1} > 0 \quad \Rightarrow \quad f'(x) > 0$

$x > 0$: $x^{n-1} > 0$ $\quad -nx^{n-1} < 0 \quad \Rightarrow \quad f'(x) < 0$

$\Rightarrow$ (0|1) ist Maximum

n ungerade: $x < 0$: $x^{n-1} > 0$ $\quad -nx^{n-1} < 0 \quad \Rightarrow \quad f'(x) < 0$

$x > 0$: $x^{n-1} > 0$ $\quad -nx^{n-1} < 0 \quad \Rightarrow \quad f'(x) < 0$

$\Rightarrow$ (0|1) ist Terrassenpunkt

d) n = 2

$f_2(x) = e^{-x^2}$

$\lim\limits_{x \to \pm\infty} e^{-x^2} = 0^+$

Max (0|1)

$f_2\left(\frac{1}{2}\right) = e^{-\frac{1}{4}} \approx 0{,}8$

$f_2(1) = \frac{1}{e} \approx 0{,}4$

n = 3

$f_3(x) = e^{-x^3}$

$\lim\limits_{x \to +\infty} e^{-x^3} = 0^+ \qquad \lim\limits_{x \to -\infty} e^{-x^3} = +\infty$

Terrassenp. (0|1)

$f_3(-1) = e^{+1} \approx 2{,}7$

$f_3\left(\frac{1}{2}\right) = e^{-\frac{1}{8}} \approx 0{,}9$

$f_3(1) = \frac{1}{e} \approx 0{,}4$

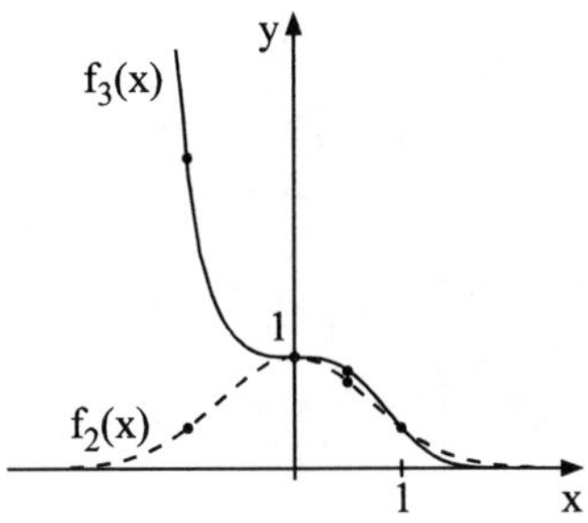

3. a) G_2 ist symmetrisch zur y-Achse (siehe 2b)
Die Schnittfläche ist also ein Kreis, dessen Radius der zu y bzgl. $f_2(x)$ zugehörige x-Wert ist.

$y = e^{-x^2}$

$\ln y = -x^2$

$x = \sqrt{-\ln y}$ wegen $0 < y \leq 1$ gilt $\ln y \leq 0$

$A = r^2\pi = -\ln y \cdot \pi$

b) $\int\limits_0^1 A(y)\,dy = \lim\limits_{a \to 0} \int\limits_a^1 (-\pi \ln y)\,dy = \lim\limits_{a \to 0} -\pi \int\limits_a^1 \ln y\,dy =$ (siehe FS)

$= \lim\limits_{a \to 0} -\pi\,[-y + y \ln y]_a^1 = \lim\limits_{a \to 0} (\pi - \pi \cdot 0 - \pi \cdot a + \pi \cdot a \ln a)$

$= \pi - 0 - 0 + 0$ (siehe Hinweis)

Das Volumen des sich ins Unendliche erstreckenden Körpers, der durch Rotation von G_2 um die y-Achse entsteht, beträgt π.

Leistungskurs Mathematik: Abiturprüfung 1997
Wahrscheinlichkeitsrechnung / Statistik III

1. Auf einem Flughafen werden die aufgegebenen Gepäckstücke unabhängig voneinander auf ein Förderband gelegt. Die Wahrscheinlichkeit, daß ein Gepäckstück das Ziel München hat, sei p.

   a) Die Wahrscheinlichkeit, daß von zwei aufeinanderfolgenden Gepäckstücken mindestens eines nicht den Zielflughafen München hat, sei 93,75 %. Berechnen Sie daraus die Wahrscheinlichkeit p.
   [Ergebnis: p = 0,25] (3 BE)

   b) Nun werden 10 aufeinanderfolgende Gepäckstücke betrachtet.
   Bestimmen Sie die Wahrscheinlichkeiten folgender Ereignisse:
   E_1: „Genau drei Gepäckstücke haben München als Ziel."
   E_2: „Das zehnte Gepäckstück ist das dritte nach München."
   E_3: „Genau drei Gepäckstücke haben München als Ziel und liegen direkt hintereinander."
   E_4: „Genau drei Gepäckstücke haben München als Ziel, wobei mindestens zwei dieser drei direkt hintereinanderliegen." (9 BE)

   c) 1 % der Gepäckstücke werden fehlgeleitet; von den fehlgeleiteten Gepäckstücken haben 20 % das Ziel München. Mit welcher Wahrscheinlichkeit wird demnach ein Gepäckstück, daß das Ziel München hat, richtig weitergeleitet? (5 BE)

2. Das Gepäck wird mit einem Strichcode auf Papieraufklebern gekennzeichnet, mit dessen Hilfe der Zielflughafen ermittelt wird. Diese Ermittlung schlägt in 11,5 % der Fälle fehl, da mindestens einer der voneinander unabhängigen Fehler A („Papier zerknittert") oder B („Papier verschmutzt") auftritt.

   a) Berechnen Sie die Wahrscheinlichkeit für den Fehler A, wenn bekannt ist, daß der Fehler B eine Wahrscheinlichkeit von 8,5 % hat. (6 BE)

   b) Mit welcher Wahrscheinlichkeit tritt nur einer der Fehler A oder B auf? (2 BE)

3. Einer Fluggesellschaft wird ein Lesegerät für das Sortieren des Gepäcks auf der Basis von Mikrochips angeboten, das eine Quote von weniger als 1 % an Lesefehlern verspricht. Die Fluggesellschaft testet ihre Vermutung H_0 „Die Quote bei den Lesefehlern ist mindestens 1 %" auf dem 2 %-Signifikanzniveau an 3 000 mit Mikrochips gekennzeichneten Gepäckstücken.
Bestimmen Sie die Entscheidungsregel für diesen Test (Rechnung mit der Normalverteilung als Näherung). (9 BE)

4. Aus langjähriger Erfahrung weiß man bei einer Fluggesellschaft, daß Gepäckstücke ein durchschnittliches Gewicht von 18 kg bei einer Standardabweichung von 5 kg besitzen.
Schätzen Sie mit Hilfe der Tschebyschow-Ungleichung die Wahrscheinlichkeit dafür ab, daß bei 300 aufgegebenen Gepäckstücken das Gesamtgewicht zwischen 4 800 kg und 6 000 kg liegt. Für die Berechnung darf angenommen werden, daß das Gewicht der Gepäckstücke voneinander unabhängig ist. (6 BE)

(40 BE)

Lösungen

1. a) P(keines nach München) + P(genau eines nach München) = 93,75 %

$$(1-p)^2 + 2\cdot p(1-p) = 0{,}9375$$
$$1 - 2p + p^2 + 2p - 2p^2 = 0{,}9375$$
$$1 - p^2 = 0{,}9375$$
$$p^2 = 0{,}0625$$
$$p = 0{,}25$$

b) $P(E_1) = B(10\,;0{,}25\,;3) = 0{,}25028$

$P(E_2) = B(\ 9\,;0{,}25\,;2)\cdot 0{,}25 = 0{,}30034\cdot 0{,}25 = 0{,}075085$

$P(E_3) = 0{,}25^3\cdot 0{,}75^7\cdot 8 = 0{,}0166854$

Es gibt 8 Möglichkeiten auf 10 Plätzen 3 Plätze hintereinander zu belegen.

$P(E_4) = 0{,}25^3\cdot 0{,}75^7\cdot 8 + 0{,}25^3\cdot 0{,}75^7\cdot(2\cdot 7 + 7\cdot 6) = 0{,}25^3\cdot 0{,}75^7\cdot 64 =$
$= 0{,}1334838$

Es gibt 8 Möglichkeiten auf 10 Plätzen 3 Plätze hintereinander zu belegen (siehe E_3).

Es gibt 7 Möglichkeiten auf 10 Plätzen nur 2 Plätze hintereinander mit 3 Gepäckstücken zu belegen, wenn die beiden Plätze am Rand sind (dafür gibt es 2 Möglichkeiten)

o o x o x x x x x x   x x x x x x o x o o
o o x x o x x x x x   x x x x x o x x o o
⋮   ⋮

Es gibt 6 Möglichkeiten auf 10 Plätzen nur 2 Plätze hintereinander mit 3 Gepäckstücken zu belegen, wenn die beiden Plätze nicht am Rand sind (dafür gibt es 7 Möglichkeiten)

x o o x o x x x x x   o x o o x x x x x x   …
x o o x x o x x x x   x x o o x o x x x x
⋮   ⋮

c)

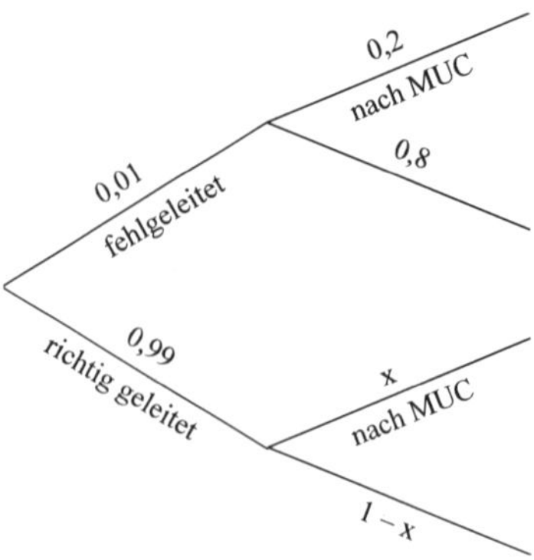

P(nach MUC) = 0,25   siehe 1a

$$0{,}01\cdot 0{,}2 + 0{,}99\cdot x = 0{,}25$$
$$0{,}99x = 0{,}248$$
$$x = 0{,}250505$$

$$P_{MUC}(\text{richtig weitergeleitet}) = \frac{0{,}99\cdot x}{0{,}25} = 0{,}992$$

2. a) P(mindestens einen der Fehler) = 11,5 %

$$P(A)\cdot P(\bar{B})+P(\bar{A})\cdot P(B)+P(A)\cdot P(B)=0{,}115$$
$$x\cdot 0{,}915+(1-x)\cdot 0{,}085+x\cdot 0{,}085=0{,}115$$
$$x\cdot 0{,}915+0{,}085=0{,}115$$
$$x\cdot 0{,}915=0{,}03$$
$$x=0{,}0328$$

b) $P(A)\cdot P(\bar{B})+P(\bar{A})\cdot P(B)=x\cdot 0{,}915+(1-x)\cdot 0{,}085=0{,}1122$

3.

	gegen p_0 $0 \ldots k$	für p_0 $k+1 \ldots 3\,000$
$p_0 \geq 0{,}01$	(0,02)	

$\mu = 3\,000\cdot 0{,}01=30$

$\sigma=\sqrt{3\,000\cdot 0{,}01\cdot 0{,}99}=\sqrt{29{,}7}$

$$P(3\,000\,;0{,}01\,;0\leq i\leq k)\leq 0{,}02$$
$$\phi\left(\frac{k-30+\frac{1}{2}}{\sqrt{29{,}7}}\right)\leq 0{,}02$$
$$\frac{k-29{,}5}{\sqrt{29{,}7}}\leq -2{,}0538$$
$$k\leq 18{,}3$$

Bei höchstens 18 Lesefehlern wird H_0 auf dem 2 %-Niveau abgelehnt.

4. $\mu = 18$ kg $\Rightarrow$ $\mu_{300} = 300\cdot 18$ kg $= 5\,400$ kg

$\Rightarrow$ Abweichung des Intervalls]4 800 kg ; 6 000 kg[beträgt 600 kg.

$\sigma = 5$ kg $\Rightarrow$ Var = 25 $\Rightarrow$ $Var_{300} = 300\cdot 25 = 7\,500$

$$P(|X-\mu|<600)\geq 1-\frac{Var_{300}}{600^2}=1-\frac{7\,500}{600^2}=0{,}9792$$

Leistungskurs Mathematik: Abiturprüfung 1997
Wahrscheinlichkeitsrechnung / Statistik IV

1. Ein Kunde eines Kaufhauses benutzt mit einer Wahrscheinlichkeit von 75 % die hauseigene Tiefgarage. Mit einer Wahrscheinlichkeit von 40 % bleibt ein Kunde länger als 30 Minuten im Kaufhaus (Langzeitbesucher). Die Ereignisse T: „Tiefgaragenbenutzer" und L: „Langzeitbesucher" seien stochastisch unabhängig.

   a) Mit welcher Wahrscheinlichkeit ist ein beliebiger Kunde weder Tiefgaragenbenutzer noch Langzeitbesucher? (2 BE)

   b) An einer Kasse stehen drei Kunden. Mit welcher Wahrscheinlichkeit ist mindestens einer davon ein Tiefgaragenbenutzer und nicht gleichzeitig Langzeitbesucher? (3 BE)

   c) In der Tiefgarage sind noch 16 Plätze frei. Wie groß ist die Wahrscheinlichkeit dafür, daß diese freien Plätze für die nächsten 20 Kunden des Kaufhauses reichen? (3 BE)

2. Das Kaufhaus will einen Restaurantbetrieb einrichten.

   a) In einer Umfrage unter 200 Kunden soll die Zahl k derjenigen ermittelt werden, die Interesse an dem Angebot haben. Bestimmen Sie unter Verwendung der Ungleichung von Tschebyschow einen möglichst kleinen Bereich, in dem k mit einer Wahrscheinlichkeit von mindestens 90 % liegen wird, falls tatsächlich 1/3 aller Kunden an dem Angebot interessiert ist. (6 BE)

   b) Wie groß müßte der Anteil der Restaurantnutzer unter allen Kaufhauskunden mindestens sein, damit von 50 zufällig ausgewählten Kunden des Kaufhauses mit einer Wahrscheinlichkeit von wenigstens 95 % mindestens einer das Restaurant aufsucht? (4 BE)

3. a) Mit einer elektronischen Anlage wird am Ausgang überprüft, ob ein Kunde unbezahlte Kleidungsstücke bei sich führt. Bei Kaufhausdieben spricht die Anlage mit einer Wahrscheinlichkeit von 95 % an, allerdings auch bei ehrlichen Kunden mit einer Wahrscheinlichkeit von 1 %. 40 % der Verdachtsfälle erweisen sich als gerechtfertigt. Wie groß ist demnach der Anteil der Diebe unter allen Kunden? (6 BE)

   b) Durch Verbesserungsmaßnahmen soll der Anteil von 40 % der überführten Diebe unter den verdächtigen Kunden erhöht werden. Wie viele Diebe müssen mindestens unter 256 Verdachtsfällen sein, damit die Behauptung, daß die Verbesserungsmaßnahmen keine Erhöhung des besagten Anteils erbringen, auf dem Signifikanzniveau 5 % abgelehnt werden kann? Rechnen Sie mit der Normalverteilung als Näherung. (8 BE)

4. In der Endausscheidung einer Modenschau werden 9 Modellkleider des Kaufhauses hintereinander vorgeführt.

   a) Wie viele mögliche Reihenfolgen gibt es hierfür, wenn zwischen den drei Modellkleidern des Designers Liegerwiese keine anderen Kleider präsentiert werden sollen? (3 BE)

   b) Jedes Mitglied einer vierköpfigen Jury gibt seine Stimme dem Kleid, das ihm am besten gefällt. Wie viele verschiedene Stimmenverteilungen sind möglich, wenn man nur nach der Stimmenzahl unterscheidet, die jedes Kleid erhält? (5 BE)

(40 BE)

Lösungen

1. a) $P = P(\overline{T}) \cdot P(\overline{L}) = 0,25 \cdot 0,6 = 0,15$

b) $p = P(T) \cdot P(\overline{L}) = 0,75 \cdot 0,6 = 0,45$

$P = 1 - \overline{p}^3 = 1 - 0,55^3 = 0,833625$

c) $P = B(20\,;0,75\,;k \le 16) = 1 - 0,22516 = 0,77484$

2. a) $P\left(\left|\frac{k}{200} - \frac{1}{3}\right| < \varepsilon\right) \ge 0,9$

$$1 - \frac{\frac{1}{3} \cdot \frac{2}{3}}{200\,\varepsilon^2} \ge 0,9$$

$$1 - \frac{1}{900\,\varepsilon^2} \ge 0,9$$

$$\frac{1}{900\,\varepsilon^2} \le 0,1$$

$$\varepsilon \ge 0,1054$$

$$\left.\begin{array}{l} \frac{k}{200} - \frac{1}{3} < 0,1054 \quad \Rightarrow \quad k < 87,7 \\ -\frac{k}{200} + \frac{1}{3} < 0,1054 \quad \Rightarrow \quad k > 45,6 \end{array}\right\} \Rightarrow \quad k \in [46\,;87]$$

b) $1 - (1-p)^{50} \ge 0,95$

$(1-p)^{50} \le 0,05$

$1 - p \le 0,05^{\frac{1}{50}}$

$p \ge 1 - 0,05^{\frac{1}{50}}$

$p \ge 0,058$

3. a) D: Dieb A: Anlage spricht an

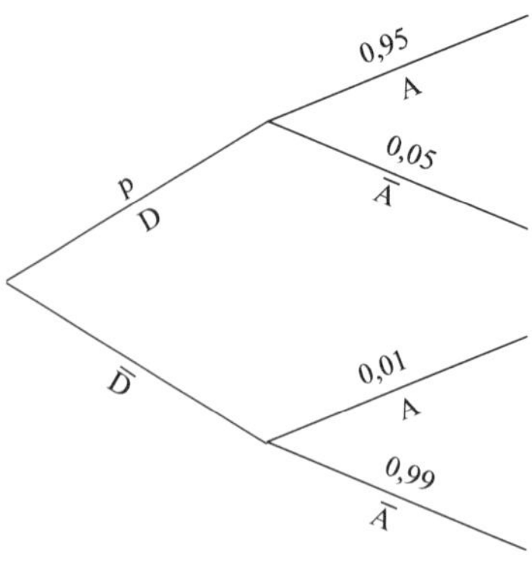

$0,4 \cdot P(A) = P(D) \cdot P_D(A)$

$0,4[p \cdot 0,95 + (1-p) \cdot 0,01] = p \cdot 0,95$

$0,4 \cdot 0,95p + 0,4 \cdot 0,01 - 0,4 \cdot 0,01p = 0,95p$

$0,004 = 0,574p$

$p = 0,00697$

b)

	für p_0 0 … k	gegen p_0 k + 1 … 256
$p_0 \leq 0{,}4$		(0,05)

$\mu = 0{,}4 \cdot 256 = 102{,}4$

$\sigma = \sqrt{0{,}4 \cdot 0{,}6 \cdot 256} = \sqrt{61{,}44}$

$P(256\,;0{,}4\,;k+1 \leq i \leq 256) \leq 0{,}05$

$1 - P(256\,;0{,}4\,;i \leq k) \leq 0{,}05$

$$\phi\left(\frac{k - 102{,}4 + 0{,}5}{\sqrt{61{,}44}}\right) \geq 0{,}95$$

$$\frac{k - 101{,}9}{\sqrt{61{,}44}} \geq 1{,}6449$$

$k \geq 114{,}8 \qquad k \geq 115 \qquad k + 1 \geq 116$

Bei mindestens 116 Dieben wird H_0 auf dem 5 %-Niveau abgelehnt.

4. a) $3! \cdot 6! \cdot 7 = 30\,240$

Es gibt 7 Möglichkeiten auf 9 Plätzen 3 Plätze hintereinander zu belegen.

b) 4 Stimmen für ein Kleid: $\binom{9}{1} = 9$ Möglichkeiten

3 Stimmen für ein Kleid;
1 Stimme für ein anderes Kleid: $\binom{9}{1}\binom{8}{1} = 72$ Möglichkeiten

je 2 Stimmen für zwei Kleider: $\binom{9}{2} = 36$ Möglichkeiten

2 Stimmen für ein Kleid;
je 1 Stimme für zwei andere Kleider: $\binom{9}{1}\binom{8}{2} = 252$ Möglichkeiten

je 1 Stimme für vier Kleider: $\binom{9}{4} = 126$ Möglichkeiten

insgesamt: 495 Möglichkeiten.

oder:

$\binom{9+4-1}{4} = 495$

Die vier Stimmen (×) werden auf 9 mögliche Kästen (Kleider) verteilt, die durch 8 Striche (|) voneinander getrennt werden, z. B.

×| | |××| | |×| |

Kleid 1 und Kleid 7 erhalten je 1 Stimme, Kleid 4 erhält 2 Stimmen.

Es ergibt sich in jedem Fall eine Graphik aus 9 – 1 Strichen und 4 Kreuzen (also insgesamt $9 - 1 + 4$ Elementen), bei der 4 Plätze für die Kreuze ausgewählt werden.

Leistungskurs Mathematik: Abiturprüfung 1997
Analytische Geometrie V

In einem kartesischen Koordinatensystem des $\mathbb{R}^3$ ist für jeden Parameterwert $t \in \mathbb{R}$ durch E_t: $2x_1 - tx_2 + 4x_3 = 0$ und H_t: $x_2 = t$ je eine Ebene festgelegt.

1. a) Welche Ebene E_t enthält den Punkt $Q(-3{,}2 \mid -4 \mid 5{,}6)$? (1 BE)

   b) Zeigen Sie, daß sich alle Ebenen E_t in einer gemeinsamen Geraden s schneiden, und geben Sie eine Gleichung von s in Parameterform an. (5 BE)

   c) Für welches t sind E_t und H_t zueinander senkrecht? (2 BE)

   d) Beschreiben Sie, welche besondere Lage die Ebenen H_t im Koordinatensystem haben. (1 BE)

2. a) Berechnen Sie eine Gleichung der Schnittgeraden g_t von E_t und H_t.

   $$\left[\text{Ergebnis: } g_t: \vec{x} = \begin{pmatrix} \frac{t^2}{2} \\ t \\ 0 \end{pmatrix} + \lambda \begin{pmatrix} -2 \\ 0 \\ 1 \end{pmatrix}, \ \lambda \in \mathbb{R}\right]$$

   Welchen Winkel (auf 1° genau) schließt die Gerade g_t mit der Ebene $x_1 = 0$ ein? (7 BE)

   b) Zeigen Sie, daß durch g_0 und die x_2-Achse die Ebene E_0 eindeutig festgelegt ist. Zeigen Sie ferner, daß alle Geraden g_t, $t \neq 0$, auf derselben Seite von E_0 liegen. (7 BE)

   c) Berechnen Sie den Schnittpunkt S_t der Geraden g_t mit der x_2x_3-Ebene. Zeigen Sie, daß die Punkte S_t auf einer Parabel in der x_2x_3-Ebene liegen. (5 BE)

   d) Legen Sie ein Koordinatensystem an (siehe Skizze). Zeichnen Sie die Geraden g_{-4}, g_{-2}, g_0, g_2 und die in Teilaufgabe 2c beschriebene Kurve ein. (5 BE)

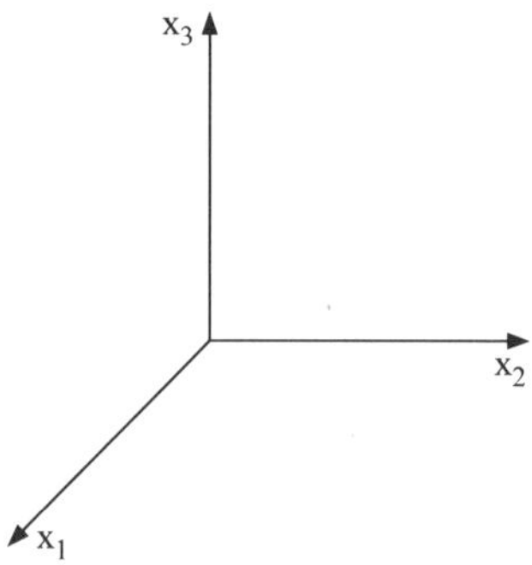

3. Es gibt ein Quadrat, von dem 2 Seiten auf Geraden der durch g_t bestimmten Parallelenschar liegen und das die Ecken $O(0 \mid 0 \mid 0)$ und Q (siehe Teilaufgabe 1a) besitzt (Nachweis nicht erforderlich). Berechnen Sie den Flächeninhalt des Quadrats. (7 BE)

(40 BE)

Lösungen

1. a) Q in E_t einsetzen

$2 \cdot (-3{,}2) - t(-4) + 4 \cdot 5{,}6 = 0 \quad \Rightarrow \quad t = -4$

b) Der Schnitt zweier Ebenen E_t und E_τ mit $t \neq \tau$ liefert hier folgende Lösung:

E_t: $2x_1 - tx_2 + 4x_3 = 0$

E_t in Parameterform: $\quad x_1 = \frac{t}{2}x_2 - 2x_3 \qquad x_2 = \lambda \qquad x_3 = \mu$

$$\vec{x} = \lambda\begin{pmatrix} \frac{t}{2} \\ 1 \\ 0 \end{pmatrix} + \mu\begin{pmatrix} -2 \\ 0 \\ 1 \end{pmatrix}$$

$E_t \cap E_\tau$: $\quad 2\left(\frac{t}{2}\lambda - 2\mu\right) - \tau \cdot \lambda + 4\mu = 0$

$t\lambda - 4\mu - \tau\lambda + 4\mu = 0 \quad \Rightarrow \quad \lambda\,(t - \tau) = 0 \quad \Rightarrow \quad \lambda = 0$, da $t \neq \tau$

somit: s: $\vec{x} = \mu\begin{pmatrix} -2 \\ 0 \\ 1 \end{pmatrix}$

oder:

Für jedes t verläuft E_t durch die Punkte $(0\,|\,0\,|\,0)$ und $(2\,|\,0\,|\,-1)$. Somit ist die Gerade durch diese beiden Punkte die Schnittgerade s

c) $\begin{pmatrix} 2 \\ -t \\ 4 \end{pmatrix} \circ \begin{pmatrix} 0 \\ 1 \\ 0 \end{pmatrix} = 0 \quad \Rightarrow \quad t = 0 \quad E_0 \perp H_0$

d) parallel zur x_1-x_3-Ebene

2. a) E_t: $\vec{x} = \lambda\begin{pmatrix} \frac{t}{2} \\ 1 \\ 0 \end{pmatrix} + \mu\begin{pmatrix} -2 \\ 0 \\ 1 \end{pmatrix}$ (siehe 1b)

$E_t \cap H_t$: $\lambda = t$

g_t: $\vec{x} = \begin{pmatrix} \frac{t^2}{2} \\ t \\ 0 \end{pmatrix} + \mu\begin{pmatrix} -2 \\ 0 \\ 1 \end{pmatrix}$

$$\sin\alpha = \left| \frac{\begin{pmatrix} -2 \\ 0 \\ 1 \end{pmatrix} \circ \begin{pmatrix} 1 \\ 0 \\ 0 \end{pmatrix}}{\sqrt{5}} \right| = \frac{2}{\sqrt{5}} \qquad \alpha = 63{,}4^\circ = 63^\circ$$

b) Ebene G durch g_0 und x_2-Achse

$$G:\ \vec{x} = \begin{pmatrix} 0 \\ 0 \\ 0 \end{pmatrix} + \mu \begin{pmatrix} -2 \\ 0 \\ 1 \end{pmatrix} + \sigma \begin{pmatrix} 0 \\ 1 \\ 0 \end{pmatrix}$$

$$\vec{n}_G = \begin{pmatrix} -2 \\ 0 \\ 1 \end{pmatrix} \times \begin{pmatrix} 0 \\ 1 \\ 0 \end{pmatrix} = \begin{pmatrix} -1 \\ 0 \\ -2 \end{pmatrix} \triangleq \begin{pmatrix} 1 \\ 0 \\ 2 \end{pmatrix}$$

$$\left.\begin{array}{ll} G: & x_1 + 2x_3 = 0 \\ E_0: & 2x_1 + 4x_3 = 0 \end{array}\right\} \Rightarrow \quad G \equiv E_0$$

$$E_{0_{HNF}}:\ \frac{1}{\sqrt{5}}(x_1 + 2x_3) = 0$$

$$d(g_t; E_0) = \frac{1}{\sqrt{5}}\left(\frac{t^2}{2} + 2 \cdot 0\right) = \frac{t^2}{2\sqrt{5}} > 0$$ für alle t $\Rightarrow$ alle g_t mit $t \neq 0$ auf derselben Seite von E.

c) $g_t \cap x_2$-x_3-Ebene: $\frac{t^2}{2} - 2\lambda = 0 \Rightarrow \lambda = \frac{t^2}{4}$

$$\vec{S}_t = \begin{pmatrix} \frac{t^2}{2} \\ t \\ 0 \end{pmatrix} + \frac{t^2}{4} \begin{pmatrix} -2 \\ 0 \\ 1 \end{pmatrix} = \begin{pmatrix} 0 \\ t \\ \frac{t^2}{4} \end{pmatrix}$$

$$\Rightarrow \quad s_3 = \frac{1}{4} s_2{}^2$$

d) $S_{-4}(0|-4|4)$
$S_{-2}(0|-2|1)$
$S_0(0|0|0)$
$S_2(0|2|1)$

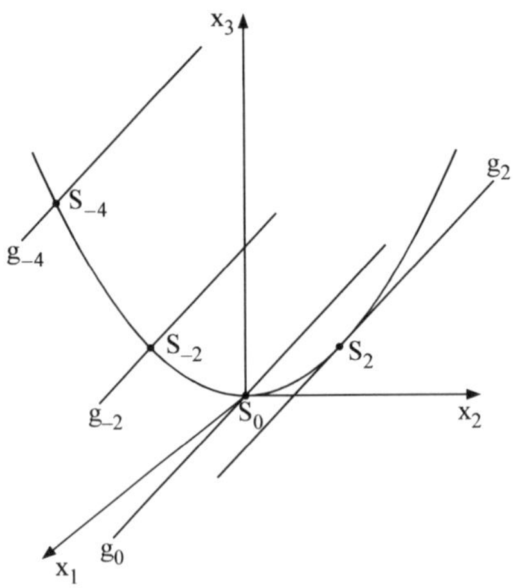

alle g_t sind parallel zueinander mit dem Richtungsvektor $\begin{pmatrix} -2 \\ 0 \\ 1 \end{pmatrix}$

3. Verläuft $\overrightarrow{OQ}$ parallel zum Richtungsvektor von g_t, so ist $\left|\overrightarrow{OQ}\right|$ die Länge der Quadratseite.

Verläuft $\overrightarrow{OQ}$ senkrecht zum Richtungsvektor von g_t, so ist $\left|\overrightarrow{OQ}\right|$ ebenfalls die Länge der Quadratseite.

Andernfalls muß $\left|\overrightarrow{OQ}\right|$ die Länge der Diagonalen sein.

$$\overrightarrow{OQ} = \begin{pmatrix} -3{,}2 \\ -4 \\ 5{,}6 \end{pmatrix} \quad \Rightarrow \quad \overrightarrow{OQ} \nparallel \begin{pmatrix} -2 \\ 0 \\ 1 \end{pmatrix}$$

$$\begin{pmatrix} -3{,}2 \\ -4 \\ 5{,}6 \end{pmatrix} \circ \begin{pmatrix} -2 \\ 0 \\ 1 \end{pmatrix} = 6{,}4 + 5{,}6 = 12 \neq 0 \quad \Rightarrow \quad \overrightarrow{OQ} \not\perp \begin{pmatrix} -2 \\ 0 \\ 1 \end{pmatrix}$$

$$\left|\overrightarrow{OQ}\right| = \sqrt{57{,}6} = d \quad \Rightarrow \quad a = \frac{\sqrt{57{,}6}}{\sqrt{2}} = \sqrt{28{,}8} \quad \Rightarrow \quad A = 28{,}8$$

Leistungskurs Mathematik: Abiturprüfung 1997
Analytische Geometrie VI

In einem kartesischen Koordinatensystem des $\mathbb{R}^3$ sind die Punkte $A(0|0|-4)$, $B(4|0|0)$ und $C_t(t-8|t|t-8)$, $t \in \mathbb{R}$, gegeben.

1. a) Zeigen Sie, daß die Punkte A, B und C_t für jedes t ein Dreieck bestimmen und daß dieses Dreieck den Flächeninhalt
$2 \cdot \sqrt{2t^2+16}$ hat. (4 BE)

   b) Geben Sie an, für welchen Wert von t der Flächeninhalt minimal wird. Erläutern Sie, wie man mit diesem Ergebnis ermitteln kann, für welchen der Punkte C_t der Abstand von der Geraden AB minimal ist. Geben Sie auch diesen minimalen Abstand an. (5 BE)

2. a) Die Punkte A, B und C_t liegen in einer Ebene E_t. Stellen Sie eine Gleichung dieser Ebene E_t in Normalform auf.
[mögliches Ergebnis für E_t: $tx_1 + 4x_2 - tx_3 - 4t = 0$] (4 BE)

   b) Zeigen Sie, daß die Ebenen E_t und E_{t^*} genau dann aufeinander senkrecht stehen, wenn gilt: $t \cdot t^* = -8$. Zu welcher Ebene der Schar existiert keine senkrechte Ebene in der Schar? (3 BE)

   c) Zwei zueinander senkrechte Ebenen E_t und E_{t^*} schneiden die x_2-Achse in den Punkten S_t und S_{t^*}. Berechnen Sie die Streckenlänge $\overline{S_tS_{t^*}}$, und ermitteln Sie mit Hilfe der Differentialrechnung, für welche Werte von t diese Streckenlänge minimal wird. (7 BE)

3. a) Die Mittelpunkte aller Kugeln durch die Punkte A, B und den Ursprung O liegen auf einer Geraden (Nachweis nicht erforderlich). Geben Sie eine Gleichung dieser Geraden in Parameterform an.
Für welche beiden Mittelpunkte beträgt der Kugelradius $\sqrt{24}$? (7 BE)

   b) A, B, O und C_t $(t \neq 0)$ bilden eine Pyramide. Bestimmen Sie C_t so, daß die Kugel mit Mittelpunkt $M_1(2|4|-2)$ und Radius $\sqrt{24}$ Umkugel dieser Pyramide ist. (6 BE)

   c) Berechnen Sie das Volumen der Pyramide $ABOC_8$. (4 BE)

(40 BE)

Lösungen

1. a) Die Punkte bestimmen ein Dreieck, wenn sie nicht auf einer Geraden liegen

$$g_{AB}: \vec{x} = \begin{pmatrix} 0 \\ 0 \\ -4 \end{pmatrix} + \lambda \begin{pmatrix} 4 \\ 0 \\ 4 \end{pmatrix}$$

$C_t \in g_{AB}$?: $\left.\begin{array}{l} t-8=4\lambda \\ t \quad =0 \end{array}\right\} \Rightarrow \lambda=-2$; $\left.\begin{array}{l} t=0 \\ t-8=-4+4\lambda \end{array}\right\} \Rightarrow \lambda=-1$ ↯

$\Rightarrow$ ABC_t bilden stets ein Dreieck

$$A_\Delta = \frac{1}{2}\left|\overrightarrow{AB} \times \overrightarrow{AC}\right| = \frac{1}{2}\left|\begin{pmatrix} 4 \\ 0 \\ 4 \end{pmatrix} \times \begin{pmatrix} t-8 \\ t \\ t-4 \end{pmatrix}\right| = \frac{1}{2}\left|\begin{pmatrix} -4t \\ -16 \\ 4t \end{pmatrix}\right| = 2\left|\begin{pmatrix} -t \\ -4 \\ t \end{pmatrix}\right| = 2\sqrt{2t^2+16}$$

b) $t^2 \geq 0 \quad \Rightarrow \quad A_{\Delta\min} = 2\sqrt{16} = 8 \quad$ für $t = 0$

Da $\left|\overrightarrow{AB}\right|$ stets gleich bleibt, ergibt sich die minimale Fläche für die minimale Dreieckshöhe. Also ist für C_0 der Abstand von der Geraden AB minimal.

$$A_{\Delta\min} = 8$$

$$\frac{1}{2}\cdot\left|\overrightarrow{AB}\right|\cdot h = 8$$

$$\frac{1}{2}\sqrt{32}\cdot h = 8$$

$$h = \frac{4}{\sqrt{2}} = 2\sqrt{2}$$

2. a) E_t: $\vec{x} = \begin{pmatrix} 0 \\ 0 \\ -4 \end{pmatrix} + \lambda \begin{pmatrix} 4 \\ 0 \\ 4 \end{pmatrix} + \mu \begin{pmatrix} t-8 \\ t \\ t-4 \end{pmatrix}$

$$\vec{n} = \begin{pmatrix} 4 \\ 0 \\ 4 \end{pmatrix} \times \begin{pmatrix} t-8 \\ t \\ t-4 \end{pmatrix} = \begin{pmatrix} -4t \\ -16 \\ 4t \end{pmatrix} \mathrel{\hat{=}} \begin{pmatrix} t \\ 4 \\ -t \end{pmatrix}$$

E_t: $tx_1 + 4x_2 - tx_3 - 4t = 0$

b) $\begin{pmatrix} t \\ 4 \\ -t \end{pmatrix} \circ \begin{pmatrix} t^* \\ 4 \\ -t^* \end{pmatrix} = 0 \qquad tt^* + 16 + tt^* = 0 \qquad tt^* = -8$

zu t = 0 kann keine senkrechte Ebene existieren

c) $E_t \cap x_2$-Achse: $t \cdot 0 + 4x_2 - t \cdot 0 - 4t = 0 \quad \Rightarrow \quad x_2 = t$ $\quad S_t = (0\,|\,t\,|\,0)$

$E_{t^*} \cap x_2$-Achse: $\quad S_{t^*} = (0\,|\,t^*\,|\,0)$

$$\overline{S_t S_{t^*}} = \left|\begin{pmatrix} 0 \\ t^*-t \\ 0 \end{pmatrix}\right| = |\,t^*-t\,| = \left|-\frac{8}{t} - t\right| \qquad \text{(s. 2. b: } tt^* = -8)$$

$$\left(\overline{S_t S_{t^*}}\right)' = \left|\frac{8}{t^2} - 1\right| \quad \left(\overline{S_t S_{t^*}}\right)'' = \left|-\frac{16}{t^3}\right| > 0 \qquad \text{stets erfüllt}$$

$$\frac{8}{t^2} - 1 = 0 \qquad t^2 = 8 \qquad t = \pm 2\sqrt{2} \qquad \text{für } t = \pm 2\sqrt{2} \text{ minimal}$$

3. a) A, B und O liegen in der x_1-x_3-Ebene. Die Gerade der Mittelpunkte muß also auf der x_1-x_3-Ebene senkrecht stehen. Sie verläuft außerdem durch den Punkt P der x_1-x_3-Ebene, der von A, B und O gleich weit entfernt ist. Δ OAB rechtwinklig bei O, also ist P Mittelpunkt der Hypotenuse [AB].

$P(2\,|\,0\,|\,-2)$

P ist der Mittelpunkt von [AB], da P auch der Mittelpunkt des Thaleskreises über [AB] ist.

$$g: \vec{x} = \begin{pmatrix} 2 \\ 0 \\ -2 \end{pmatrix} + \lambda \begin{pmatrix} 0 \\ 1 \\ 0 \end{pmatrix}$$

$$\left|\overrightarrow{OM}\right| = \sqrt{24}$$

$$\sqrt{2^2 + \lambda^2 + (-2)^2} = \sqrt{24}$$

$$8 + \lambda^2 = 24$$

$$\lambda^2 = 16 \qquad \lambda = \pm 4$$

$M_1(2\,|\,4\,|\,-2) \qquad M_2(2\,|\,-4\,|\,-2)$

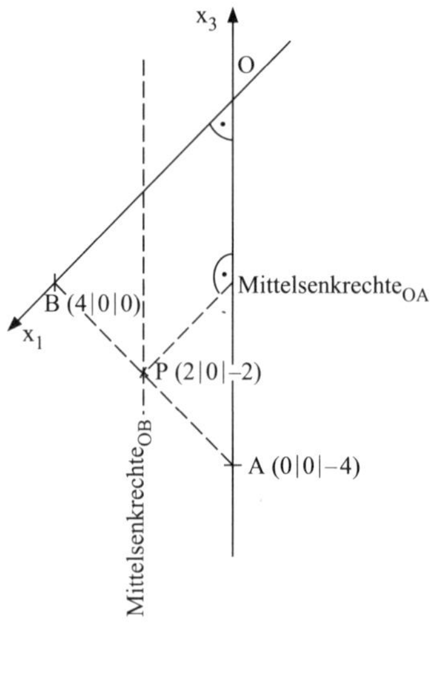

b) C_t muß auf der Kugel liegen, also

$$\left|\overrightarrow{MC_t}\right| = \sqrt{24}$$

$$(t - 8 - 2)^2 + (t - 4)^2 + (t - 8 + 2)^2 = 24$$

$$t^2 - 20t + 100 + t^2 - 8t + 16 + t^2 - 12t + 36 = 24$$

$$3t^2 - 40t + 128 = 0$$

$$t = \frac{40 \pm \sqrt{1\,600 - 1\,536}}{6} \quad \Rightarrow \quad t_1 = 8 \qquad t_2 = \frac{16}{3}$$

$$C_8(0\,|\,8\,|\,0) \qquad C_{\frac{16}{3}}\left(-\frac{8}{3}\,\middle|\,\frac{16}{3}\,\middle|\,-\frac{8}{3}\right)$$

c)

$$V = \frac{1}{6}\left|\overrightarrow{OA} \circ (\overrightarrow{OB} \times \overrightarrow{OC})\right| = \frac{1}{6}\left|\begin{pmatrix} 0 \\ 0 \\ -4 \end{pmatrix} \circ \left[\begin{pmatrix} 4 \\ 0 \\ 0 \end{pmatrix} \times \begin{pmatrix} 0 \\ 8 \\ 0 \end{pmatrix}\right]\right| = \frac{1}{6}\left|\begin{pmatrix} 0 \\ 0 \\ -4 \end{pmatrix} \circ \begin{pmatrix} 0 \\ 0 \\ 32 \end{pmatrix}\right|$$

$$= \frac{1}{6} \cdot 128 = \frac{128}{6} = 21\frac{1}{3}$$

Leistungskurs Mathematik: Abiturprüfung 1998
Infinitesimalrechnung I

Gegeben ist die Funktion

$$f\colon x \mapsto \ln \frac{x+1}{6-|x|}$$

mit maximaler Definitionsmenge D. Ihr Graph wird mit G_f bezeichnet.

1. Zeigen Sie: $D =]-\infty; -6[\cup]-1; 6[$ (6 BE)

2. Bestimmen Sie die Schnittpunkte des Graphen G_f mit den Koordinatenachsen. (4 BE)

3. Ermitteln Sie das Verhalten von f an den Rändern von $]-1; 6[$. (2 BE)

4. a) Zeigen Sie, dass gilt: $f'(x) > 0$ für $x \in]-1; 6[\setminus \{0\}$.
   Bestimmen Sie die Grenzwerte $\lim\limits_{\substack{x \to 0 \\ <}} f'(x)$ und $\lim\limits_{\substack{x \to 0 \\ >}} f'(x)$.

   [Teilergebnis: $f'(x) = \dfrac{7}{(x+1)\cdot(6-x)}$ für $0 < x < 6$] (7 BE)

   b) Untersuchen Sie, für welchen Wert von x der Term $(x+1)\cdot(6-x)$ ein lokales Extremum annimmt.
   Begründen Sie (ohne Verwendung von f") anhand des Terms $f'(x)$, dass G_f in $]0; 6[$ genau einen Wendepunkt W besitzt, und geben Sie die Koordinaten von W an. (4 BE)

5. Berechnen Sie $f(5)$ und $f'(2{,}5)$. Zeichnen Sie G_f unter Verwendung aller bisherigen Ergebnisse im Intervall $]-1; 6[$. Arbeiten Sie insbesondere die Ergebnisse der Grenzwertbetrachtungen aus Teilaufgabe 4a erkennbar ein (Längeneinheit 1 cm, Ursprung in Blattmitte). (5 BE)

6. a) Die Einschränkung von f auf $]-1; 0]$ wird mit g bezeichnet. Begründen Sie, dass g eine Umkehrfunktion g^{-1} besitzt, und zeigen Sie, dass gilt

   $$g^{-1}(x) = -1 - \frac{5e^x}{e^x - 1}.$$ (4 BE)

   b) Zeichnen Sie den Graphen von g^{-1} in das Koordinatensystem von Aufgabe 5 ein. (2 BE)

7. Im dritten Quadranten wird durch die Koordinatenachsen, den Graphen von g und die Gerade mit der Gleichung $x = -1$ ein Flächenstück begrenzt. Zeigen Sie, dass es einen endlichen Inhalt besitzt, und geben Sie diesen an. (6 BE)

(40 BE)

Lösungen

$$f(x) = \ln\frac{x+1}{6-|x|}$$

1. $\frac{x+1}{6-|x|} > 0$

   Ein Bruch ist positiv, wenn Zähler und Nenner dasselbe Vorzeichen besitzen.

   a) $x+1>0 \quad \wedge \quad 6-|x|>0$
   $x>-1 \qquad |x|<6 \qquad \Rightarrow -1<x<6$
   $-6<x<6$

   b) $x+1<0 \quad \wedge \quad 6-|x|<0$
   $x<-1 \qquad |x|>6 \qquad \Rightarrow x<-6$
   $x<-6 \vee x>6$

   $\mathbb{D} =]-\infty; -6[\cup]-1; 6[$

2. Schnitt mit x-Achse: $\ln\frac{x+1}{6-|x|} = 0 \qquad \frac{x+1}{6-|x|} = 1 \qquad x+1 = 6-|x|$

   a) $x \geq 0$ und $x \in \mathbb{D}$, also $0 \leq x < 6$
   $x+1 = 6-x \qquad 2x = 5 \qquad x = 2{,}5$

   b) $x < 0$ und $x \in \mathbb{D}$, also $x < -6$ oder $-1 < x < 0$
   $x+1 = 6+x \qquad 1 = 6$ Widerspruch

   einzige Nullstelle $(2{,}5 \mid 0)$

   Schnitt mit y-Achse: $f(0) = \ln\frac{1}{6} = \ln 6^{-1} = -\ln 6 \qquad (0 \mid -\ln 6 \approx -1{,}79)$

3. $$\lim_{\substack{x \to -1 \\ >}} f(x) = \lim_{\substack{x \to -1 \\ >}} \ln\frac{x+1}{6+x} = \text{"}\ln\frac{0^+}{5}\text{"} = \text{"}\ln 0^+\text{"} = -\infty$$
   ↑ da $x<0$!

   $$\lim_{\substack{x \to +6 \\ <}} f(x) = \lim_{\substack{x \to 6 \\ <}} \ln\frac{x+1}{6-x} = \text{"}\ln\frac{7}{0^+}\text{"} = \text{"}\ln\ (+\infty)\text{"} = +\ \infty$$
   ↑ da $x>0$!

4. a) $$f(x) = \begin{cases} \ln\frac{x+1}{6+x} & \text{für} \quad -1<x<0 \\ \ln\frac{x+1}{6-x} & \text{für} \quad 0<x<6 \end{cases}$$

$$f'(x)=\begin{cases}\dfrac{6+x}{x+1}\cdot\dfrac{1(6+x)-(x+1)\cdot 1}{(6+x)^2}=\dfrac{(6+x)\cdot 5}{(x+1)\cdot(6+x)^2}=\dfrac{5}{(x+1)(6+x)} & \text{für } -1<x<0\\[2mm] \dfrac{6-x}{x+1}\cdot\dfrac{1(6-x)-(x+1)\cdot(-1)}{(6-x)^2}=\dfrac{(6-x)\cdot 7}{(x+1)\cdot(6-x)^2}=\dfrac{7}{(x+1)(6-x)} & \text{für } 0<x<6\end{cases}$$

für $-1 < x < 0$ gilt $x + 1 > 0$ und $6 + x > 0$ also $f'(x) > 0$

für $0 < x < 6$ gilt $x + 1 > 0$ und $6 - x > 0$ also $f'(x) > 0$

$$\left.\begin{array}{l}\lim\limits_{\substack{x\to 0\\ <}} f'(x)=\lim\limits_{\substack{x\to 0\\ <}}\dfrac{5}{(x+1)(6+x)}=\dfrac{5}{6}\\[4mm] \lim\limits_{\substack{x\to 0\\ >}} f'(x)=\lim\limits_{\substack{x\to 0\\ >}}\dfrac{7}{(x+1)(6-x)}=\dfrac{7}{6}\end{array}\right\}\Rightarrow \text{„Knick" bei } (0|-\ln 6)$$

b) $(x + 1)(6 - x) = 6x - x^2 + 6 - x = -x^2 + 5x + 6$

$[-x^2 + 5x + 6]' = -2x + 5$

$-2x + 5 = 0 \Rightarrow x = 2{,}5$

Der Term $(x + 1)(6 - x)$ besitzt für $x = 2{,}5$ ein lokales Extremum (Maximum), somit besitzt auch $f'(x) = \dfrac{7}{(x+1)(6-x)}$ für $x = 2{,}5$ ein lokales Extremum (Minimum).

Wenn $f'(x)$ für $x = 2{,}5$ ein lokales Extremum besitzt, besitzt $f(x)$ für dieses $x = 2{,}5$ einen Wendepunkt.

W $(2{,}5|0)$

5. $f(x)=\begin{cases}\ln\dfrac{x+1}{6+x} & -1<x<0\\[2mm] \ln\dfrac{x+1}{6-x} & 0\le x<6\end{cases}$

$f(5) = \ln\dfrac{6}{1} \approx 1{,}79$

$f'(2{,}5) = \dfrac{7}{3{,}5\cdot 3{,}5} = \dfrac{4}{7}$

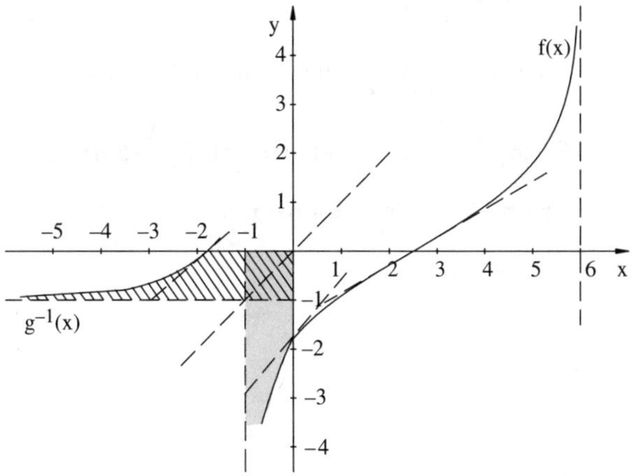

6. a) $g(x) = \ln\dfrac{x+1}{6+x}$ mit $\mathbb{D}_g =]-1; 0]$

$g'(x) = \dfrac{5}{(x+1)(6+x)} > 0$ (siehe Teilaufgabe 4 a)

Da $g(x)$ in $\mathbb{D}_g$ streng monoton steigend, auch umkehrbar

$$g^{-1}: x = \ln\frac{y+1}{6+y}$$

$$e^x = \frac{y+1}{6+y}$$

$$6e^x + ye^x = y+1$$

$$ye^x - y = 1-6e^x$$

$$y(e^x-1) = 1-6e^x$$

$$y = \frac{1-6e^x}{e^x-1} = \frac{1-e^x-5e^x}{e^x-1} = \frac{1-e^x}{e^x-1} - \frac{5e^x}{e^x-1} = -1-\frac{5e^x}{e^x-1}$$

$$g^{-1}(x) = -1-\frac{5e^x}{e^x-1}$$

7. Die gesuchte Fläche ist identisch mit der entsprechenden an y = x gespiegelten Fläche (siehe Aufgabe 5)

$$A = \lim_{a\to -1}\left|\int_a^0 g(x)\,dx\right| = \lim_{a\to-\infty}\int_a^{-\ln 6}[g^{-1}(x)-(-1)]\,dx + A_{\text{Rechteck}}$$

$$= \lim_{a\to-\infty}\int_a^{-\ln 6}\left[-1-\frac{5e^x}{e^x-1}+1\right]dx + 1\cdot\ln 6$$

$$= \lim_{a\to-\infty}\int_a^{-\ln 6} -5\cdot\frac{e^x}{e^x-1}\,dx + \ln 6 = \lim_{a\to-\infty}\Big[-5\ln|e^x-1|\Big]_a^{-\ln 6} + \ln 6$$

$$= \lim_{a\to-\infty}\left[-5\ln\left|\frac{1}{6}-1\right| + 5\ln|e^a-1|\right] + \ln 6 = \lim_{a\to-\infty}\left[-5\ln\left(\frac{5}{6}\right)+5\ln|e^a-1|\right]+\ln 6$$

$$= -5\ln\left(\frac{5}{6}\right) + 5\ln|0-1| + \ln 6 = -5\ln\left(\frac{5}{6}\right)+5\ln 1+\ln 6$$

$$= -5\ln 5 + 5\ln 6 + \ln 6 = 6\ln 6 - 5\ln 5$$

Leistungskurs Mathematik: Abiturprüfung 1998
Infinitesimalrechnung II

Gegeben ist die Schar der Funktionen

$$f_k:\ x \mapsto \frac{kx}{x^2 - k^2} \quad \text{mit } k \in \mathbb{R}^+$$

und maximaler Definitionsmenge D_k. Der Graph von f_k wird mit G_k bezeichnet.

1. a) Bestimmen Sie D_k und untersuchen Sie G_k auf Symmetrie und Schnittpunkte mit den Koordinatenachsen. (3 BE)
   b) Geben Sie das Verhalten von f_k an den Rändern von D_k an. (3 BE)

2. a) Bestätigen Sie, dass gilt: $f_k'(x) = \dfrac{-k \cdot (x^2 + k^2)}{(x^2 - k^2)^2}$

   Untersuchen Sie f_k auf Monotonie. (4 BE)
   b) Zeigen Sie, dass der Ursprung der einzige Wendepunkt von G_k ist, und geben Sie eine Gleichung der Wendetangente t_k an. (5 BE)
   c) Bestimmen Sie die Koordinaten aller weiteren Punkte von G_k, in denen die Tangenten parallel zu t_k verlaufen. (4 BE)

3. Zeichnen Sie G_2 unter Verwendung aller bisherigen Ergebnisse (Längeneinheit 1 cm). (5 BE)

4. Gegeben ist die Integralfunktion $F:\ x \mapsto \int_3^x f_2(t)\,dt$ mit $x \in\ ]2; \infty[$.

   a) Begründen Sie ohne weitere Rechnung, dass F umkehrbar ist. (2 BE)
   b) Ermitteln Sie eine integralfreie Darstellung von F und bestätigen Sie, dass für die Umkehrfunktion F^{-1} gilt: $F^{-1}(x) = \sqrt{5e^x + 4}$ (6 BE)

5. Gegeben ist die Funktion $h:\ x \mapsto \dfrac{1}{x-2}$ mit $x \in [0; 2[$.

   Ihr Graph wird mit G_h bezeichnet.

   a) Weisen Sie nach, dass für $0 \le x < 2$ gilt: $h(x) < f_2(x)$ (3 BE)
   b) Im vierten Quadranten liegt zwischen den Graphen G_2 und G_h ein Flächenstück. Zeigen Sie, dass dieses einen endlichen Inhalt besitzt, und geben Sie ihn an. (5 BE)

(40 BE)

Lösungen

$$f_k(x) = \frac{kx}{x^2 - k^2} \qquad k \in \mathbb{R}^+$$

1. a) $x^2 - k^2 = 0 \qquad x = \pm k \qquad \mathbb{D} = \mathbb{R} \setminus \{\pm k\}$

$$f_k(-x) = \frac{k(-x)}{(-x)^2 - k^2} = -\frac{kx}{x^2 - k^2} = -f_k(x) \Rightarrow \text{punktsymmetrisch zum Ursprung}$$

Schnitt mit x-Achse: $kx = 0 \qquad x = 0 \; (0|0)$

Schnitt mit y-Achse: $f(0) = \dfrac{0}{-k^2} = 0 \quad (0|0)$

b) $$\lim_{x \to +\infty} f_k(x) = "\frac{\infty}{\infty}" \overset{\ell.'H.}{=} \lim_{x \to +\infty} \frac{k}{2x} = 0^+$$

$$\lim_{x \to -\infty} f_k(x) = 0^- \text{ (siehe Sym.)}$$

$$\lim_{x \to k^+} f_k(x) = "\frac{k^2}{0^+}" = +\infty$$

$$\lim_{x \to k^-} f_k(x) = "\frac{-k^2}{0^+}" = -\infty$$

$$\left.\begin{array}{l} \lim\limits_{x \to -k^+} f_k(x) = +\infty \\ \lim\limits_{x \to -k^-} f_k(x) = -\infty \end{array}\right\} \text{(siehe Sym.)}$$

2. a) $$f_k'(x) = \frac{k(x^2 - k^2) - kx \cdot 2x}{(x^2 - k^2)^2} = \frac{kx^2 - k^3 - 2kx^2}{(x^2 - k^2)^2} = \frac{-kx^2 - k^3}{(x^2 - k^2)^2} = \frac{-k(x^2 + k^2)}{(x^2 - k^2)^2}$$

$f_k'(x) < 0$, da $k \in \mathbb{R}^+$ und $(x^2 + k^2) > 0$ und $(x^2 - k^2)^2 > 0$

$\Rightarrow f_k(x)$ streng monoton fallend im $]-\infty; -k[$; $]-k; k[$; $]k; +\infty[$

b) $$f_k''(x) = \frac{-2kx(x^2 - k^2)^2 + k(x^2 + k^2)\,2(x^2 - k^2) \cdot 2x}{(x^2 - k^2)^4}$$

$$= \frac{-2kx(x^2 - k^2) + 4kx(x^2 + k^2)}{(x^2 - k^2)^3} = \frac{-2kx^3 + 2k^3x + 4kx^3 + 4k^3x}{(x^2 - k^2)^3}$$

$$= \frac{2kx^3 + 6k^3x}{(x^2 - k^2)^3} = \frac{2kx(x^2 + 3k^2)}{(x^2 - k^2)^3}$$

$$\text{Zähler} \begin{cases} > 0 \text{ für } x \in \mathbb{R}^+ \setminus \{k\} \\ < 0 \text{ für } x \in \mathbb{R}^- \setminus \{-k\} \end{cases} \quad \text{Nenner} \begin{cases} > 0 \text{ für } x \in]-\infty; -k[\cup]k; +\infty[\\ < 0 \text{ für } x \in]-k; k[\end{cases}$$

somit: $f_k''(x)\begin{cases} <0 \text{ für } x \in]-\infty; -k[\\ >0 \text{ für } x \in]-k; 0[\\ <0 \text{ für } x \in]0; k[\\ >0 \text{ für } x \in]k; +\infty[\end{cases}$

$\Rightarrow$ einziger Wendepunkt (0|0)

Wendetangente: $m = f_k'(0) = \frac{-k \cdot k^2}{(-k^2)^2} = -\frac{1}{k}$ $\qquad y = -\frac{1}{k} \cdot x$

c) $f_k'(x) = -\frac{1}{k}$ $\qquad -\frac{k(x^2+k^2)}{(x^2-k^2)^2} = -\frac{1}{k}$

$$k^2(x^2+k^2) = (x^2-k^2)^2$$
$$k^2x^2 + k^4 = x^4 - 2x^2k^2 + k^4$$
$$x^4 - 3k^2x^2 = 0$$

$x_1 = 0$ $\qquad W(0|0)$

$x_2 = k\sqrt{3}$ $\qquad P\left(k\sqrt{3} \,|\, \frac{\sqrt{3}}{2}\right)$

$x_3 = -k\sqrt{3}$ $\qquad Q\left(-k\sqrt{3} \,|\, -\frac{\sqrt{3}}{2}\right)$

3. $f_2(x) = \frac{2x}{x^2-4}$

$\mathbb{D} = \mathbb{R} \setminus \{\pm 2\}$

t: $y = -\frac{1}{2}x$

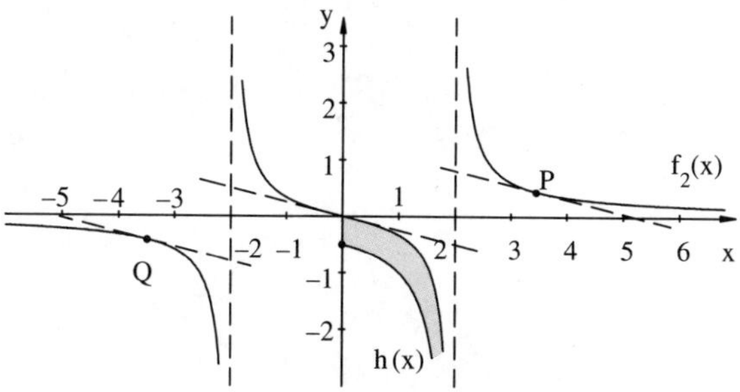

4. a) $F(x) = \int_3^x \frac{2t}{t^2-4}\,dt$ mit $\mathbb{D}_F =]2; +\infty[$

$F'(x) = f_2(x)$ HDI

da $f_2(x) > 0$ im $]2; +\infty[$ (siehe oben), ist $F(x)$ streng monoton steigend in $\mathbb{D}_F$ und damit umkehrbar.

b) $F(x) = \int_3^x \frac{2t}{t^2-4}\,dt = \left[\ln|t^2-4|\right]_3^x = \ln|x^2-4| - \ln 5$

$= \ln\frac{|x^2-4|}{5} = \ln\frac{x^2-4}{5}$ da $x > 2$ gilt.

$$F^{-1}(x)\colon\ x = \ln \frac{y^2 - 4}{5}$$

$$e^x = \frac{y^2 - 4}{5}$$

$$5e^x = y^2 - 4$$

$$y^2 = 5e^x + 4$$

$$y = \sqrt{5e^x + 4}$$

$$F^{-1}(x) = \sqrt{5e^x + 4}$$

5. a) $h(x) < f_2(x) \;\Rightarrow\; h(x) - f_2(x) < 0$

$$\frac{1}{x-2} - \frac{2x}{x^2-4} = \frac{x+2-2x}{x^2-4} = \frac{2-x}{x^2-4} = -\frac{x-2}{(x+2)(x-2)} = -\frac{1}{x+2} < 0 \ \text{für } x \in [0;\, 2[$$

b) $$A = \lim_{a \to 2} \int_0^a [f_2(x) - h(x)]\, dx = \lim_{a \to 2} \int_0^a \left(\frac{2x}{x^2-4} - \frac{1}{x-2} \right) dx = \lim_{a \to 2} \int_0^a \frac{1}{x+2}\, dx$$

$$= \lim_{a \to 2} \Big[\ln|x+2| \Big]_0^a = \lim_{a \to 2} \Big[\ln|a+2| - \ln 2 \Big] = \ln 4 - \ln 2 = 2\ln 2 - \ln 2 = \ln 2$$

Leistungskurs Mathematik: Abiturprüfung 1998
Wahrscheinlichkeitsrechnung / Statistik III

Um den Bahnverkehr zu beschleunigen, werden von einem Bahnunternehmen neue Züge eingesetzt. Auf einer Strecke verkehren in einer Richtung täglich 9 Züge des alten Typs A und 3 Züge des neuen Typs B; jeder Zug fährt genau einmal am Tag. Die Züge sind nur hinsichtlich des Typs unterscheidbar. Züge vom Typ A haben die Pannenwahrscheinlichkeit 0,5 %, d. h., mit dieser Wahrscheinlichkeit tritt bei einer Fahrt eine Panne auf. Es wird angenommen, dass es bei einer Fahrt höchstens zu einer Panne kommt.

1. Wie viele verschiedene Zugfolgen gibt es an einem Tag für die 12 Züge, wenn

   a) der erste Zug vom Typ B ist, (2 BE)
   b) keine zwei Züge vom Typ B hintereinander fahren? (5 BE)

2. Ein Zug vom Typ A benötigt für eine pannenfreie Fahrt 40 Minuten, einer vom Typ B nur 35 Minuten. Eine Panne verlängert ausschließlich die betroffene Fahrt, und zwar um 10 Minuten. Das Bahnunternehmen stellt fest, dass die mittlere Fahrzeit auf der Strecke 39 Minuten beträgt.
   Berechnen Sie die Pannenwahrscheinlichkeit, die Züge vom Typ B demnach haben. (7 BE)

In der Einführungsphase haben Züge vom Typ B eine Pannenwahrscheinlichkeit von 8,5 %.

3. Die 9 Züge vom Typ A und die 3 Züge vom Typ B verkehren täglich in zufälliger Reihenfolge.

   a) Mit welcher Wahrscheinlichkeit muss ein Fahrgast bei seiner Fahrt mit dem Auftreten einer Panne rechnen? (3 BE)
   b) Mit welcher Wahrscheinlichkeit tritt bei fünf Fahrten mehr als eine Panne auf? (4 BE)
   c) Auf einer Fahrt tritt keine Panne auf. Mit welcher Wahrscheinlichkeit war das eine Fahrt mit Typ B? (5 BE)

4. Untersuchen Sie für 3 aufeinander folgende Fahrten eines Zugs vom Typ B die Ereignisse C: „Höchstens eine Pannenfahrt“ und D: „Panne bei der zweiten Fahrt“ auf Unabhängigkeit. (6 BE)

5. Der Hersteller verbessert nun die Züge vom Typ B. Er behauptet, dass die Pannenwahrscheinlichkeit pro Fahrt jetzt nur noch höchstens 1 % beträgt. Die Behauptung des Herstellers (Nullhypothese) soll mit einem Signifikanztest auf dem 5 %-Signifikanzniveau überprüft werden. Dazu lässt das Unternehmen an 255 Werktagen eines Jahres bei allen 12 Fahrten am Tag nur noch Züge vom Typ B fahren und ermittelt die Anzahl der Pannenfahrten. Bestimmen Sie mit der Normalverteilung die Entscheidungsregel. (8 BE)

(40 BE)

Lösungen

1. a) Für die folgenden 11 Züge verbleiben 9 A-Typen und 2 B-Typen

$\binom{11}{9} = \binom{11}{2} = 55$

b) Falls erster Zug ein B-Typ

B A B A	auf 8 Plätzen noch ein B-Typ	
B A A B A	auf 7 Plätzen noch ein B-Typ	
B A A A B A	auf 6 Plätzen noch ein B-Typ	
B A A A A B A	auf 5 Plätzen noch ein B-Typ	
B A A A A A B A	auf 4 Plätzen noch ein B-Typ	8 + 7 + 6 + 5 +
B A A A A A A B A . . .	auf 3 Plätzen noch ein B-Typ	4 + 3 + 2 + 1
B A A A A A A A B A . .	auf 2 Plätzen noch ein B-Typ	
B A A A A A A A A B A .	auf 1 Platz noch ein B-Typ	

Falls zweiter Zug ein B-Typ

A B A B A	auf 7 Plätzen noch ein B-Typ	7 + 6 + 5 + 4 +
A B A A B A	auf 6 Plätzen noch ein B-Typ	3 + 2 + 1
⋮	⋮	

Falls dritter Zug (als erster) ein B-Typ

A A B A B A	auf 6 Plätzen noch ein B-Typ	6 + 5 + 4 + 3 + 2 + 1
	⋮	

somit

$8 + 2 \cdot 7 + 3 \cdot 6 + 4 \cdot 5 + 5 \cdot 4 + 6 \cdot 3 + 7 \cdot 2 + 8 \cdot 1 = 120$

2. Typ A: $P(\text{Panne}) = 0{,}5\,\% = 0{,}005$ $\quad t(\overline{\text{Panne}}) = 40$ min

Typ B: $P(\text{Panne}) = x$ $\quad t(\overline{\text{Panne}}) = 35$ min

$$(0{,}995 \cdot 40\text{ min} + 0{,}005 \cdot 50\text{ min}) \cdot \frac{9}{12} + [(1 - x) \cdot 35\text{ min} + x \cdot 45\text{ min}] \cdot \frac{3}{12} = 39\text{ min}$$

$$40{,}05\text{ min} \cdot \frac{3}{4} + [35\text{ min} + x \cdot 10\text{ min}] \cdot \frac{1}{4} = 39\text{ min}$$

$$30{,}0375\text{ min} + 8{,}75\text{ min} + x \cdot 2{,}5\text{ min} = 39\text{ min}$$

$$x \cdot 2{,}5\text{ min} = 0{,}2125\text{ min}$$

$$x = 0{,}085 = 8{,}5\,\%$$

3. a) $P = \frac{9}{12} \cdot 0{,}005 + \frac{3}{12} \cdot 0{,}085 = 0{,}025 = 2{,}5\,\%$

b) $P^5_{0,025}(k > 1) = 1 - P^5_{0,025}(k \le 1) = 1 - \left[\binom{5}{0} 0{,}025^0 \cdot 0{,}975^5 + \binom{5}{1} 0{,}025^1 \cdot 0{,}975^4\right]$

$= 0{,}00594 = 0{,}594\,\%$

c) $P = \dfrac{P(\overline{\text{Panne}} \text{ bei B})}{P(\overline{\text{Panne}})} = \dfrac{\frac{3}{12} \cdot 0{,}915}{\frac{9}{12} \cdot 0{,}995 + \frac{3}{12} \cdot 0{,}915} = 0{,}2346 = 23{,}46\ \%$

4. $P(C) = P(\text{höchstens 1 Panne}) = P(0 \text{ oder } 1 \text{ Panne})$
$= 0{,}915^3 + 3 \cdot 0{,}085 \cdot 0{,}915^2 = 0{,}97955$

$P(D) = P(\text{Panne bei 2. Fahrt}) = 0{,}085$

$P(C \cap D) = P(\text{Panne nur bei 2. Fahrt}) = 0{,}085 \cdot 0{,}915^2 = 0{,}07116$

$P(C) \cdot P(D) = 0{,}97955 \cdot 0{,}085 = 0{,}08325$

$P(C \cap D) \neq P(C) \cdot P(D) \Rightarrow$ C und D sind stochastisch abhängig

5.

	für p_0 $0 \ldots k$	gegen p_0 $k+1 \ldots 255 \cdot 12 = 3\,060$
$p_0 \leq 0{,}01$		(0,05)

$P_{0,01}^{3\,060}(Z \geq k+1) \leq 0{,}05$ $\qquad \mu = 3\,060 \cdot 0{,}01 = 30{,}6$

$1 - P_{0,01}^{3\,060}(Z \leq k) \leq 0{,}05$ $\qquad \sigma = \sqrt{3\,060 \cdot 0{,}01 \cdot 0{,}99} = \sqrt{30{,}294}$

$P_{0,01}^{3\,060}(Z \leq k) \geq 0{,}95$

$$\Phi\left(\frac{k - 30{,}6 + 0{,}5}{\sqrt{30{,}294}}\right) \geq 0{,}95$$

$$\frac{k - 30{,}6 + 0{,}5}{\sqrt{30{,}294}} \geq 1{,}6449$$

$k \geq 39{,}15 \Rightarrow 0 \ldots 40 | 41 \ldots 3\,060$

Bei mehr als 40 Pannenfahrten wird die Behauptung des Herstellers abgelehnt.

Leistungskurs Mathematik: Abiturprüfung 1998
Wahrscheinlichkeitsrechnung / Statistik IV

In der Rinderpopulation eines Landes tragen 4 % der Rinder den Erreger der Seuche B in sich; diese werden im Folgenden als B-Rinder bezeichnet. Alle anderen Rinder werden im Folgenden als gesund bezeichnet. Äußerlich sind B-Rinder nicht von gesunden Rindern zu unterscheiden. Man kann von einem gleichmäßigen Durchseuchungsgrad innerhalb des Landes ausgehen. In Instituten kann durch Untersuchung der Zellflüssigkeit der B-Erreger zweifelsfrei nachgewiesen werden.

1. a) Mit welcher Wahrscheinlichkeit befinden sich unter 100 Rindern mindestens zwei und weniger als sechs B-Rinder? (3 BE)
   b) Mit welcher Wahrscheinlichkeit befinden sich unter 1 000 Rindern mehr als 30 und weniger als 50 B-Rinder? Schätzen Sie diese Wahrscheinlichkeit mit der Ungleichung von Tschebyschow ab. (4 BE)
   c) Wie viele Rinder müssen in einem Institut mindestens untersucht werden, damit mit einer Wahrscheinlichkeit von mehr als 90 % wenigstens ein B-Rind entdeckt wird? (4 BE)

2. Ein Institut untersucht 3 000 Rinder. Mit welcher Wahrscheinlichkeit sind mindestens 100 dieser Rinder B-Rinder? Rechnen Sie mit der Normalverteilung als Näherung. (5 BE)

3. Durch einen zweiseitigen Test auf dem 5 %-Signifikanzniveau soll mit einer Stichprobe von 200 Rindern der Prozentsatz für B-Rinder überprüft werden. Bestimmen Sie einen möglichst großen Ablehnungsbereich $\overline{A} = \{0, \ldots, k_1\} \cup \{k_2, \ldots, 200\}$ so, dass die Hypothese H_0: $p_0 = 0{,}04$ in jedem Teilbereich mit höchstens 2,5 % Wahrscheinlichkeit irrtümlich abgelehnt wird. (6 BE)

4. Die Rinderseuche wurde auch in ein Nachbarland eingeschleppt. Noch ist unbekannt, wie groß der Anteil p' der B-Rinder in dieser Rinderpopulation ist. Für eine groß angelegte Reihenuntersuchung mehrerer tausend Rinder zur Bestimmung von p' muss man sich zwischen zwei Methoden entscheiden. Es werden jeweils Gruppen von 20 Rindern untersucht; dabei wird zunächst jedem Rind Zellflüssigkeit entnommen.
   Methode I: Es wird Zellflüssigkeit aller 20 Rinder vermischt und das Gemisch untersucht. Wird kein Hinweis auf B festgestellt, so sind keine weiteren Untersuchungen notwendig. Stellt man im Gemisch den Erreger der B-Seuche fest, werden die 20 Zellflüssigkeiten noch einzeln untersucht.
   Methode II: Die 20 Proben von Zellflüssigkeit werden von vornherein einzeln untersucht.
   Für welche Werte von p' sind bei Methode I weniger Zellflüssigkeitsuntersuchungen zu erwarten als bei Methode II? (8 BE)

5. Im Institut wurden versehentlich fünf B-Rinder und sieben gesunde Rinder in einem Stall zusammen untergebracht. Um sie wieder zu trennen, werden sie der Reihe nach untersucht. Mit welcher Wahrscheinlichkeit wird mit der 7. Untersuchung das letzte der fünf B-Rinder gefunden? (5 BE)

6. Ein von einem Tierarzt durchzuführender, einfacher Schnelltest erkennt 95 % der B-Rinder als solche. Irrtümlicherweise stuft dieser Schnelltest von den gesunden Rindern 15 % als B-Rinder ein. Bestimmen Sie die Wahrscheinlichkeit dafür, dass bei einem Durchseuchungsgrad von 4 % ein durch den Schnelltest für gesund erklärtes Rind auch wirklich gesund ist. (5 BE)

(40 BE)

Lösungen

1. a) $$P = \sum_{2}^{5} B(100; 0{,}04; i) = \sum_{0}^{5} B(100; 0{,}04; i) - \sum_{0}^{1} B(100; 0{,}04; i)$$
$$= 0{,}78837 - 0{,}08716 = 0{,}70121$$

b) $\mu = 1\,000 \cdot 0{,}04 = 40$

$\mathrm{Var} = 1\,000 \cdot 0{,}04 \cdot 0{,}96 = 38{,}4$

$\varepsilon = 10$, da $k \in \,]30; 50[$

$$P(|k - 40| < 10) \geq 1 - \frac{38{,}4}{10^2} = 1 - 0{,}384 = 0{,}616$$

c) P(mindestens 1 B-Rind) > 90 %

1 − P(kein B-Rind) > 0,9

P(kein Rind) < 0,1

$$0{,}96^n < 0{,}1$$
$$n \cdot \ln 0{,}96 < \ln 0{,}1$$
$$n > \frac{\ln 0{,}1}{\ln 0{,}96}$$
$$n > 56{,}4$$

mindestens 57 Rinder

2. $\mu = 3\,000 \cdot 0{,}04 = 120$ $\qquad \sigma = \sqrt{3\,000 \cdot 0{,}04 \cdot 0{,}96} = \sqrt{115{,}2}$

$$P_{0,04}^{3\,000}(k \geq 100) = 1 - P_{0,04}^{3\,000}(k \leq 99) = 1 - \Phi\left(\frac{99 - 120 + 0{,}5}{\sqrt{115{,}2}}\right) = 1 - \Phi(-1{,}91)$$
$$= 1 - [1 - \Phi(1{,}91)] = \Phi(1{,}91) = 0{,}97193$$

3.

	gegen p_0 $0 \ldots k_1$	für p_0 $k_1 + 1 \ldots k_2 - 1$	gegen p_0 $k_2 \ldots 200$
$p_0 = 0{,}04$	0,025		0,025

$$\sum_{0}^{k_1} B(200; 0{,}04; i) \leq 0{,}025 \qquad \Rightarrow k_1 = 2$$

$$\sum_{k_2}^{200} B(200; 0{,}04; i) \le 0{,}025$$

$$1 - \sum_{0}^{k_2-1} B(200; 0{,}04; i) \le 0{,}025$$

$$\sum_{0}^{k_2-1} B(200; 0{,}04; i) \ge 0{,}975 \;\Rightarrow\; k_2 - 1 = 14 \;\Rightarrow\; k_2 = 15$$

$$\overline{A} = \{0 \ldots 2\} \cup \{15 \ldots 200\}$$

4. P (Seuche) = p' P (keine Suche) = 1 – p' = q'

Methode 1: genau eine Untersuchung (wenn kein Befund in der Mischung)
oder
1 + 20 = 21 Untersuchungen (wenn Befund in der Mischung, also mindestens eine Erkrankung)

$$\mu_1 = 1 \cdot P\,(\text{kein Befund bei 20 Rindern}) + 21 \cdot P\,(\text{mindestens 1 Befund bei 20 Rindern})$$
$$= 1 \cdot (q')^{20} + 21 \cdot [1 - (q')^{20}] = (q')^{20} + 21 - 21\,(q')^{20} = 21 - 20\,(q')^{20}$$

Methode 2: $\mu_2 = 20$, da stets 20 Einzeluntersuchungen erfolgen

somit:

$$21 - 20(q')^{20} < 20$$
$$-20(q')^{20} < -1$$
$$(q')^{20} > 0{,}05$$
$$q' > \sqrt[20]{0{,}05}$$
$$1 - p' > \sqrt[20]{0{,}05}$$
$$p' < 1 - \sqrt[20]{0{,}05}$$
$$p' < 0{,}13911$$

5. Bei der 7. Untersuchung das letzte B-Rind ⇒ bei den ersten 6 Untersuchungen sind 4 B-Rinder gefunden worden.

$$P = \frac{\binom{6}{4}}{\binom{12}{5}} = \frac{15}{792} = 0{,}01894$$

6. B: B-Rind
T: Test meldet B-Rind

$$P = \frac{P(\overline{B} \cap \overline{T})}{P(B \cap \overline{T}) + P(\overline{B} \cap \overline{T})} = \frac{0{,}96 \cdot 0{,}85}{0{,}04 \cdot 0{,}05 + 0{,}96 \cdot 0{,}85}$$

$$= 0{,}99756$$

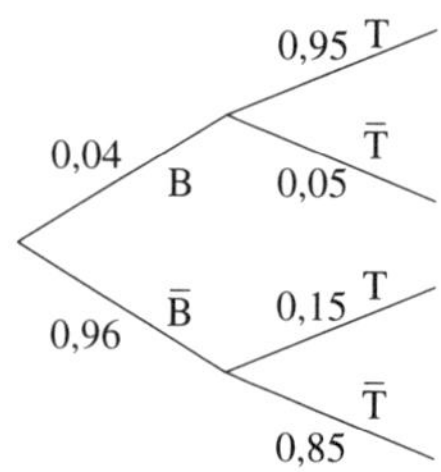

Leistungskurs Mathematik: Abiturprüfung 1998
Analytische Geometrie V

In einem kartesischen Koordinatensystem des $\mathbb{R}^3$ sind gegeben:
Die Punkte A(1 | 5 | –2), B(11 | 0 | –2), C(5 | 8 | –2),

die Gerade h: $\vec{x} = \begin{pmatrix} 5 \\ 8 \\ 3 \end{pmatrix} + \lambda \begin{pmatrix} 4 \\ 3 \\ 0 \end{pmatrix}, \quad \lambda \in \mathbb{R}$ und

die Ebenenschar H_a: $3x_1 - 4x_2 + 5ax_3 + (17 - 15a) = 0, \; a \in \mathbb{R}$.

1. a) Zeigen Sie, dass das Dreieck ABC rechtwinklig ist, und berechnen Sie die Längen seiner Katheten. (3 BE)
   b) Geben Sie eine Gleichung der Ebene G, in der A, B und C liegen, in Normalenform an. Welche besondere Lage im Koordinatensystem hat G? (3 BE)
   c) Zeigen Sie, dass die Geraden h und $g = \overline{AC}$ echt parallel sind. (2 BE)
   d) Berechnen Sie den Abstand der Geraden g und h und bestimmen Sie die Punkte D und E auf h so, dass das Viereck ADEC ein Rechteck ist. Begründen Sie, dass dieses Rechteck senkrecht auf der Ebene G steht. [Teilergebnis: D(1 | 5 | 3)] (7 BE)
   e) Die Punkte A, D, E, C und B bilden eine Pyramide. Fertigen Sie eine saubere Skizze an, in der diese Pyramide sowie die Ebene G und die Geraden g und h eingetragen sind. (4 BE)
   f) Berechnen Sie den Rauminhalt der Pyramide ADECB. (3 BE)

2. a) Zeigen Sie, dass h in jeder Ebene H_a liegt. (2 BE)
   b) Wie muss a gewählt werden, damit H_a die Strecke [BC] schneidet? (5 BE)
   c) Die Pyramide ADECB wird von der Ebene H_1 in einer Fläche Σ geschnitten. P ist der Schnittpunkt der Ebene H_1 und der Strecke [BC]. Kennzeichnen Sie Σ in der Skizze aus Teilaufgabe 1 e. Bestimmen Sie dazu das Verhältnis, in dem P die Strecke [BC] teilt. (5 BE)
   d) Berechnen Sie den Flächeninhalt von Σ. (6 BE)

(40 BE)

Lösung

1. a) $\overrightarrow{AB} = \begin{pmatrix} 11-1 \\ 0-5 \\ -2+2 \end{pmatrix} = \begin{pmatrix} 10 \\ -5 \\ 0 \end{pmatrix}$ $\quad$ $\overrightarrow{AC} = \begin{pmatrix} 5-1 \\ 8-5 \\ -2+2 \end{pmatrix} = \begin{pmatrix} 4 \\ 3 \\ 0 \end{pmatrix}$ $\quad$ $\overrightarrow{BC} = \begin{pmatrix} 5-11 \\ 8 \\ -2+2 \end{pmatrix} = \begin{pmatrix} -6 \\ 8 \\ 0 \end{pmatrix}$

$\overrightarrow{AC} \circ \overrightarrow{BC} = \begin{pmatrix} 4 \\ 3 \\ 0 \end{pmatrix} \circ \begin{pmatrix} -6 \\ 8 \\ 0 \end{pmatrix} = -24 + 24 = 0 \Rightarrow$ rechter Winkel bei C

$\overline{AC} = |\overrightarrow{AC}| = 5$ $\qquad$ $\overline{BC} = |\overrightarrow{BC}| = 10$

b) $\vec{n} = \begin{pmatrix} 10 \\ -5 \\ 0 \end{pmatrix} \times \begin{pmatrix} 4 \\ 3 \\ 0 \end{pmatrix} = \begin{pmatrix} 0 \\ 0 \\ 30+20 \end{pmatrix} = 50 \begin{pmatrix} 0 \\ 0 \\ 1 \end{pmatrix}$

G: $\begin{pmatrix} 0 \\ 0 \\ 1 \end{pmatrix} \circ \left[\vec{x} - \begin{pmatrix} 1 \\ 5 \\ -2 \end{pmatrix} \right] = 0$ $\qquad$ $x_3 + 2 = 0$ parallel zur x_1-x_2-Ebene im Abstand 2

c) $\vec{u}_g = \overrightarrow{AC} = \begin{pmatrix} 4 \\ 3 \\ 0 \end{pmatrix} = \vec{u}_h \Rightarrow g \parallel h$

$\begin{pmatrix} 1 \\ 5 \\ -2 \end{pmatrix} = \begin{pmatrix} 5 \\ 8 \\ 3 \end{pmatrix} + \lambda \begin{pmatrix} 4 \\ 3 \\ 0 \end{pmatrix}$ $\qquad$ $\left. \begin{matrix} \lambda = -1 \\ \lambda = -1 \\ \text{Widerspruch} \end{matrix} \right\} \Rightarrow$ g und h sind echt parallel

d) $\overrightarrow{AD} \perp \vec{u}_g$ und $D \in h$

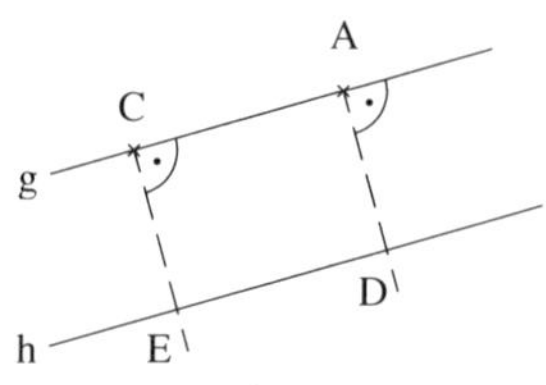

$\begin{pmatrix} d_1 - 1 \\ d_2 - 5 \\ d_3 + 2 \end{pmatrix} \circ \begin{pmatrix} 4 \\ 3 \\ 0 \end{pmatrix} = 0$

$\begin{pmatrix} 5 + 4\lambda - 1 \\ 8 + 3\lambda - 5 \\ 3 \quad + 2 \end{pmatrix} \circ \begin{pmatrix} 4 \\ 3 \\ 0 \end{pmatrix} = 0$

$4(4 + 4\lambda) + 3(3 + 3\lambda) = 0$
$16 + 16\lambda + 9 + 9\lambda = 0$
$25\lambda = -25 \qquad \lambda = -1 \qquad D(1|3|5)$

$d(g; h) = \overline{AD} = |\overrightarrow{AD}| = \left| \begin{pmatrix} 1-1 \\ 5-5 \\ 3+2 \end{pmatrix} \right| = \left| \begin{pmatrix} 0 \\ 0 \\ 5 \end{pmatrix} \right| = 5$ $\qquad$ $\vec{E} = \vec{D} + \overrightarrow{AC} = \begin{pmatrix} 1 \\ 5 \\ 3 \end{pmatrix} + \begin{pmatrix} 4 \\ 3 \\ 0 \end{pmatrix} = \begin{pmatrix} 5 \\ 8 \\ 3 \end{pmatrix}$

Da $A, B, C \in G$, gilt $g \subset G$; ferner $g \parallel h$ und $\overrightarrow{AD} = \begin{pmatrix} 0 \\ 0 \\ 5 \end{pmatrix} \parallel \vec{n}_G = \begin{pmatrix} 0 \\ 0 \\ 1 \end{pmatrix}$

$\Rightarrow$ ACED steht senkrecht auf G.

e)

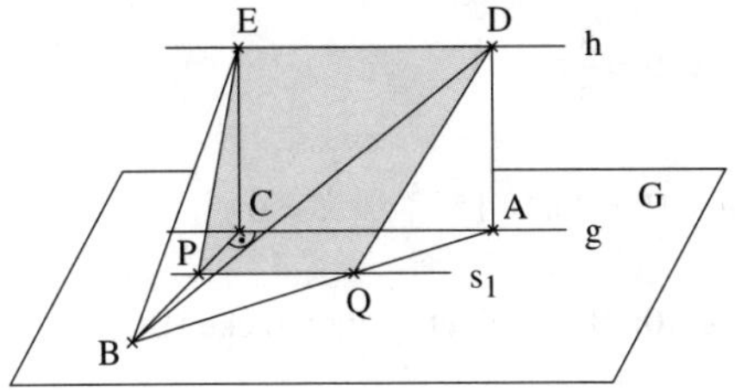

f) $V = \frac{1}{3} \cdot G \cdot h = \frac{1}{3}(\overline{AC} \cdot \overline{AD}) \cdot \overline{CB} = \frac{1}{3} \cdot 5 \cdot 5 \cdot 10 = \frac{250}{3}$

2. a) H_a: $3x_1 - 4x_2 + 5ax_3 + (17 - 15a) = 0$

$h \cap H_a$: $3(5 + 4\lambda) - 4(8 + 3\lambda) + 5a \cdot 3 + 17 - 15a = 0$

$15 + 12\lambda - 32 - 12\lambda + 15a + 17 - 15a = 0$

$0 = 0$ für alle λ und alle a erfüllt $\Rightarrow$ h liegt in jeder Ebene H_a

b) $[BC] \subset G$

G: $\vec{x} = \begin{pmatrix} 0 \\ 0 \\ -2 \end{pmatrix} + \lambda \begin{pmatrix} 1 \\ 0 \\ 0 \end{pmatrix} + \mu \begin{pmatrix} 0 \\ 1 \\ 0 \end{pmatrix}$ (siehe Teilaufgabe 1 b)

$H_a \cap G$: $3\lambda - 4\mu + 5a \cdot (-2) + (17 - 15a) = 0$

$3\lambda - 4\mu + 17 - 25a = 0$

$\lambda = \frac{4}{3}\mu - \frac{17}{3} + \frac{25}{3}a$

s_a: $\vec{x} = \begin{pmatrix} 0 \\ 0 \\ -2 \end{pmatrix} + \left(\frac{4}{3}\mu - \frac{17}{3} + \frac{25}{3}a\right)\begin{pmatrix} 1 \\ 0 \\ 0 \end{pmatrix} + \mu \begin{pmatrix} 0 \\ 1 \\ 0 \end{pmatrix}$

$\vec{x} = \begin{pmatrix} -\frac{17}{3} + \frac{25}{3}a \\ 0 \\ -2 \end{pmatrix} + \mu \begin{pmatrix} \frac{4}{3} \\ 1 \\ 0 \end{pmatrix}$

$\vec{x} = \begin{pmatrix} \frac{25}{3}a - \frac{17}{3} \\ 0 \\ -2 \end{pmatrix} + \mu \begin{pmatrix} 4 \\ 3 \\ 0 \end{pmatrix}$

$B \in s_a$: $\begin{pmatrix} 11 \\ 0 \\ -2 \end{pmatrix} = \begin{pmatrix} \frac{25}{3}a - \frac{17}{3} \\ 0 \\ -2 \end{pmatrix} + \mu \begin{pmatrix} 4 \\ 3 \\ 0 \end{pmatrix} \Rightarrow \mu = 0$

$\Rightarrow 11 = \frac{25}{3}a - \frac{17}{3}$ $\quad 33 = 25a - 17$ $\quad a = 2$

$C \in s_a$: $\begin{pmatrix} 5 \\ 8 \\ -2 \end{pmatrix} = \begin{pmatrix} \frac{25}{3}a - \frac{17}{3} \\ 0 \\ -2 \end{pmatrix} + \mu \begin{pmatrix} 4 \\ 3 \\ 0 \end{pmatrix} \Rightarrow \mu = \frac{8}{3}$

$\Rightarrow 5 = \frac{25}{3}a - \frac{17}{3} + \frac{32}{3} \qquad 15 = 25a + 15 \qquad a = 0$

für a = 2 verläuft s_a durch B
für a = 0 verläuft s_a durch C
} für $a \in [0; 2]$ schneidet s_a die Strecke [BC]

c) für a = 1 schneidet s_a die Strecke [BC] in der Mitte

$\Rightarrow \vec{P} = \frac{1}{2}(\vec{B} + \vec{C}) = \frac{1}{2}\begin{pmatrix} 11+5 \\ 0+8 \\ -2-2 \end{pmatrix} = \begin{pmatrix} 8 \\ 4 \\ -2 \end{pmatrix}$

P teilt die Strecke [BC] im Verhältnis 1 : 1

oder:

s_1: $\vec{x} = \begin{pmatrix} \frac{8}{3} \\ 0 \\ -2 \end{pmatrix} + \mu \begin{pmatrix} 4 \\ 3 \\ 0 \end{pmatrix}$ und BC: $\vec{x} = \begin{pmatrix} 11 \\ 0 \\ -2 \end{pmatrix} + \lambda \begin{pmatrix} -6 \\ 8 \\ 0 \end{pmatrix}$

$s_1 \cap BC$: $\frac{8}{3} + 4\mu = 11 - 6\lambda \qquad \frac{8}{3} + 4\mu = 11 - \frac{9}{4}\mu \qquad \frac{25}{4}\mu = \frac{25}{3} \qquad \mu = \frac{4}{3}$

$3\mu = 8\lambda \qquad \lambda = \frac{3}{8}\mu \nearrow \qquad \lambda = \frac{1}{2}$

$-2 = -2$

$\vec{P} = \begin{pmatrix} 11 \\ 0 \\ -2 \end{pmatrix} + \frac{1}{2}\begin{pmatrix} -6 \\ 8 \\ 0 \end{pmatrix} = \begin{pmatrix} 8 \\ 4 \\ -2 \end{pmatrix}$

Da P Mittelpunkt der Strecke [BC] ist, ist das Teilverhältnis 1 : 1.

d) Σ ist ein rechtwinkliges Trapez, da

(1) $s_1 \parallel h$ (alle H_a verlaufen durch h und es gilt $h \parallel G$); somit $[PQ] \parallel [ED]$

(2) $PE \perp PQ$ bzw. $PE \perp ED$ ($ADEC \perp G$ und $CA \perp CB$, somit gilt $BCE \perp G$ und $BCE \perp ADEC$)

daher: $\Sigma = \frac{1}{2}(\overline{PQ} + \overline{ED}) \cdot \overline{PE}$

$\vec{Q}$ ist Mittelpunkt der Strecke [AB]

$\vec{Q} = \frac{1}{2}\left[\begin{pmatrix} 1 \\ 5 \\ -2 \end{pmatrix} + \begin{pmatrix} 11 \\ 0 \\ -2 \end{pmatrix}\right] = \begin{pmatrix} 6 \\ 2{,}5 \\ -2 \end{pmatrix}$

$\overline{PQ} = \left|\begin{pmatrix} 6-8 \\ 2{,}5-4 \\ -2+2 \end{pmatrix}\right| = \left|\begin{pmatrix} -2 \\ -1{,}5 \\ 0 \end{pmatrix}\right| = \sqrt{6{,}25} = 2{,}5$

$\overline{ED} = \overline{AC} = 5$ (siehe Teilaufgabe 1 a)

$$\overline{PE} = \left| \begin{pmatrix} 5-8 \\ 8-4 \\ 3+2 \end{pmatrix} \right| = \left| \begin{pmatrix} -3 \\ 4 \\ 5 \end{pmatrix} \right| = \sqrt{50} = 5\sqrt{2}$$

$$\Sigma = \frac{1}{2}(2{,}5+5) \cdot 5\sqrt{2} = 18{,}75\sqrt{2}$$

Leistungskurs Mathematik: Abiturprüfung 1998
Analytische Geometrie VI

In einem kartesischen Koordinatensystem des $\mathbb{R}^3$ sind
die Punkte A (2 | –1 | 0) und C (1 | 2 | –11),

die Geradenschar $g_t : \vec{x} = \begin{pmatrix} 2-t \\ -1+3t \\ -11t \end{pmatrix} + \lambda \begin{pmatrix} -2 \\ 1 \\ -2 \end{pmatrix}$, $\lambda, t \in \mathbb{R}$ sowie

die Ebene E: $x_1 + 4x_2 + x_3 + 2 = 0$ gegeben.

1. a) Wie liegen die Geraden g_t zueinander? Zeigen Sie, dass durch die Geradenschar g_t, $t \in \mathbb{R}$, die gleiche Punktmenge wie durch die Ebene E beschrieben wird. (5 BE)
   b) Untersuchen Sie, ob eine Gerade g_t die x_1-Achse schneidet. (2 BE)
   c) Zeigen Sie, dass der Punkt A auf g_0 liegt. Bestimmen Sie ferner die Koordinaten des Punkts B $(b_1 | b_2 | b_3)$ auf der Geraden g_0 so, dass gilt:
   $\overline{AB} = 12$ und $b_1 < 0$.
   [Teilergebnis: B (–6 | 3 | –8)] (4 BE)
   d) Der Punkt C liegt in E (Nachweis nicht erforderlich). Auf welcher Geraden g_t liegt er? (3 BE)
   e) Berechnen Sie den Abstand der beiden Geraden g_0 und g_1. (4 BE)

2. a) Begründen Sie, dass es einen Punkt D auf g_1 gibt, der zusammen mit den Punkten A, B und C ein achsensymmetrisches Trapez festlegt. Bestimmen Sie die Koordinaten von D und eine Gleichung der Symmetrieachse s dieses Trapezes ABCD. (7 BE)
   b) Berechnen Sie den Flächeninhalt des Trapezes.
   [zur Kontrolle: $45\sqrt{2}$] (3 BE)

3. Die Kugel k hat den Mittelpunkt M (–8 | –3 | 0) und den Radius $r = 6\sqrt{2}$.
   a) Begründen Sie, dass k die Ebene E schneidet. Wie groß ist der Radius des Schnittkreises? (7 BE)
   b) ABCDS ist eine Pyramide, deren Spitze S auf der Kugel k liegt. Berechnen Sie das größtmögliche Volumen, das eine solche Pyramide haben kann. (5 BE)

(40 BE)

Lösung

1. a) Alle g_t parallel, da Richtungsvektor stets unverändert.

$$g_t: \vec{x} = \begin{pmatrix} 2 \\ -1 \\ 0 \end{pmatrix} + t\begin{pmatrix} -1 \\ 3 \\ -11 \end{pmatrix} + \lambda\begin{pmatrix} -2 \\ 1 \\ -2 \end{pmatrix}$$

$$\begin{pmatrix} -1 \\ 3 \\ -11 \end{pmatrix} \times \begin{pmatrix} -2 \\ 1 \\ -2 \end{pmatrix} = \begin{pmatrix} -6+11 \\ 22-2 \\ -1+6 \end{pmatrix} = \begin{pmatrix} 5 \\ 20 \\ 5 \end{pmatrix} = 5\begin{pmatrix} 1 \\ 4 \\ 1 \end{pmatrix}$$

$$g_t: \begin{pmatrix} 1 \\ 4 \\ 1 \end{pmatrix} \circ \left[\vec{x} - \begin{pmatrix} 2 \\ -1 \\ 0 \end{pmatrix}\right] = 0 \ \Rightarrow\ x_1 + 4x_2 + x_3 + 2 = 0$$

$g_t \equiv E$

b) x_1-Achse: $\vec{x} = \mu\begin{pmatrix} 1 \\ 0 \\ 0 \end{pmatrix}$

$$\begin{pmatrix} 2 \\ -1 \\ 0 \end{pmatrix} + t\begin{pmatrix} -1 \\ 3 \\ -11 \end{pmatrix} + \lambda\begin{pmatrix} -2 \\ 1 \\ -2 \end{pmatrix} = \mu\begin{pmatrix} 1 \\ 0 \\ 0 \end{pmatrix}$$

$2 - t - 2\lambda = \mu$ $\qquad \nearrow \mu = 2 + 0{,}4 - 4{,}4 = -2$

$-1 + 3t + \lambda = 0$ $\qquad \nearrow -1 = 2{,}5\,t \qquad t = -0{,}4$

$-11t - 2\lambda = 0 \Rightarrow \lambda = -5{,}5t$

Die Gerade $g_{-0,4}$ schneidet die x_1-Achse in $(-2|0|0)$

oder (ohne Bestimmung von t)

x_1-Achse $\cap$ E:

$\mu + 4\cdot 0 + 0 + 2 = 0 \Rightarrow \mu = -2 \Rightarrow$ Schnittpunkt $(-2|0|0)$

c) g_0: $\vec{x} = \begin{pmatrix} 2 \\ -1 \\ 0 \end{pmatrix} + \lambda\begin{pmatrix} -2 \\ 1 \\ -2 \end{pmatrix} \Rightarrow A \in g_0$

$$\left|\begin{pmatrix} -2 \\ 1 \\ -2 \end{pmatrix}\right| = \sqrt{4+1+4} = 3$$

$\vec{B} = \begin{pmatrix} 2 \\ -1 \\ 0 \end{pmatrix} \pm 12\cdot\frac{1}{3}\begin{pmatrix} -2 \\ 1 \\ -2 \end{pmatrix}$ $\qquad B_1(-6|3|-8) \qquad [B_2(10|-5|8)]$

d) $\begin{pmatrix} 1 \\ 2 \\ -11 \end{pmatrix} = \begin{pmatrix} 2 \\ -1 \\ 0 \end{pmatrix} + t\begin{pmatrix} -1 \\ 3 \\ -11 \end{pmatrix} + \lambda\begin{pmatrix} -2 \\ 1 \\ -2 \end{pmatrix}$

$-1 = -t - 2\lambda$ $\qquad \nearrow -1 = -t - 6 + 6t \Rightarrow t = 1$

$3 = 3t + \lambda \Rightarrow \lambda = 3 - 3t$

$-11 = -11t - 2\lambda$ $\qquad$ Probe: $-11 = -11 - 2\cdot 0$ ✓

$C \in g_1$

e) $g_0\colon \vec{x} = \begin{pmatrix} 2 \\ -1 \\ 0 \end{pmatrix} + \lambda \begin{pmatrix} -2 \\ 1 \\ -2 \end{pmatrix}$

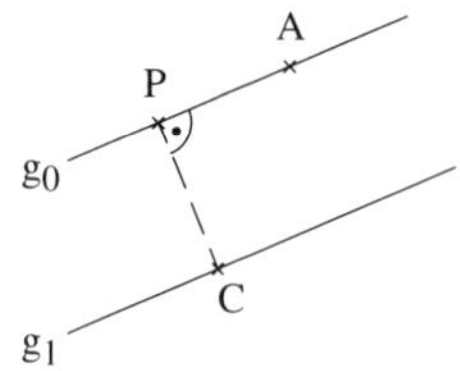

$g_1\colon \vec{x} = \begin{pmatrix} 1 \\ 2 \\ -11 \end{pmatrix} + \lambda \begin{pmatrix} -2 \\ 1 \\ -2 \end{pmatrix}$

$\overrightarrow{CP} \perp \vec{u}_g$ und $P \in g_0$

$$\begin{pmatrix} p_1 - 1 \\ p_2 - 2 \\ p_3 + 11 \end{pmatrix} \circ \begin{pmatrix} -2 \\ 1 \\ -2 \end{pmatrix} = 0$$

$$\begin{pmatrix} 2 - 2\lambda - 1 \\ -1 + \lambda - 2 \\ - 2\lambda + 11 \end{pmatrix} \circ \begin{pmatrix} -2 \\ 1 \\ -2 \end{pmatrix} = 0$$

$$\begin{aligned} -2\,(1-2\lambda) + 1\,(-3+\lambda) - 2\,(11-2\lambda) &= 0 \\ -2 + 4\lambda - 3 + \lambda - 22 + 4\lambda &= 0 \\ 9\lambda &= 27 \\ \lambda &= 3 \end{aligned}$$

$P(-4|2|-6)$

$$d(g_0; g_1) = |\overrightarrow{CP}| = \left| \begin{pmatrix} -5 \\ 0 \\ 5 \end{pmatrix} \right| = \sqrt{50} = 5\sqrt{2}$$

2. a) $g_0 \parallel g_1$
$A, B \in g_0$
$C \in g_1$
Somit ist ein achsensymmetrisches Trapez ABCD möglich.

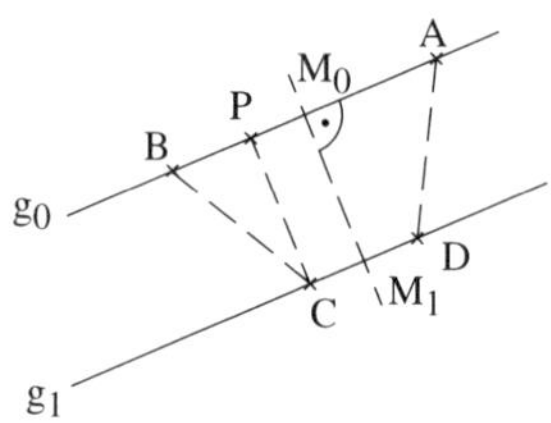

$$\overrightarrow{M_0} = \frac{1}{2}(\vec{A} + \vec{B}) = \frac{1}{2}\begin{pmatrix} 2-6 \\ -1+3 \\ 0-8 \end{pmatrix} = \begin{pmatrix} -2 \\ 1 \\ -4 \end{pmatrix}$$

$$\overrightarrow{M_1} = \overrightarrow{M_0} + \overrightarrow{PC} = \begin{pmatrix} -2 \\ 1 \\ -4 \end{pmatrix} + \begin{pmatrix} 5 \\ 0 \\ -5 \end{pmatrix} = \begin{pmatrix} 3 \\ 1 \\ -9 \end{pmatrix}$$

$$\vec{D} = \vec{C} + 2 \cdot \overrightarrow{CM_1} = \begin{pmatrix} 1 \\ 2 \\ -11 \end{pmatrix} + 2\begin{pmatrix} 2 \\ -1 \\ 2 \end{pmatrix} = \begin{pmatrix} 5 \\ 0 \\ -7 \end{pmatrix}$$

$$s\colon \vec{x} = \overrightarrow{M_0} + \sigma\,\overrightarrow{M_0M_1}$$

$$s\colon \vec{x} = \begin{pmatrix} -2 \\ 1 \\ -4 \end{pmatrix} + \sigma \begin{pmatrix} 5 \\ 0 \\ -5 \end{pmatrix}$$

b) $A = \frac{1}{2}(\overline{AB} + \overline{CD}) \cdot \overline{CP} = \frac{1}{2}(12+6) \cdot 5\sqrt{2} = 45\sqrt{2}$

$$\overline{CD} = \left| \begin{pmatrix} 5-1 \\ 0-2 \\ -7+11 \end{pmatrix} \right| = \left| \begin{pmatrix} 4 \\ -2 \\ 4 \end{pmatrix} \right| = 6$$

3. a) $d(M;E) = \frac{1}{\sqrt{18}}(-1 \cdot (-8) - 4 \cdot (-3) - 1 \cdot 0 - 2) = \frac{18}{\sqrt{18}} = \sqrt{18} = 3\sqrt{2}$

$d(M;E) < r$, da $3\sqrt{2} < 6\sqrt{2} \Rightarrow$ Kugel schneidet die Ebene

Schnittkreisradius ρ

$$(3\sqrt{2})^2 + \rho^2 = r^2$$
$$\rho^2 = (6\sqrt{2})^2 - (3\sqrt{2})^2$$
$$\rho^2 = 72 - 18$$
$$\rho = \sqrt{54} = 3\sqrt{6}$$

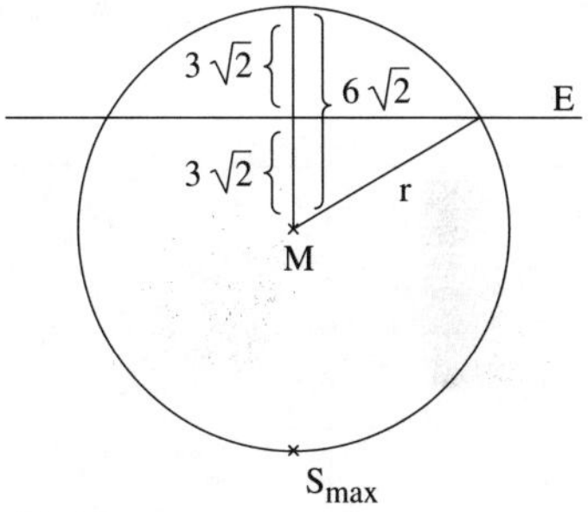

b) Da A, B, C, D ∈ E, ist die größtmögliche Pyramidenhöhe $r + 3\sqrt{2} = 9\sqrt{2}$.
Somit

$$V_{max} = \frac{1}{3} \cdot G \cdot h_{max} = \frac{1}{3} \cdot 45\sqrt{2} \cdot 9\sqrt{2} = 270$$

Leistungskurs Mathematik (Bayern): Abiturprüfung 1999
Infinitesimalrechnung I

Gegeben ist die Funktion

$$f: x \mapsto \frac{1}{(x+1) \cdot \ln(x+1)}$$

mit der größtmöglichen Definitionsmenge D_f. Der Graph von f wird mit G_f bezeichnet.

Hinweis: $\lim\limits_{x \underset{>}{\to} 0} (x \cdot \ln x) = 0$ darf ohne Beweis verwendet werden.

1. a) Bestimmen Sie D_f und untersuchen Sie das Verhalten von f an den Rändern von D_f. Geben Sie auch alle Asymptoten an. (6 BE)

   b) Bestätigen Sie: $f'(x) = -\frac{1+\ln(x+1)}{[(x+1) \cdot \ln(x+1)]^2}$

   Ermitteln Sie das Monotonieverhalten von f sowie Art und Lage des Extrempunkts. (7 BE)

   c) Geben Sie die Gleichung der Tangente t im Punkt $\left(e-1 \middle| \frac{1}{e}\right)$ an. (3 BE)

   d) Zeichnen Sie G_f und die Tangente t unter Berücksichtigung aller bisherigen Ergebnisse im Bereich $-1 < x < 4$ [Längeneinheit 2 cm]. (6 BE)

2. a) Begründen Sie allgemein, dass jede streng monotone Funktion umkehrbar ist. Zeigen Sie durch Angabe eines Beispiels, dass jedoch nicht jede umkehrbare Funktion streng monoton ist. (4 BE)

   b) Die Einschränkung f^* von f auf $D^* = \mathbb{R}^+$ ist umkehrbar. Für die Umkehrfunktion g von f^* lässt sich kein Funktionsterm g(x) angeben. Geben Sie trotzdem $g\left(\frac{1}{e}\right)$ und $g'\left(\frac{1}{e}\right)$ an. (3 BE)

3. Nun wird für $k > 0$ die Schar der Integralfunktionen $J_k: x \mapsto \int_k^x f(t)\,dt$ betrachtet.

   a) Geben Sie die maximale Definitionsmenge D_k von J_k an. (1 BE)

   b) Bestimmen Sie eine integralfreie Darstellung von J_k. (4 BE)

   c) Es gilt: $J_{e-1}(x) = \ln(\ln(x+1))$.
   Lösen Sie die Gleichung
   $-J_{e-1}(\sqrt{e}-1) = J_{e-1}(x)$
   nach x auf und deuten Sie Ihr Ergebnis anhand der Zeichnung aus Teilaufgabe 1d geometrisch. (6 BE)

(40 BE)

Lösungen

$$f(x)=\frac{1}{(x+1)\ln(x+1)}$$

1. a) $\mathbb{D}=]-1;+\infty[\setminus\{0\}$ $\qquad x+1>0\Rightarrow x>-1$

$\qquad\ln(x+1)\neq 0\Rightarrow x+1\neq 1\Rightarrow x\neq 0$

$\lim\limits_{x\underset{>}{\to}-1} f(x)="\frac{1}{0^-}"=-\infty$ siehe Hinweis; zu beachten: für $x\underset{>}{\to}-1$ gilt: $0<x+1<1$;

also: $\ln(x+1)<0$

$\lim\limits_{x\underset{<}{\to}0} f(x)="\frac{1}{1\cdot 0^-}"=-\infty$

$\lim\limits_{x\underset{>}{\to}0} f(x)="\frac{1}{1\cdot 0^+}"=+\infty$

$\lim\limits_{x\to\infty} f(x)="\frac{1}{\infty\cdot\infty}"=0^+$

senkrechte Asymptoten: $x=-1;\quad x=0$

waagrechte Asymptote: $y=0$

b) $$f'(x)=\frac{-\left[1\cdot\ln(x+1)+(x+1)\cdot\frac{1}{x+1}\right]}{[(x+1)\ln(x+1)]^2}=\frac{-[1+\ln(x+1)]}{[(x+1)\ln(x+1)]^2}$$

$-[1+\ln(x+1)]<0 \qquad 1+\ln(x+1)>0 \qquad \ln(x+1)>-1 \qquad x+1>e^{-1} \qquad x>\frac{1}{e}-1$

	$\left]-1;\frac{1}{e}-1\right[$	$\left]\frac{1}{e}-1;0\right[$	$]0;\infty[$
f'(x)	>0	<0	<0
f(x)	steigt	fällt	fällt

$\text{Max}\left(\frac{1}{e}-1\,\middle|\,-e\right)$

c) $$f'(e-1)=\frac{-[1+\ln e]}{[e\ln e]^2}=-\frac{2}{e^2}$$

t: $$y=-\frac{2}{e^2}(x-e+1)+\frac{1}{e}$$

$$y=-\frac{2}{e^2}x+\frac{3}{e}-\frac{2}{e^2}$$

d)

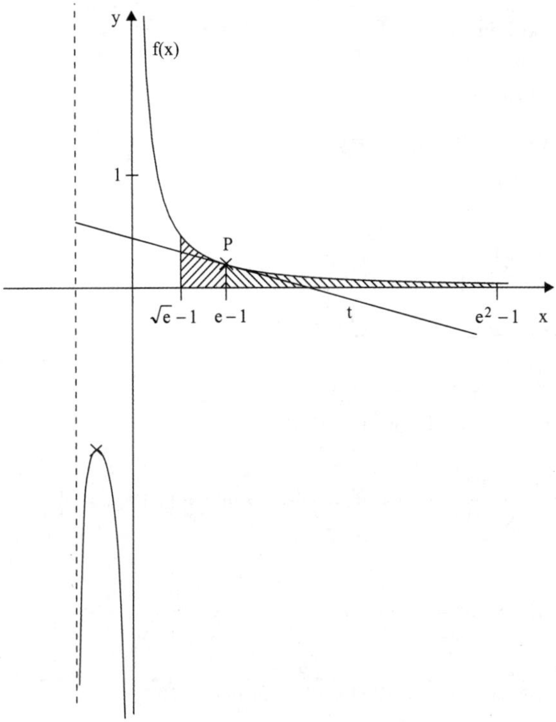

2. a) Für eine streng monotone Funktion gilt
$x_1 < x_2 \Rightarrow f(x_1) < f(x_2)$ (zunehmend) bzw. $f(x_1) > f(x_2)$ (abnehmend)
d. h. auch die Zuordnung $f(x) \to x$ ist eindeutig.
siehe auch FS S. 48/49 1. und 2.a

mögliche Beispiele: 1. $f(x) = \dfrac{1}{x}$

2. gegebene Funktion mit $x > \dfrac{1}{e} - 1$

b) $g\left(\frac{1}{e}\right) = e - 1$ siehe Punkt P in 1 c

ausführlich:

$$f(x_0) = \frac{1}{e}$$
$$(x_0 + 1)\ln(x_0 + 1) = e$$
$$\ln(x_0 + 1)^{x_0+1} = e$$
$$(x_0 + 1)^{x_0+1} = e^e$$
$$x_0 + 1 = e$$
$$x_0 = e - 1$$

$$g'\left(\frac{1}{e}\right) = \frac{1}{f'\left(g\left(\frac{1}{e}\right)\right)} = \frac{1}{f'(e-1)} = \frac{1}{-\frac{2}{e^2}} = -\frac{e^2}{2}$$

3. a) $\mathbb{D} = \mathbb{R}^+$ Integration über x = 0 hinaus nicht möglich!

b) $\int \frac{1}{(x+1)\ln(x+1)}\,dx = \int \frac{1}{(x+1)\cdot z}(x+1)\,dz = \int \frac{1}{z}\,dz = \ln|z| = \ln|\ln(x+1)|$

Substitution: z = ln (x + 1)

$$\frac{dz}{dx} = \frac{1}{x+1} \quad \Rightarrow \quad dx = (x+1)\,dz$$

$$\int_k^x \frac{1}{(t+1)\ln(t+1)}\,dt = \left[\ln|\ln(t+1)|\right]_k^x = \ln|\ln(x+1)| - \ln|\ln(k+1)|$$
$$= \ln(\ln(x+1)) - \ln(\ln(k+1) \qquad \text{da } x; k \in \mathbb{R}^+$$

c) $-\ln(\ln\sqrt{e}) = \ln(\ln(x+1))$

$$\ln\left(\frac{1}{2}\right)^{-1} = \ln(\ln(x+1))$$
$$\ln 2 = \ln(\ln(x+1))$$
$$2 = \ln(x+1)$$
$$e^2 = x + 1$$
$$x = e^2 - 1$$

geometrische Deutung:

Die beiden Flächen $A_1 = \int_{\sqrt{e}-1}^{e-1} f(x)\,dx$ und $A_2 = \int_{e-1}^{e^2-1} f(x)\,dx$ sind gleich groß (s. 1d).

Leistungskurs Mathematik (Bayern): Abiturprüfung 1999
Infinitesimalrechnung II

Gegeben ist die Funktion .

$$f: x \mapsto x^{-2} \cdot e^{-\frac{1}{x}}$$

mit maximaler Definitionsmenge D_f. Der zugehörige Graph wird mit G_f bezeichnet.

1. a) Bestimmen Sie D_f und prüfen Sie, ob der Graph Schnittpunkte mit den Koordinatenachsen besitzt.
   Untersuchen Sie das Verhalten von f an den Rändern von D_f. (6 BE)

   b) Zeigen Sie: $f'(x) = -f(x) \cdot \dfrac{2x-1}{x^2}$
   Ermitteln Sie ohne Verwendung der 2. Ableitung Art und Lage des Extrempunkts von G_f. (7 BE)

   c) Bestimmen Sie eine Gleichung der Tangente t an den Graphen G_f, die den Ursprung enthält. (5 BE)

   d) Zeichnen Sie unter Verwendung aller bisherigen Ergebnisse sowie des Grenzwerts $\lim\limits_{x \underset{>}{\to} 0} f'(x) = 0$ (Nachweis nicht verlangt) den Graphen G_f im Bereich $-3 < x < 3$ in ein Koordinatensystem mit der Längeneinheit 2 cm.
   Zeichnen Sie auch die Tangente t ein. (6 BE)

2. Die Integralfunktion J ist definiert durch

$$J(x) = \int_{0,5}^{x} f(t)dt \text{ für } x > 0.$$

   a) Begründen Sie ohne Berechnung der integralfreien Darstellung von J, weshalb folgende Aussagen zutreffen.
   J ist streng monoton steigend.
   J besitzt genau eine Nullstelle.
   Der Graph von J hat genau einen Wendepunkt. (6 BE)

   b) Ermitteln Sie nun eine integralfreie Darstellung von J(x). Berechnen Sie die Grenzwerte $\lim\limits_{x \to +\infty} J(x)$ und $\lim\limits_{x \underset{>}{\to} 0} J(x)$ und geben Sie den Inhalt des Flächenstücks an, das sich im 1. Quadranten zwischen dem Graphen G_f und der x-Achse ins Unendliche erstreckt. (7 BE)

   c) Skizzieren Sie den Graphen von J unter Verwendung aller Ergebnisse in das Koordinatensystem von Teilaufgabe 1d. (3 BE)

(40 BE)

Lösungen

$f(x) = x^{-2}\, e^{-\frac{1}{x}}$

1. a) $\mathbb{D} = \mathbb{R} \setminus \{0\}$

$f(x) = 0$ ↯; $x = 0 \notin \mathbb{D}$ $\Rightarrow$ keine Schnittpunkte mit den Koordinatenachsen

$\lim\limits_{x \to -\infty} f(x) = "0 \cdot 1" = 0$

$\lim\limits_{\substack{x \to 0 \\ <}} f(x) = "\infty \cdot \infty" = \infty$

$$\lim_{\substack{x \to 0 \\ >}} f(x) = "\infty \cdot 0" = \lim_{\substack{x \to 0 \\ >}} \frac{x^{-2}}{e^{\frac{1}{x}}} \overset{\text{l.H.}}{=} \lim_{\substack{x \to 0 \\ >}} \frac{-2x^{-3}}{e^{\frac{1}{x}} \cdot \left(-\frac{1}{x^2}\right)} = \lim_{\substack{x \to 0 \\ >}} \frac{\frac{2}{x}}{e^{\frac{1}{x}}} \overset{\text{l.H.}}{=} \lim_{\substack{x \to 0 \\ >}} \frac{-\frac{2}{x^2}}{e^{\frac{1}{x}} \cdot \left(-\frac{1}{x^2}\right)}$$

$$= \lim_{\substack{x \to 0 \\ >}} \frac{2}{e^{\frac{1}{x}}} = 0$$

$\lim\limits_{x \to \infty} f(x) = "0 \cdot 1" = 0$

b) $$f'(x) = (-2x^{-3})\, e^{-\frac{1}{x}} + x^{-2} \cdot e^{-\frac{1}{x}} \cdot \frac{1}{x^2} = x^{-2}\, e^{-\frac{1}{x}} \left[-2x^{-1} + \frac{1}{x^2}\right]$$

$$= x^{-2} e^{-\frac{1}{x}}\, \frac{-2x+1}{x^2} = -x^{-2}\, e^{-\frac{1}{x}}\, \frac{2x-1}{x^2}$$

in $\mathbb{D}$ gilt: $x^{-2} > 0$; $e^{-\frac{1}{x}} > 0$; $x^2 > 0$

also: $f'(x) > 0$ für $x < \frac{1}{2}$; $x \neq 0$

$f'(x) < 0$ für $x > \frac{1}{2}$

f(x) steigt $\left]-\infty; 0\right[\cup \left]0; \frac{1}{2}\right[$

f(x) fällt in $\left]\frac{1}{2}; +\infty\right[$

$\text{Max}\left(\frac{1}{2} \middle| \frac{4}{e^2}\right)$

c) t: $y = f'(x_0) \cdot x$

also: $-f'(x_0) \cdot x_0 + f(x_0) = 0$

$$f'(x_0) = \frac{f(x_0)}{x_0}$$

$$-e^{-\frac{1}{x_0}} \cdot \frac{2x_0 - 1}{x_0^{\,4}} = x_0^{\,-3} \cdot e^{-\frac{1}{x_0}}$$

$$2x_0 - 1 = -x_0$$

$$x_0 = \frac{1}{3}$$

$$f'\left(\frac{1}{3}\right) = -e^{-3} \cdot \frac{-\frac{1}{3}}{\left(\frac{1}{3}\right)^4} = +\frac{27}{e^3}$$

t: $y = \frac{27}{e^3} x$

d)

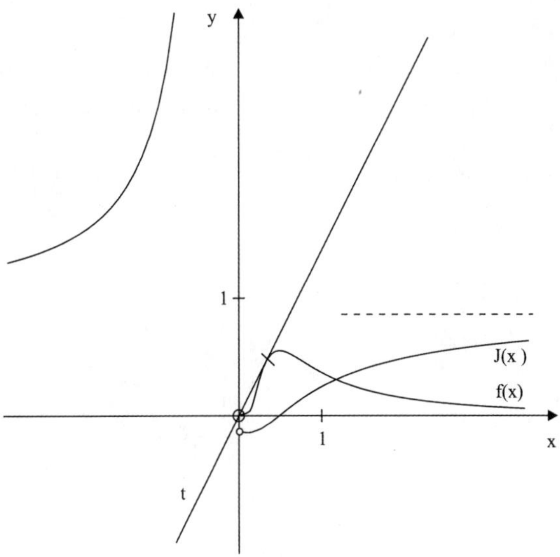

2\. a) $J'(x) = f(x)$ > 0 in $\mathbb{R}^+ \Rightarrow J(x)$ in $\mathbb{R}^+$ streng monoton steigend

$J(0{,}5) = 0$ da obere Grenze = untere Grenze
wegen der Monotonie sind keine weiteren Nullstellen möglich

$J''(x) = f'(x)$ da f(x) bei x = 0,5 seinen einzigen Extremwert besitzt, besitzt J(x) für x = 0,5 seinen einzigen Wendepunkt

b) $\int x^{-2} e^{-\frac{1}{x}} dx = e^{-\frac{1}{x}}$ da $(e^{-\frac{1}{x}})' = e^{-\frac{1}{x}} \cdot \frac{1}{x^2} = f(x)$

oder mit Substitution: $z = e^{-\frac{1}{x}}$ $\frac{dz}{dx} = e^{-\frac{1}{x}} \cdot \frac{1}{x^2}$

$$dx = \frac{x^2 \cdot dz}{e^{-\frac{1}{x}}} = \frac{x^2 \cdot dz}{z}$$

$$\int x^{-2}\, e^{-\frac{1}{x}}\, dx = \int x^{-2} \cdot z \cdot \frac{x^2 dz}{z} = \int dz = z = e^{-\frac{1}{x}}$$

$$J(x) = \int_{0,5}^{x} f(t)dt = \left[e^{-\frac{1}{t}} \right]_{0,5}^{x} = e^{-\frac{1}{x}} - e^{-2}$$

$$\lim_{x \to \infty} J(x) = 1 - e^{-2}$$

$$\lim_{x \searrow 0} J(x) = 0 - e^{-2} = -e^{-2}$$

$$A = 1 - e^{-2} - (-e^{-2}) = 1$$

Leistungskurs Mathematik (Bayern): Abiturprüfung 1999
Wahrscheinlichkeitsrechnung / Statistik III

1. Der Zugang zu einem Computer eines Netzwerks ist durch ein zehnstelliges Codewort gesichert. Jede Stelle des Codeworts wird mit gleicher Wahrscheinlichkeit aus einem Vorrat von 64 Zeichen besetzt.

   a) Mit welcher Wahrscheinlichkeit besteht das Codewort aus lauter verschiedenen Zeichen? (3 BE)

   b) Mit welcher Wahrscheinlichkeit enthält das Codewort nur Zeichen aus einer bestimmten Teilmenge von 30 Zeichen? (3 BE)

   c) Sind die Ereignisse aus a und b stochastisch unabhängig? Begründen Sie Ihre Antwort. (4 BE)

2. Ein Unternehmensberater setzt für die Zufallsgröße X: „Anzahl der täglichen Systemabstürze" folgende Wahrscheinlichkeitsverteilung als Planungsgrundlage an:

X	0	1	2	3
Wahrscheinlichkeit	0,67	0,25	0,05	0,03

   a) Berechnen Sie Erwartungswert und Standardabweichung von X. (4 BE)

   b) 365 Tage lang wird die Anzahl X der Systemabstürze pro Tag beobachtet. Bestimmen Sie mit der Ungleichung von Tschebyschow ein möglichst kleines Intervall um den Erwartungswert von X, in dem das arithmetische Mittel $\overline{X}$ der Anzahl der Abstürze pro Tag mit einer Mindestwahrscheinlichkeit von 90 % liegen muss. (6 BE)

   c) Zeigen Sie, dass für jedes $\varepsilon > 0$ die Wahrscheinlichkeit dafür, dass das arithmetische Mittel $\overline{X}$ um weniger als ε vom Erwartungswert von X abweicht, gegen 1 geht, wenn die Zahl n der Beobachtungstage beliebig groß wird. (3 BE)

3. Bei einer genaueren Untersuchung des Netzwerks stellt sich heraus, dass Abstürze unabhängig voneinander auftreten und zu 60 % auf reine Bedienungsfehler zurückzuführen sind.

   a) Es werden die nächsten Abstürze beobachtet. Mit welcher Wahrscheinlichkeit ist
   (1) frühestens der vierte,
   (2) spätestens der vierte Absturz
   auf einen reinen Bedienungsfehler zurückzuführen? (6 BE)

   b) Berechnen Sie die Wahrscheinlichkeit dafür, dass bei den nächsten 150 Abstürzen mehr als 100 durch reine Bedienungsfehler verursacht werden. Verwenden Sie die Normalverteilung als Näherung. (5 BE)

4. Das Personal wird einer Schulung unterzogen. Angeblich sind danach nur noch höchstens 40 % der Abstürze auf reine Bedienungsfehler zurückzuführen.
Bei den nächsten 100 Systemabstürzen waren in 45 Fällen reine Bedienungsfehler die Ursache.
Untersuchen Sie, ob man die Vermutung, dass nur noch höchstens 40 % der Abstürze auf reine Bedienungsfehler zurückzuführen sind, aufgrund dieses Testergebnisses auf dem Signifikanzniveau von 5 % ablehnen kann. (6 BE)

(40 BE)

Lösungen

1. a) $P(a) = \dfrac{\frac{64!}{54!}}{64^{10}} = 0{,}47676$

b) $P(b) = \dfrac{30^{10}}{64^{10}} = 0{,}00051$

c) $P(a \cap b) = \dfrac{\frac{30!}{20!}}{64^{10}} = 0{,}00009$

$P(a) \cdot P(b) = 0{,}00024 \neq P(a \cap b)$ $\Rightarrow$ a und b sind stoch. abhängig

2. a) $E(X) = 0 \cdot 0{,}67 + 1 \cdot 0{,}25 + 2 \cdot 0{,}05 + 3 \cdot 0{,}03 = 0{,}44$
$Var(X) = 0 \cdot 0{,}67 + 1 \cdot 0{,}25 + 4 \cdot 0{,}05 + 9 \cdot 0{,}03 - 0{,}44^2 = 0{,}5264$
$\sigma(X) = \sqrt{0{,}5264} = 0{,}72553$

b) $P\left(|\overline{X} - \mu| < \varepsilon\right) \geq 0{,}9$

$1 - \dfrac{Var\,\overline{X}}{\varepsilon^2} \geq 0{,}9$

$1 - \dfrac{Var\,X}{n \cdot \varepsilon^2} \geq 0{,}9$

$\dfrac{0{,}5264}{365 \cdot \varepsilon^2} \leq 0{,}1$

$\varepsilon^2 \geq \dfrac{0{,}5264}{365 \cdot 0{,}1}$

$|\varepsilon| \geq 0{,}12$

$\overline{X} \in \,]0{,}32; 0{,}56[$

c) $\lim\limits_{n\to\infty}\left(1 - \dfrac{Var\,\overline{X}}{\varepsilon^2}\right) = \lim\limits_{n\to\infty}\left(1 - \dfrac{Var X}{n \cdot \varepsilon^2}\right) = 1 - 0 = 1$

3. a) $P_1 = 0{,}4^3 = 0{,}064$
$P_2 = 1 - 0{,}4^4 = 0{,}9744$

b) $P_{0,6}^{150}(X > 100) = 1 - P_{0,6}^{150}(X \le 100)$ $\qquad \mu = 150 \cdot 0{,}6 = 90$

$$= 1 - \Phi\left(\frac{100 - 90 + 0{,}5}{6}\right) \qquad \sigma = \sqrt{150 \cdot 0{,}6 \cdot 0{,}4} = 6$$

$$= 1 - \Phi(1{,}75)$$

$$= 1 - 0{,}95994 = 0{,}04006$$

4. $\sum_{k+1}^{100} B(100; 0{,}4; i) \le 0{,}05 \quad \text{mit } \overline{A} = [k+1; 100]$

$$1 - \sum_{0}^{k} B(100; 0{,}4; i) \le 0{,}05$$

$$\sum_{0}^{k} B(100; 0{,}4; i) \ge 0{,}95$$

$k = 48$

$\overline{A} = [49; 100]$

Da $45 \notin \overline{A}$, kann die Vermutung $p \le 0{,}4$ nicht abgelehnt werden.

Leistungskurs Mathematik (Bayern): Abiturprüfung 1999
Wahrscheinlichkeitsrechnung / Statistik IV

1. Ein Ferienhotel hat 4 Stockwerke mit je 40 Zimmern. Jedes Stockwerk besteht aus zwei einander gegenüberliegenden Zimmerreihen mit je 20 Zimmern.

   a) Ein Kegelverein möchte 6 nebeneinander liegende Zimmer mieten. Wie viele Möglichkeiten gibt es, diesen Wunsch zu erfüllen, wenn im Hotel noch alle 160 Zimmer frei sind? (2 BE)

   b) Vier Ehepaare bestellen jeweils ein Zimmer. Diese werden ihnen rein zufällig zugewiesen. Mit welcher Wahrscheinlichkeit sind alle vier Zimmer im gleichen Stockwerk, wenn bis dahin nur sechs Zimmer im 4. Stockwerk vergeben sind? (4 BE)

2. 11 % aller Buchungen werden üblicherweise nicht wahrgenommen. Deshalb nimmt der Manager des Hotels 170 Buchungen für die 160 Zimmer an. Mit welcher Wahrscheinlichkeit bekommt er Ärger durch Überbuchung? Rechnen Sie mit der Normalverteilung als Näherung. (5 BE)

3. Im Hotelrestaurant bestellen die Gäste mit einer Wahrscheinlichkeit von 30 % das Tagesmenü.

   a) Wie viele Gäste müssen das Hotelrestaurant mindestens besuchen, damit mit einer Wahrscheinlichkeit von mehr als 99 % wenigstens einer dieser Gäste das Tagesmenü bestellt? (4 BE)

   Aus langjähriger Erfahrung weiß man, dass 10 % der Gäste, die das Tagesmenü bestellen, und 70 % der übrigen Gäste das Essen mit einem Kaffee abschließen.

   b) Bestimmen Sie die Wahrscheinlichkeit dafür, dass ein zufällig ausgewählter Gast keinen Kaffee trinkt. (4 BE)

   c) Mit welcher Wahrscheinlichkeit trinken von 100 Gästen, die das Tagesmenü bestellen, mindestens drei mehr als erwartet einen Kaffee? (3 BE)

4. Der Anteil der Hausgäste unter den Restaurantbesuchern sei p. Für welchen Wert von p ist die Wahrscheinlichkeit dafür, dass unter vier zufällig ausgewählten Restaurantbesuchern ein oder zwei Hausgäste sind, maximal? (Rechnen Sie wie beim „Ziehen mit Zurücklegen".) (8 BE)

5. Ein Kellner weiß aus langjähriger Erfahrung, dass die Gäste unabhängig voneinander im Mittel 5 DM Trinkgeld pro Abrechnung geben, wobei die Zufallsgröße T: „Trinkgeld pro Abrechnung" eine Standardabweichung von 1,50 DM besitzt. An einem Abend werden 120 Abrechnungen gezählt.
   Schätzen Sie mit der Ungleichung von Tschebyschow die Wahrscheinlichkeit ab, mit der das Trinkgeld an diesem Abend zwischen 570 DM und 630 DM liegt. (5 BE)

6. Wenn mindestens 4 % der Gäste mit dem Service unzufrieden sind, sollen Sonderschulungen für das Personal abgehalten werden.
200 Gäste werden zufällig ausgewählt und befragt.
Bei welcher Entscheidungsregel wird die Nullhypothese H_0: „Mindestens 4 % der Gäste sind unzufrieden" mit einer Wahrscheinlichkeit von höchstens 5 % irrtümlich abgelehnt? (5 BE)

(40 BE)

Lösungen

1. a) $|E| = 8 \cdot 15$ — in jeder der 8 Reihen mit 20 Zimmern gibt es 15 Möglichkeiten von 6 nebeneinander liegenden Zimmern

b) $$P = \frac{3 \cdot \binom{40}{4} + \binom{34}{4}}{\binom{154}{4}} = 0{,}01423$$

oder

$$P = \frac{3 \cdot 40 \cdot 39 \cdot 38 \cdot 37 + 34 \cdot 33 \cdot 32 \cdot 31}{154 \cdot 153 \cdot 152 \cdot 151} = 0{,}01423$$

2. $$P_{0,89}^{170}(X > 160) = 1 - P_{0,89}^{170}(X \le 160)$$
$$= 1 - \Phi\left(\frac{160 - 151{,}3 + 0{,}5}{4{,}0796}\right)$$
$$= 1 - \Phi(2{,}26)$$
$$= 1 - 0{,}98809 = 0{,}01191$$

$\mu = 170 \cdot 0{,}89 = 151{,}3$

$\sigma = \sqrt{170 \cdot 0{,}89 \cdot 0{,}11} = 4{,}0796$

3. a) $$1 - 0{,}7^n > 0{,}99$$
$$0{,}7^n < 0{,}01$$
$$n \ln 0{,}7 < \ln 0{,}01$$
$$n > \frac{\ln 0{,}01}{\ln 0{,}7}$$
$$n > 12{,}9$$

Mindestens 13 Gäste müssen das Restaurant besuchen.

b) $P(\overline{K}) = 0{,}3 \cdot 0{,}9 + 0{,}7 \cdot 0{,}3 = 0{,}48$

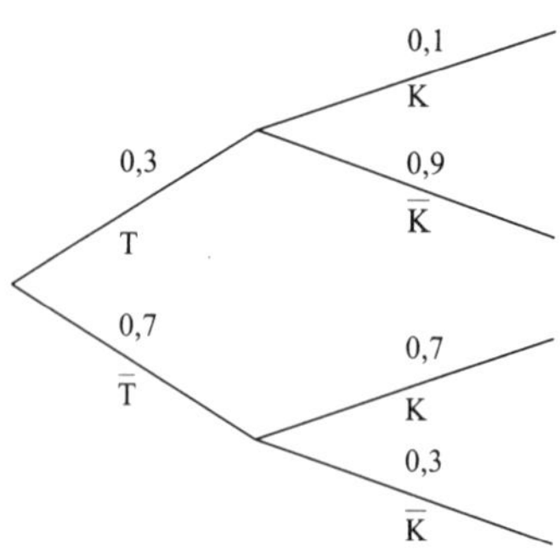

c) $\mu = 100 \cdot 0{,}1 = 10$

$$P_{0,1}^{100}(X \geq 13) = 1 - \sum_{0}^{12} B(100; 0{,}1; i) = 1 - 0{,}80182 = 0{,}19818$$

4. $P = \binom{4}{1} p \cdot (1-p)^3 + \binom{4}{2} p^2 (1-p)^2$

$$= 4p(1 - 3p + 3p^2 - p^3) + 6p^2(1 - 2p + p^2)$$
$$= 2p^4 - 6p^2 + 4p$$

$P' = 8p^3 - 12p + 4$

$P'' = 24p^2 - 12$

$P' = 0 \quad 8p^3 - 12p + 4 = 0 \qquad p_1 = 1$

$$(8p^3 - 12p + 4) : (p - 1) = 8p^2 + 8p - 4$$
$$8p^2 + 8p - 4 = 0$$
$$p = \frac{-8 \pm \sqrt{64 + 128}}{16} = -\frac{1}{2} \pm \frac{1}{2}\sqrt{3}$$
$$p_2 = -\frac{1}{2} + \frac{1}{2}\sqrt{3} \approx 0{,}366$$

$P''(1) > 0$

$P''\left(-\frac{1}{2} + \frac{1}{2}\sqrt{3}\right) < 0$

Maximum für $p = -\frac{1}{2} + \frac{1}{2}\sqrt{3} \approx 0{,}366$

5. $E(T) = 5 \qquad E(\Sigma T) = 120 \cdot 5 = 600$

$T \in [570; 630]$ also $\varepsilon = 30$

$Var(T) = 1{,}5^2 \qquad Var(\Sigma T) = 120 \cdot 1{,}5^2$

$$P(|\Sigma T - E(\Sigma T)| \leq \varepsilon) > 1 - \frac{Var(\Sigma T)}{\varepsilon^2}$$

$$P(|\Sigma T - 600| \leq 30) > 1 - \frac{120 \cdot 1{,}5^2}{30^2}$$

$$P(|\Sigma T - 600| \leq 30) > 0{,}7$$

6. $\sum_{0}^{k} B(200; 0{,}04; i) \leq 0{,}05 \qquad$ mit $\overline{A} = [0; k]$

$k = 3 \qquad \overline{A} = [0; 3]$

Leistungskurs Mathematik (Bayern): Abiturprüfung 1999
Analytische Geometrie V

In einem kartesischen Koordinatensystem des $\mathbb{R}^3$ sind die Punkte $O(0|0|0)$, $A(0|6|0)$, $D_k\left(\frac{3\sqrt{3}}{k}\,|\,3\,|\,0\right)$ und $S_k\left(2\,|\,2\,|\,k\sqrt{6}\right)$ mit $k \in \mathbb{R}^+$ gegeben.

1. Die Punkte O, A und D_k bestimmen die Ebene E, die Punkte O, A und S_k die Ebene F_k.

   a) Stellen Sie je eine Gleichung von E und F_k in Normalenform auf.
   [Mögliches Teilergebnis: $F_k: k\sqrt{6}x_1 - 2x_3 = 0$] (5 BE)

   b) Für welches k schneiden sich E und F_k unter einem Winkel von 60°? (4 BE)

2. Alle Punkte D_k liegen auf einer Geraden d, alle Punkte S_k auf einer Geraden s.

   a) Geben Sie für d und s je eine Gleichung an. (3 BE)

   b) Legen Sie ein Koordinatensystem an (vgl. Skizze).
   Zeichnen Sie d und s ein und markieren Sie farbig die Teile dieser Geraden, die von den Punkten D_k bzw. S_k eingenommen werden. (4 BE)

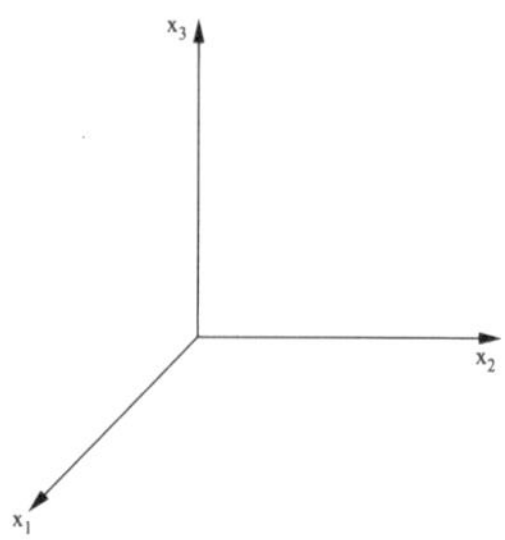

3. a) O, A, D_k, S_k sind die Eckpunkte einer dreiseitigen Pyramide P_k.
   Berechnen Sie ihr Volumen. (4 BE)

   b) Zeigen Sie, dass das Dreieck OAD_k nur für k = 1 gleichseitig ist. (5 BE)

Im Folgenden sei k = 1.

4. a) Der Punkt $(t_1|t_2|t_3)$, $t_3 > 0$ bildet mit O, A und D_1 ein reguläres Tetraeder. Bestimmen Sie die Koordinaten von T und zeichnen Sie das Tetraeder und die Pyramide P_1 in das Koordinatensystem von Teilaufgabe 2b ein. (6 BE)

   b) In welchem Punkt Q schneidet die Gerade TS_1 die Ebene E? (3 BE)
   [Zur Kontrolle: $Q(4 - \sqrt{3}\,|\,1\,|\,0)$]

   c) Untersuchen Sie rechnerisch, ob der Punkt Q innerhalb des Dreiecks OAD_1 liegt. (6 BE)

(40 BE)

Lösungen

1. a) $E: \vec{X} = \lambda \begin{pmatrix} 0 \\ 6 \\ 0 \end{pmatrix} + \mu \begin{pmatrix} \frac{3\sqrt{3}}{k} \\ 3 \\ 0 \end{pmatrix} \qquad \lambda, \mu \in \mathbb{R}$

$$\vec{n}_E = \begin{pmatrix} 0 \\ 6 \\ 0 \end{pmatrix} \times \begin{pmatrix} \frac{3\sqrt{3}}{k} \\ 3 \\ 0 \end{pmatrix} = \begin{pmatrix} 0 \\ 0 \\ -\frac{18\sqrt{3}}{k} \end{pmatrix} \triangleq \begin{pmatrix} 0 \\ 0 \\ 1 \end{pmatrix}$$

$E:\ x_3 = 0 \qquad x_1\text{-}x_2\text{-Ebene}$

$$F_k: \vec{X} = \lambda \begin{pmatrix} 0 \\ 6 \\ 0 \end{pmatrix} + \mu \begin{pmatrix} 2 \\ 2 \\ k\sqrt{6} \end{pmatrix} \qquad \lambda; \mu \in \mathbb{R}$$

$$\overrightarrow{n_F} = \begin{pmatrix} 0 \\ 6 \\ 0 \end{pmatrix} \times \begin{pmatrix} 2 \\ 2 \\ k\sqrt{6} \end{pmatrix} = \begin{pmatrix} 6k\sqrt{6} \\ 0 \\ -12 \end{pmatrix} \triangleq \begin{pmatrix} k\sqrt{6} \\ 0 \\ -2 \end{pmatrix}$$

$F_k: k\sqrt{6}x_1 - 2x_3 = 0$

b) $\cos 60° = \left| \frac{\begin{pmatrix} 0 \\ 0 \\ 1 \end{pmatrix} \circ \begin{pmatrix} k\sqrt{6} \\ 0 \\ -2 \end{pmatrix}}{1 \cdot \sqrt{6k^2 + 4}} \right|$

$$\frac{1}{2} = \left| \frac{-2}{\sqrt{6k^2 + 4}} \right|$$

$$\sqrt{6k^2 + 4} = 4$$

$$6k^2 + 4 = 16$$

$$k^2 = 2$$

$k = \sqrt{2} \qquad k \in \mathbb{R}^+!$

2. a) $d: \vec{X} = \begin{pmatrix} 0 \\ 3 \\ 0 \end{pmatrix} + \lambda \begin{pmatrix} 3\sqrt{3} \\ 0 \\ 0 \end{pmatrix} \qquad \lambda \in \mathbb{R} \qquad$ für D_k: $\quad \lambda \in \mathbb{R}^+$

$s: \vec{X} = \begin{pmatrix} 2 \\ 2 \\ 0 \end{pmatrix} + \mu \begin{pmatrix} 0 \\ 0 \\ \sqrt{6} \end{pmatrix} \qquad \mu \in \mathbb{R} \qquad$ für S_k: $\quad \mu \in \mathbb{R}^+$

b)

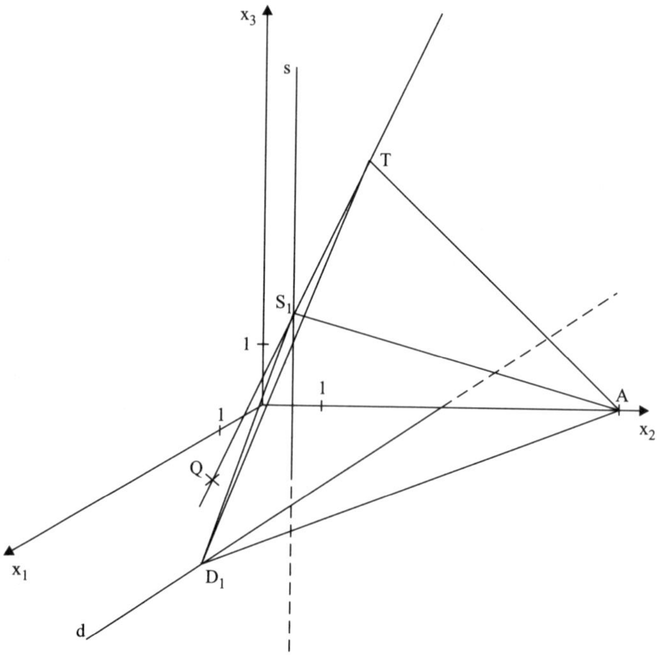

3\. a) $V = \frac{1}{6}\left|\begin{pmatrix}0\\6\\0\end{pmatrix} \circ \left[\begin{pmatrix}\frac{3\sqrt{3}}{k}\\3\\0\end{pmatrix} \times \begin{pmatrix}2\\2\\k\sqrt{6}\end{pmatrix}\right]\right| = \frac{1}{6}\left|\begin{pmatrix}0\\6\\0\end{pmatrix} \circ \begin{pmatrix}3k\sqrt{6}\\-3\sqrt{18}\\\frac{6\sqrt{3}}{k}-6\end{pmatrix}\right| = \frac{1}{6}\left|-18\sqrt{18}\right| = 3\sqrt{18} = 9\sqrt{2}$

b) $\left.\begin{array}{l} |\overrightarrow{OA}| = 6 \\ |\overrightarrow{OD}| = \sqrt{\frac{27}{k^2}+9} \\ |\overrightarrow{AD}| = \sqrt{\frac{27}{k^2}+9} \end{array}\right\} \Rightarrow \Delta\, OAD_k$ ist für alle k gleichschenklig (Basis [OA]).

$\frac{27}{k^2} + 9 = 36$

$k^2 = 1$

$k = 1$ $\quad k \in \mathbb{R}^+ !$ $\quad \Rightarrow$ Nur für $k = 1$ ist $\Delta\, OAD_k$ gleichseitig.

4. a) T muss senkrecht über dem Schwerpunkt des Δ OAD$_1$ liegen.

$$\overrightarrow{\text{Schwerpunkt}_{\Delta OAD_1}} = \frac{1}{3}\begin{pmatrix} 0+0+3\sqrt{3} \\ 0+6+3 \\ 0+0+0 \end{pmatrix} = \begin{pmatrix} \sqrt{3} \\ 3 \\ 0 \end{pmatrix}$$

$$h_{\text{Tedraeder}} = \frac{a}{3}\sqrt{3} \qquad \text{hier: } h = \frac{6}{3}\sqrt{6} = 2\sqrt{6}$$

$$\vec{T} = \begin{pmatrix} \sqrt{3} \\ 3 \\ 0 \end{pmatrix} + 2\sqrt{6}\begin{pmatrix} 0 \\ 0 \\ 1 \end{pmatrix} = \begin{pmatrix} \sqrt{3} \\ 3 \\ 2\sqrt{6} \end{pmatrix}$$

oder:

$$|\overrightarrow{OT}| = |\overrightarrow{AT}| = |\overrightarrow{D_1T}| = 6$$

$$\left.\begin{aligned} t_1^2 + t_2^2 + t_3^2 &= 36 \\ t_1^2 + (t_2-6)^2 + t_3^2 &= 36 \end{aligned}\right\} \Rightarrow t_2^2 = (t_2-6)^2$$

$$t_2^2 = t_2^2 - 12t_2 + 36$$
$$t_2 = 3$$

$$\left.\begin{aligned} t_1^2 + 9 + t_3^2 &= 36 \\ (t_1 - 3\sqrt{3})^2 + (3-3)^2 + t_3^2 &= 36 \end{aligned}\right\} \Rightarrow t_1^2 + 9 = (t_1 - 3\sqrt{3})^2$$

$$t_1^2 + 9 = t_1^2 - 6\sqrt{3}t_1 + 27$$
$$t_1 = \frac{-18}{-6\sqrt{3}}$$
$$t_1 = \frac{3}{\sqrt{3}} = \sqrt{3}$$

$$3 + 9 + t_3^2 = 36$$
$$t_3^2 = 24$$
$$t_3 = 2\sqrt{6} \qquad t_3 > 0!$$

$$\vec{T} = \begin{pmatrix} \sqrt{3} \\ 3 \\ 2\sqrt{6} \end{pmatrix}$$

b) $g_{TS_1}: \vec{X} = \begin{pmatrix} 2 \\ 2 \\ \sqrt{6} \end{pmatrix} + \lambda\begin{pmatrix} \sqrt{3}-2 \\ 1 \\ \sqrt{6} \end{pmatrix} \qquad \lambda \in \mathbb{R}$

$$g_{TS_1} \cap E: \sqrt{6} + \lambda\sqrt{6} = 0$$
$$\lambda = -1$$

$$\vec{Q} = \begin{pmatrix} 4-\sqrt{3} \\ 1 \\ 0 \end{pmatrix}$$

c) Die Punkte O; A; D_1 und Q liegen in der x_1-x_2-Ebene.
Die Skizze zeigt: Q liegt außerhalb.
Es ist aber eine rechnerische Begründung verlangt!

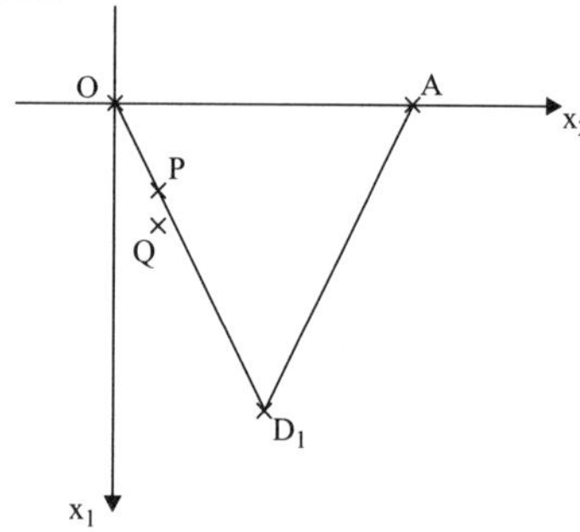

$$\cos \sphericalangle (\overrightarrow{OA}; \overrightarrow{OQ}) = \left| \frac{\begin{pmatrix} 0 \\ 6 \\ 0 \end{pmatrix} \circ \begin{pmatrix} 4-\sqrt{3} \\ 1 \\ 0 \end{pmatrix}}{6 \cdot \sqrt{(4-\sqrt{3})^2 + 1}} \right|$$

$$= \frac{6}{6 \cdot \sqrt{20 - 8\sqrt{3}}}$$

$$\sphericalangle (\overrightarrow{OA}; \overrightarrow{OQ}) = 66{,}2° > 60°$$

$\Rightarrow$ Q liegt außerhalb.

oder:

$$g_{OD_1}: \vec{X} = \lambda \begin{pmatrix} 3\sqrt{3} \\ 3 \\ 0 \end{pmatrix}$$

für $\lambda = \frac{1}{3}$ ergibt sich $\vec{P} = \begin{pmatrix} \sqrt{3} \\ 1 \\ 0 \end{pmatrix}$

$4 - \sqrt{3} \approx 2{,}26 \qquad \sqrt{3} \approx 1{,}73$

$p_1 < q_1;\ p_2 = q_2;\ p_3 = q_3$

$\Rightarrow$ Q liegt außerhalb.

Leistungskurs Mathematik (Bayern): Abiturprüfung 1999
Analytische Geometrie VI

In einem Koordinatensystem des $\mathbb{R}^3$ sind die

Gerade $g: \vec{x} = \begin{pmatrix} 3 \\ -1 \\ 7 \end{pmatrix} + \lambda \begin{pmatrix} 1 \\ 0 \\ 0 \end{pmatrix}$, die Geraden $h_a: \vec{x} = \begin{pmatrix} 2 \\ 8 \\ -5 \end{pmatrix} + \mu \begin{pmatrix} a \\ 1 \\ 2 \end{pmatrix}$, $\lambda, \mu, a \in \mathbb{R}$

sowie die Ebene E: $2x_1 - x_2 - 2x_3 + 15 = 0$ gegeben.

1. a) Zeigen Sie, dass jede Gerade h_a mit der Ebene E höchstens einen Punkt gemeinsam hat. (3 BE)

   b) Berechnen Sie den Schnittwinkel φ zwischen E und h_2 auf 0,1° genau. (3 BE)

2. a) Beweisen Sie, dass alle Geraden h_a windschief zu g sind. (3 BE)

   b) Weisen Sie nach, dass alle Geraden h_a in der Ebene H: $2x_2 - x_3 - 21 = 0$ liegen und diese Ebene H parallel zu g ist. (4 BE)

   c) Es gibt eine Gerade h^* in der Ebene H, die zwar durch den gemeinsamen Schnittpunkt aller Geraden h_a geht, aber nicht zur Schar der Geraden h_a gehört. Geben Sie eine Gleichung von h^* an. (3 BE)

   d) Zeigen Sie, dass der Abstand von g zu H den Betrag $6\sqrt{5}$ hat. (3 BE)

3. Berechnen Sie die Koordinaten der Fußpunkte des gemeinsamen Lots von g und h_2.
   [zur Kontrolle: $(8|-1|7)$, $(8|11|1)$] (7 BE)

4. a) K ist die kleinste Kugel, die g und h_2 als Tangenten hat.
   Bestimmen Sie den Radius R und den Mittelpunkt M von K.
   [zur Kontrolle: $R = 3\sqrt{5}$, $M(8|5|4)$] (4 BE)

   b) Zeigen Sie, dass die Ebene E die Kugel K schneidet, und berechnen Sie den Radius r des Schnittkreises k. (6 BE)

   c) Dieser Schnittkreis k ist die Grundfläche eines geraden Kreiskegels, dessen Mantellinien Tangenten an die Kugel K sind. Bestimmen Sie die Höhe dieses Kegels. (4 BE)

(40 BE)

Lösungen

1\. a) $h_a \cap E$: $2(2 + \mu a) - (8 + \mu) - 2(-5 + 2\mu) + 15 = 0$

$\mu(2a - 5) + 21 = 0$

$\mu = \frac{21}{5-2a} \quad a \neq 2{,}5$

Für jedes $a \neq 2{,}5$ gibt es genau ein μ und damit genau einen Schnittpunkt.

Für $a = 2{,}5$ gilt $\left[\text{wegen} \begin{pmatrix} 2 \\ -1 \\ -2 \end{pmatrix} \circ \begin{pmatrix} 2{,}5 \\ 1 \\ 2 \end{pmatrix} = 0\right]$ $h_a \parallel E$ mit $h_a \not\subset E$, da $(2|8|-5) \notin E$

$[2 \cdot 2 - 8 + 10 + 15 \neq 0]$.

b) $\sin\varphi = \left| \frac{\begin{pmatrix} 2 \\ -1 \\ -2 \end{pmatrix} \circ \begin{pmatrix} 2 \\ 1 \\ 2 \end{pmatrix}}{3 \cdot 3} \right| = \frac{1}{9} \qquad \varphi = 6{,}4°$

2\. a) $h_a \not\parallel g$, da $\begin{pmatrix} a \\ 1 \\ 2 \end{pmatrix} \neq m \cdot \begin{pmatrix} 1 \\ 0 \\ 0 \end{pmatrix}$ für alle $a \in \mathbb{R}$

$h_a \cap g$: $2 + \mu a = 3 + \lambda$

$\left.\begin{array}{ll} 8 + \mu = -1 & \Rightarrow \mu = -9 \\ -5 + 2\mu = 7 & \Rightarrow \mu = 6 \end{array}\right\} \Rightarrow h_a$ und g sind windschief für alle $a \in \mathbb{R}$.

b) $h_a \parallel H$, da $\begin{pmatrix} a \\ 1 \\ 2 \end{pmatrix} \circ \begin{pmatrix} 0 \\ 2 \\ -1 \end{pmatrix} = 0$ für alle $a \in \mathbb{R}$

$h_a \subset H$, da außerdem $(2 \mid 8 \mid -5) \in H$ [wegen $16 + 5 - 21 = 0$]

$g \parallel H$, da $\begin{pmatrix} 1 \\ 0 \\ 0 \end{pmatrix} \circ \begin{pmatrix} 0 \\ 2 \\ -1 \end{pmatrix} = 0$

$g \not\subset H$, da außerdem $(3 \mid -1 \mid 7) \notin H$ [wegen $-2 - 7 - 21 \neq 0$]

c) $h^*: \vec{X} = \begin{pmatrix} 2 \\ 8 \\ -5 \end{pmatrix} + \lambda \begin{pmatrix} 1 \\ 0 \\ 0 \end{pmatrix}$, da $h_a \not\parallel g$ (siehe 2a)

wegen $g \parallel H$ (2b) und $(2 \mid 8 \mid -5) \in H$ (2b) liegt h^* in H

d) H_{HNF}: $\frac{1}{\sqrt{5}}(2x_2 - x_3 - 21) = 0$

$d(g; H) = \left| \frac{1}{\sqrt{5}}(2 \cdot (-1) - 7 - 21) \right| = \left| -\frac{30}{\sqrt{5}} \right| = \left| -6\sqrt{5} \right| = 6\sqrt{5}$

3. geschlossene Vektorenkette

$$\begin{pmatrix}3\\-1\\7\end{pmatrix}+\lambda\begin{pmatrix}1\\0\\0\end{pmatrix}+\nu\cdot\vec{u}_\ell-\mu\begin{pmatrix}2\\1\\2\end{pmatrix}-\begin{pmatrix}2\\8\\-5\end{pmatrix}=\vec{0}$$

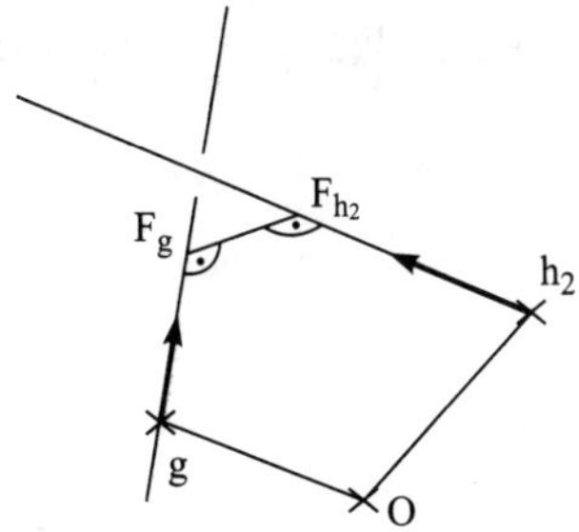

für $\vec{u}_\ell$ gilt:

$$\left.\begin{array}{l}\vec{u}_\ell\circ\begin{pmatrix}1\\0\\0\end{pmatrix}=0 \quad\Rightarrow u_{\ell 1}=0\\[2ex] \vec{u}_\ell\circ\begin{pmatrix}2\\1\\2\end{pmatrix}=0 \quad\Rightarrow 2u_{\ell 1}+u_{\ell 2}+2u_{\ell 3}=0\end{array}\right\}\Rightarrow \vec{u}_\ell=\begin{pmatrix}0\\-2\\1\end{pmatrix}$$

$$\begin{pmatrix}3\\-1\\7\end{pmatrix}+\lambda\begin{pmatrix}1\\0\\0\end{pmatrix}+\nu\begin{pmatrix}0\\-2\\1\end{pmatrix}-\mu\begin{pmatrix}2\\1\\2\end{pmatrix}-\begin{pmatrix}2\\8\\-5\end{pmatrix}=\vec{0}$$

$$\begin{array}{llll} 1+\lambda \quad -2\mu=0 & & & \lambda=5\\ -9 \quad -2\nu-\mu=0 \;\Rightarrow\; \mu=-9-2\nu & & \mu=3 & \\ 12 \quad +\nu-2\mu=0 & \nu=-6 & & \end{array}$$

$$\vec{F}_g=\begin{pmatrix}3\\-1\\7\end{pmatrix}+5\begin{pmatrix}1\\0\\0\end{pmatrix}=\begin{pmatrix}8\\-1\\7\end{pmatrix}$$

$$\vec{F}_{h_2}=\begin{pmatrix}2\\8\\-5\end{pmatrix}+3\begin{pmatrix}2\\1\\2\end{pmatrix}=\begin{pmatrix}8\\11\\1\end{pmatrix}$$

4. a) F_g und F_{h_2} sind die Berührpunkte der Kugel.
Für die kleinste Kugel ist der Mittelpunkt von $[F_g F_{h_2}]$ der Kugelmittelpunkt und

$$R=\frac{1}{2}\overline{F_g F_{h_2}}\,.$$

$$\vec{M}=\frac{1}{2}\begin{pmatrix}8+8\\-1+11\\7+1\end{pmatrix}=\begin{pmatrix}8\\5\\4\end{pmatrix} \qquad R=\frac{1}{2}\sqrt{0^2+12^2+6^2}=\frac{1}{2}\sqrt{180}=3\sqrt{5}$$

b) E_{HNF}: $\frac{1}{3}(2x_1 - x_2 - 2x_3 + 15) = 0$

$d(E;M) = \left|\frac{1}{3}(2 \cdot 8 - 5 - 2 \cdot 4 + 15)\right| = 6 < 3\sqrt{5}$

$\Rightarrow$ E schneidet die Kugel.

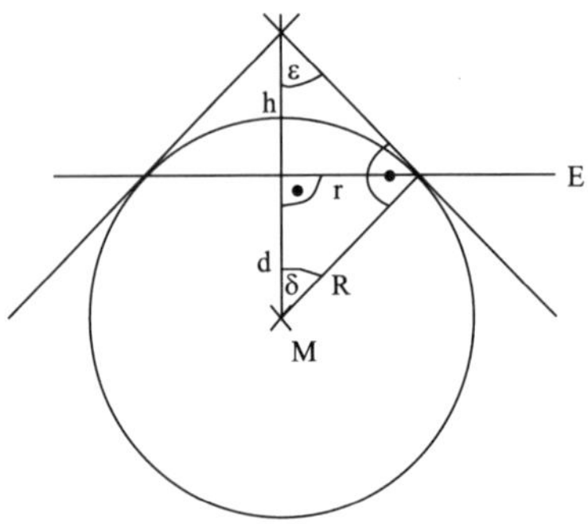

$r^2 = R^2 - d^2$
$r^2 = 45 - 36$
$r = 3$

c) $\cos\delta = \frac{d}{R} = \frac{6}{3\sqrt{5}} \quad \Rightarrow \quad \delta = 26{,}57° \quad \Rightarrow \quad \varepsilon = 63{,}43°$

$\tan\varepsilon = \frac{r}{h} \qquad h = \frac{5}{\tan\varepsilon} = \frac{3}{2} = 1{,}5$

oder

mit Höhensatz: $r^2 = d \cdot h$

$3^2 = 6 \cdot h$

$h = 1{,}5$

Leistungskurs Mathematik (Bayern): Abiturprüfung 2000
Infinitesimalrechnung I

Gegeben ist die Schar der in $\mathbb{R}$ definierten Funktion

$f_k : x \mapsto (k^2x + k)e^{-kx}$ mit $k \in \mathbb{R}^+$. Der Graph von f_k wird mit G_k bezeichnet.

1. a) Bestimmen Sie die Schnittpunkte von G_k mit den Koordinatenachsen und untersuchen Sie das Verhalten von f_k für $x \to +\infty$ und $x \to -\infty$. (4 BE)

   b) Bestimmen Sie Lage und Art des Extrempunkts von G_k.
   [zur Kontrolle: $f'_k(x) = -k^3xe^{-kx}$] (5 BE)

   c) Zeigen Sie, dass G_k genau einen Wendepunkt W_k besitzt, und geben Sie dessen Koordinaten an. Weisen Sie nach, dass $ey = k(3 - kx)$ eine Gleichung der Wendetangente t_k ist.
   Geben Sie eine Gleichung der Kurve C an, auf der alle Punkte W_k liegen. (9 BE)

   d) Berechnen Sie $f_1(1{,}6)$. Zeichnen Sie unter Berücksichtigung aller bisherigen Ergebnisse G_1 und t_1 in ein gemeinsames Koordinatensystem im Bereich $x \in [-1{,}5; 4]$ (Längeneinheit 2 cm). (5 BE)

2. a) Durch $F(x) = (ax + b)e^{-x}$ ist eine Stammfunktion von f_1 gegeben.
   Bestimmen Sie a und b. (4 BE)

   b) Der Graph G_1 und die Koordinatenachsen begrenzen im ersten Quadranten ein Flächenstück, das sich ins Unendliche erstreckt. Zeigen Sie, dass dieses Flächenstück einen endlichen Inhalt besitzt. (3 BE)

3. Begründen Sie, dass die Einschränkung von f_1 auf $\mathbb{R}^+$ eine Umkehrfunktion h besitzt, und geben Sie deren Definitions- und Wertebereich an. Der Term von h soll nicht explizit ermittelt werden. Begründen Sie, an welcher Stelle die Ableitung von h ein lokales Extremum aufweist. Bestimmen Sie den Wert der Ableitung von h an dieser Stelle. (5 BE)

4. Der Funktionswert $f_1(t)$ sei die Maßzahl für die Masse einer Substanz in Abhängigkeit von der Zeit. Dabei ist t die Maßzahl der von Messbeginn an in Sekunden gemessenen Zeit ($t \geq 0$).

   a) Zu welchem Zeitpunkt ist die Massenabnahme am stärksten? Begründen Sie Ihre Antwort. (3 BE)

   b) Nach T Sekunden ist die Anfangsmasse auf die Hälfte abgesunken.
   Bestimmen Sie ein Intervall der Länge $\frac{1}{10}$, in dem T liegt. (2 BE)

(40 BE)

Lösungen

$f_k(x) = (k^2x + k)e^{-kx} \qquad k \in \mathbb{R}^+ \qquad \mathbb{D} = \mathbb{R}$

1. a) x-Achse: $(k^2x + k)e^{-kx} = 0 \qquad k^2x + k = 0 \qquad x = -\frac{1}{k} \qquad \text{NSt}\left(-\frac{1}{k}\middle|0\right)$

y-Achse: $f(0) = k \cdot e^{-0} = k \qquad (0|k)$

$$\lim_{x\to\infty} f(x) = "+\infty \cdot 0^+" = \lim_{x\to\infty} \frac{k^2x + k}{e^{kx}} = "\frac{+\infty}{+\infty}" \overset{\text{l'H.}}{=} \lim_{x\to\infty} \frac{k^2}{ke^{kx}} = \lim_{x\to\infty} \frac{k}{e^{kx}} = 0^+$$

$$\lim_{x\to\infty} f(x) = "-\infty \cdot (+\infty)" = -\infty$$

b) $f'(x) = \frac{k^2 \cdot e^{kx} - (k^2x + k)ke^{kx}}{(e^{kx})^2} = \frac{k^2 - k^3x - k^2}{e^{kx}} = -k^3xe^{-kx}$

$$f''(x) = \frac{-k^3e^{kx} + k^3x \cdot ke^{kx}}{(e^{kx})^2} = \frac{-k^3 + k^4x}{e^{kx}}$$

$f'(x) = 0 \qquad -k^3x = 0 \qquad x = 0$

$f''(0) = -\frac{k^3}{e^0} < 0 \qquad \text{Max}(0|k)$

c) $f''x) = 0 \qquad k^4x - k^3 = 0 \qquad x = \frac{1}{k}$

wegen $e^{-kx} > 0$ in $\mathbb{R}$ und $k > 0$ gilt:

$f''(x) < 0$ für $x < \frac{1}{k}$ und $f''(x) > 0$ für $x > \frac{1}{k}$

$W\left(\frac{1}{k}\middle|\frac{2k}{e}\right)$

Wendetangente: $f'\left(\frac{1}{k}\right) = -k^2e^{-1} = -\frac{k^2}{4}$

$$y = -\frac{k^2}{e}x + t$$

$$\frac{2k}{e} = -\frac{k^2}{e} \cdot \frac{1}{k} + t \qquad \Rightarrow \qquad t = \frac{3k}{e}$$

$$y = -\frac{k^2}{e}x + \frac{3k}{e}$$

$$ey = -k^2x + 3k \qquad ey = k(3 - kx)$$

C: $x = \frac{1}{k} \quad \Rightarrow k = \frac{1}{x}$

$$y = \frac{2k}{e} = \frac{2 \cdot \frac{1}{x}}{e} = \frac{2}{ex}$$

d) $f_1(x) = (x+1)e^{-x}$

$NSt(-1|0)$

$W\left(1\left|\frac{2}{e}\right.\right)$

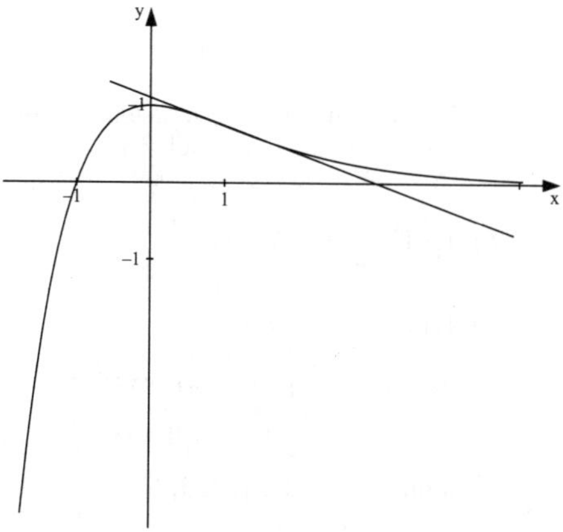

t_1: $y = -\frac{1}{e}x + \frac{3}{e}$

$f_1(1,6) \approx 0{,}525$

$f_1(-1,5) \approx -2{,}241$

$f_1(4) \approx 0{,}092$

2. a) $F(x) = (ax + b)e^{-x}$

$$F'(x) = \frac{a \cdot e^x - (ax+b)e^x}{(e^x)^2} = \frac{a - ax - b}{e^x} = (-ax + a - b)e^{-x}$$

$F'(x) = f_1(x)$ Koeffizientenvergleich: $-a = 1 \quad a - b = 1$

also: $a = -1 \quad b = -2$

$F(x) = (-x-2)e^{-x}$

b) $$A = \lim_{a\to\infty} \int_0^a f_1(x)dx = \lim_{a\to\infty}\left[(-x-2)e^{-x}\right]_0^a = \lim_{a\to\infty}\left[(-a-2)e^{-a} + 2e^0\right]$$

$$= \lim_{a\to\infty}\left(-\frac{a+2}{e^a} + 2\right) \overset{\text{l'H.}}{=} \lim_{a\to\infty}\left(-\frac{1}{e^a} + 2\right) = 0 + 2 = 2$$

3. $f_1'(x) < 0$ in $\mathbb{R}^+ \quad \Rightarrow \quad f_1(x)$ streng monoton fallend in $\mathbb{R}^+ \quad \Rightarrow \quad$ umkehrbar

$\mathbb{D}_{f_1} = \mathbb{R}^+ \quad W_{f_1} =]0;1[$

$W_h = \mathbb{R}^+ \quad \mathbb{D}_h =]0;1[$

f'(x) besitzt ein lokales Extremum für x = 1 (Wendepunkt), also besitzt h'(x) ein lokales Extremum für $x = \frac{2}{e}$

$$h'\left(\frac{2}{e}\right) = \frac{1}{f'_1(1)} = \frac{1}{-e^{-1}} = -e$$

4. $f_1(t) = (t+1)e^{-t} \qquad t \geq 0$

a) Massenabnahme am stärksten, wo die Ableitung von $f_1(t)$ extrem ist, also bei t = 1 (Wendepunkt; siehe auch 3.)

b) $f_1(T) = \frac{1}{2} f_1(0)$

$f_1(T) = \frac{1}{2} e^{-0} = 0{,}5$

aus 1 d: $f_1(1{,}6) \approx 0{,}525$

$f_1(1{,}7) \approx 0{,}493$

somit: $T \in [1{,}6; 1{,}7]$

Leistungskurs Mathematik (Bayern): Abiturprüfung 2000
Infinitesimalrechnung II

1. Gegeben ist die Funktion $f : x \mapsto \dfrac{4(1-\ln x)}{(\ln x)^2}$ mit $D_f =]1;+\infty[$.

   Der Graph von f wird mit G_f bezeichnet.

   a) Geben Sie die Nullstellen von f an und untersuchen Sie das Verhalten von f an den Rändern von D_f. (3 BE)

   b) Bestimmen Sie die Monotoniebereiche von f und zeigen Sie, dass G_f genau einen Extrempunkt E besitzt. Geben Sie auch Art und Koordinaten von E an. (6 BE)

   [zur Kontrolle: $f'(x) = \dfrac{4(\ln x - 2)}{x(\ln x)^3}$]

   c) Berechnen Sie f (2) und f (12) und zeichnen Sie G_f unter Berücksichtigung aller bisherigen Ergebnisse (Längeneinheit 1 cm). (4 BE)

   d) Begründen Sie ohne Verwendung der 2. Ableitung von f, dass G_f mindestens einen Wendepunkt besitzen muss. (3 BE)

   e) Weisen Sie nach, dass durch $F(x) = -\dfrac{4x}{\ln x} + 4e$ eine integralfreie Darstellung der Funktion $x \mapsto \int_e^x f(t)\,dt$ für x > 1 gegeben ist. (3 BE)

   f) G_f und die x-Achse begrenzen im vierten Quadranten ein sich ins Unendliche erstreckendes Flächenstück. Untersuchen Sie, ob dieses einen endlichen Inhalt besitzt. (3 BE)

2. In nebenstehender Figur ist der Querschnitt eines bezüglich der y-Achse rotationssymmetrischen, massiven Werkstücks gegeben. Ein Teil der Berandung des Querschnitts ist der Graph G_h der Funktion $h : x \mapsto 3\sqrt{x-1}$ mit $x \in [1; 10]$.

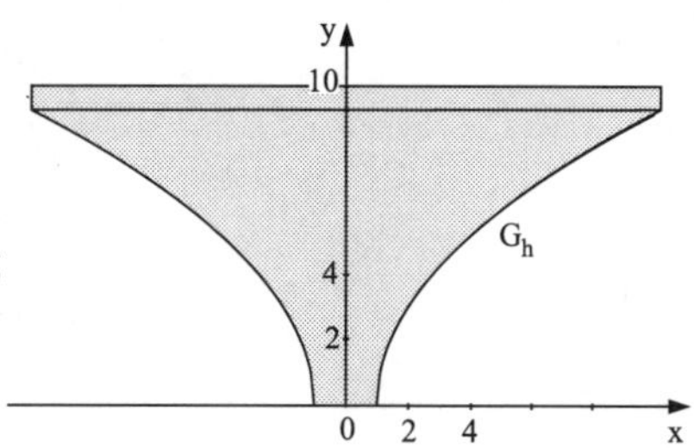

   a) Berechnen Sie den Flächeninhalt des Querschnitts. (6 BE)

   b) Bestimmen Sie die Gleichung der Umkehrfunktion h^{-1} von h und geben Sie den Definitions- und Wertebereich von h^{-1} an. (4 BE)

c) Begründen Sie, dass $10^2\pi + \int_0^9 (1+\frac{1}{9}x^2)^2 \cdot \pi \, dx$ das Volumen des Werkstücks angibt und berechnen Sie dieses. (8 BE)

(40 BE)

Lösungen

$f(x) = \dfrac{4(1-\ln x)}{(\ln x)^2}$ $\quad$ $\mathbb{D} =]1;+\infty[$ $\quad$ (somit $\ln x > 0$ stets erfüllt!)

1. a) NSt: $1-\ln x = 0 \qquad \ln x = 1 \qquad x = e \qquad (e\,|\,0)$

$$\lim_{\substack{x\to 1\\ >}} f(x) = "\frac{4(1-0^+)}{(0^+)^2}" = "\frac{4}{0^+}" = +\infty$$

$$\lim_{x\to\infty} f(x) = "\frac{4(1-\infty)}{\infty^2}" = "\frac{-\infty}{\infty}" \overset{\text{l'H.}}{=} \lim_{x\to\infty} \frac{-4\cdot\frac{1}{x}}{2\ln x\cdot\frac{1}{x}} = \lim_{x\to\infty}\frac{-4}{2\ln x} = "\frac{-4}{\infty}" = 0^-$$

b) $$f'(x) = \frac{-4\cdot\frac{1}{x}\cdot(\ln x)^2 - 4(1-\ln x)\cdot 2\ln x\cdot\frac{1}{x}}{(\ln x)^4} = \frac{-4\ln x - 8 + 8\ln x}{x(\ln x)^3} = \frac{4(\ln x - 2)}{x(\ln x)^3}$$

$f'(x) = 0 \quad \Rightarrow \quad \ln x = 2 \qquad x = e^2$

in $\mathbb{D} =]1;\infty[$ gilt $x(\ln x)^3 > 0$, also

$f'(x) < 0$ in $]1;e^2[$ $\quad \Rightarrow$ f(x) streng monoton fallend in $]1;e^2[$

$f'(x) > 0$ in $]e^2;\infty[$ $\quad \Rightarrow$ f(x) streng monoton steigend in $]e^2;\infty[$

E $(e^2\,|\,-1)$ Minimum

c) $f(2) \approx 2{,}55 \qquad f(12) \approx -0{,}96$

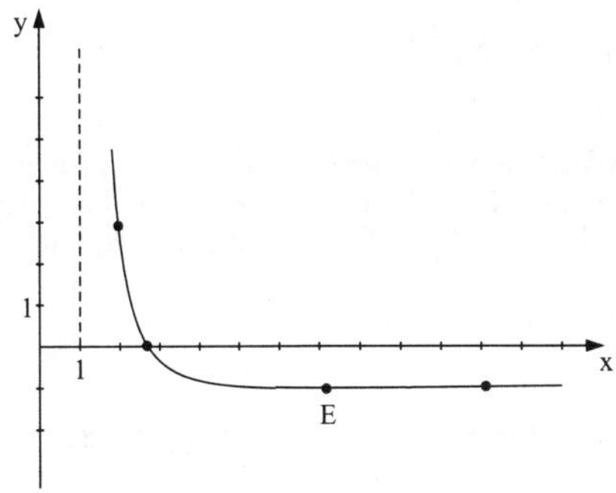

d) Da E Minimum ist, ist der Funktionsgraph hier linksgekrümmt. Wegen $\lim_{x\to\infty} f(x) = 0^-$ muss für große x eine Rechtskrümmung vorhanden sein. Somit existiert für $x > e^2$ ein Wendepunkt.

e) $F'(x) = -\dfrac{4\ln x - 4x\cdot\frac{1}{x}}{(\ln x)^2} = -\dfrac{4(\ln x - 1)}{(\ln x)^2} = \dfrac{4(1-\ln x)}{(\ln x)^2} = f(x)$ HDI

$F(e) = -\dfrac{4e}{1} + 4e = 0$ (Nullstelle an der unteren Integrationsgrenze)

also ist F(x) Integralfunktion von f(x) mit der unteren Grenze e.

f) $A = \left|\lim\limits_{a\to\infty}\int\limits_e^a f(x)dx\right| = \left|\lim\limits_{a\to\infty} F(a)\right| = \left|\lim\limits_{a\to\infty}\left(-\dfrac{4a}{\ln a} + 4e\right)\right| = \left|-\infty + 4e\right| = \infty$

Das Flächenstück besitzt keinen endlichen Inhalt.

2. $h(x) = 3\sqrt{x-1} \quad \mathbb{D} = [1;10]$

a) $Q = 2\cdot\left\{10^2 - \int\limits_1^{10} 3\sqrt{x-1}dx\right\} = 2\cdot\left\{100 - \left[3\cdot\dfrac{2}{3}(x-1)^{\frac{3}{2}}\right]_1^{10}\right\}$

$= 2\cdot\left\{100 - 2\cdot 9^{\frac{3}{2}} + 2\cdot 0^{\frac{3}{2}}\right\} = 92$

b) $h(x) = 3\sqrt{x-1} \qquad \mathbb{D}_h = [1;10] \qquad W_h\,[0;9]$

$h^{-1}(x)$: $x = 3\sqrt{y-1} \qquad \left(\dfrac{x}{3}\right)^2 = y - 1 \qquad y = \dfrac{x^2}{9} + 1$

$h^{-1}(x) = \dfrac{1}{9}x^2 + 1 \qquad \mathbb{D}_{h^{-1}} = [0;9] \qquad W_{h^{-1}}\,[1;10]$

c) Spiegelt man den Querschnitt des Werkstückes an der Geraden y = x, so ist $h^{-1}(x)$ ein Teil der Berandung und das Werkstück ergibt sich durch Rotation um die x-Achse, wobei der Graph von $h^{-1}(x)$ und ein Rechteck (l = 10; b = 1) rotieren. Somit

$V = \int\limits_0^9\left(\dfrac{1}{9}x^2 + 1\right)^2\pi\,dx + 10^2\pi\cdot 1 = \int\limits_0^9\left(\dfrac{1}{81}x^4 + \dfrac{2}{9}x^2 + 1\right)\pi\,dx + 100\pi$

$= \left[\dfrac{1}{405}x^5 + \dfrac{2}{27}x^3 + x\right]_0^9 \pi + 100\pi = (145{,}8 + 54 + 9)\pi + 100\pi = 308{,}8\pi \approx 970{,}124$

Leistungskurs Mathematik (Bayern): Abiturprüfung 2000
Wahrscheinlichkeitsrechnung / Statistik III

1. Eine Kaffeerösterei bezieht ihre Kaffeebohnen aus Lateinamerika, und zwar 2 Sorten aus Brasilien, 2 Sorten aus Venezuela und 4 Sorten aus Kolumbien. In der Rösterei werden jeweils 4 Sorten zusammengemischt, wobei aus jedem Land mindestens eine Sorte vertreten sein muss.
   Wie viele solche Mischungen sind möglich? (4 BE)

2. Angeblich bevorzugen mindestens 30 % der Kaffeetrinker koffeinfreien Kaffee.

   a) Entwerfen Sie auf der Basis von 800 Befragten einen geeigneten Signifikanztest mit dem Signifikanzniveau 5 %. Ermitteln Sie die Entscheidungsregel; legen Sie dabei die Normalverteilung als Näherung zugrunde. (6 BE)

   b) In München gaben 210 von 800 Befragten an, koffeinfreien Kaffee zu bevorzugen.
   Interpretieren Sie dieses Umfrageergebnis im Sinne des von Ihnen in Teilaufgabe a entworfenen Tests. (2 BE)

3. Als Kaufanreiz legt die Kaffeerösterei in 20 % aller Kaffeedosen ein Kaffeetässchen. Die Dosen gelangen in zufälliger Sortierung in die Regale eines Supermarkts. Monika kauft dort jede Woche eine Dose.
   Mit welcher Wahrscheinlichkeit findet sie

   a) in der 5. Woche das erste Tässchen, (2 BE)

   b) spätestens in der 5. Woche das erste Tässchen, (2 BE)

   c) frühestens in der 5. Woche das erste Tässchen, (2 BE)

   d) genau ein Tässchen in den ersten 5 Wochen? (2 BE)

4. Wie groß müsste der Anteil p der Kaffeedosen mit einem Tässchen mindestens sein, damit mit einer Wahrscheinlichkeit von mindestens 99 % unter 20 Dosen wenigstens eine mit einem Tässchen ist? (4 BE)

5. Bei einer größeren Lieferung von Porzellantässchen ist eine unbekannter Anteil d beschädigt. Schätzen Sie mithilfe der Tschebyschow-Ungleichung die Anzahl der Tässchen ab, die man mindestens überprüfen muss, um d mit einer Sicherheit von mindestens 90 % auf 5 Prozentpunkte genau zu bestimmen. (5 BE)

6. Der Hersteller der Kaffeetässchen, der normalerweise Tässchen mit einer Ausschussquote von 10 % liefert, kommt mit der Produktion nicht nach. Er bezieht daher 20 % der Tässchen von einem Zulieferer, bei dem die Ausschussquote 30 % beträgt. Hersteller und Zulieferer verpacken jeweils ihre Tässchen in gleicher Weise in nicht unterscheidbare Kisten, die jeweils eine große Anzahl Tässchen enthalten.
   In der Kaffeerösterei bemerkt man den erhöhten Ausschuss und führt folgenden Schnelltest durch:

Einer Kiste werden 5 Tässchen entnommen. Wenn darunter höchstens ein Tässchen defekt ist, wird die Kiste verwendet, andernfalls ausgesondert. Für die Rösterei können dabei folgende zusätzliche Kosten entstehen:
150 DM beim Aussondern einer Kiste mit der Ausschussquote 10 % und
120 DM bei der Verwendung einer Kiste mit der Ausschussquote 30 %.

a) Berechnen Sie die mittleren zusätzlichen Kosten pro Kiste. (7 BE)

b) Wie viel darf der Schnelltest pro Kiste höchstens kosten, damit er sich gegenüber der Alternative, alle Kisten ungeprüft zu verwenden, aus finanzieller Sicht lohnt? (4 BE)

(40 BE)

Lösungen

1. Aus einem Land also 2 Sorten

$$|E| = \binom{2}{2}\binom{2}{1}\binom{4}{1} + \binom{2}{1}\binom{2}{2}\binom{4}{1} + \binom{2}{1}\binom{2}{1}\binom{4}{2} = 8 + 8 + 24 = 40$$

2. a)

	gegen p_0 0 ... k	für p_0 k+1 ... 800
$p_0 \geq 0{,}3$	(0,05)	

$P_{0,3}^{800}(X \leq k) \leq 0{,}05$ $\qquad \mu = 800 \cdot 0{,}3 = 240$ $\qquad \sigma = \sqrt{800 \cdot 0{,}3 \cdot 0{,}7} = \sqrt{168}$

$$\Phi\left(\frac{k - 240 + 0{,}5}{\sqrt{168}}\right) \leq 0{,}05$$

$$\frac{k - 240 + 0{,}5}{\sqrt{168}} \leq -1{,}6449$$

$$k \leq 218{,}2$$

$$\overline{A} = [0;\, 218] \qquad A = [219;\, 800]$$

2. b) $210 \in \overline{A}$ $\Rightarrow$ in München wird die Hypothese „mindestens 30% bevorzugen koffeinfrei" abgelehnt.

3. a) $P(a) = 0{,}8^4 \cdot 0{,}2 = 0{,}08192$

b) $P(b) = 1 - 0{,}8^5 = 0{,}67232$

c) $P(c) = 0{,}8^4 = 0{,}4096$

d) $P(d) = B(5; 0{,}2; 1) = 0{,}40960$

4. $1 - (1-p)^{20} \geq 0{,}99$

$$(1-p)^{20} \leq 0{,}01$$

$$1 - p \leq \sqrt[20]{0{,}01}$$

$$p \geq 1 - \sqrt[20]{0{,}01}$$

$$p \geq 0{,}20567$$

5. $P(|H - d| \leq 0,05) \geq 0,9$

$$1 - \frac{d(1-d)}{n \cdot 0,05^2} \geq 0,9$$

$$1 - \frac{1}{4 \cdot n \cdot 0,05^2} \geq 0,9$$

$$\frac{1}{4n \cdot 0,05^2} \leq 0,1$$

$n \geq 1000$ Es müssen mindestens 1000 Tassen überprüft werden.

6. a) Kiste vom Hersteller: P(verwendet) = B(5; 0,1; X ≤ 1) = 0,91854
P(ausgesondert) = 0,08146
Kiste vom Zulieferer: P(verwendet) = B(5; 0,3; X ≤ 1) = 0,52822
P(ausgesondert) = 0,47178

P(150 DM) = 0,8 · 0,08146 = 0,06517

P(120 DM) = 0,2 · 0,52822 = 0,10654

μ = 150 DM · 0,06517 + 120 DM · 0,10564 = 22,45 DM

b) Werden alle Kisten verwendet, so verursacht nur jede Kiste des Zulieferers zusätzliche Kosten, nämlich 120 DM.

μ = 120 DM · 0,2 = 24 DM

$\mu(b) - \mu(a)$ = 24 DM – 22,45 DM = 1,55 DM

Der Test darf pro Kiste höchstens 1,54 DM kosten.

Leistungskurs Mathematik (Bayern): Abiturprüfung 2000
Wahrscheinlichkeitsrechnung / Statistik IV

Die Schüler der K13 des Graf-Felix-Gymnasiums wollen beim Herbstfest eine Tombola zum Thema „EURO“ veranstalten. Dazu werden die folgenden zwei Vorschläge diskutiert.

1. Vorschlag I:
   Auf einem Glücksrad sind vier gleich große Sektoren mit den Buchstaben E, U, R und O markiert. Nach jeder Drehung wird der angezeigte Buchstabe notiert.

   a) Das Glücksrad wird als ideal vorausgesetzt. Bestimmen Sie die Wahrscheinlichkeiten der Ereignisse
   E_1: „Bei den ersten vier Drehungen wird genau ein E notiert“, (2 BE)
   E_2: „Spätestens bei der vierten Drehung wird erstmals ein E notiert“, (2 BE)
   E_3: „Bei den ersten vier Drehungen werden vier verschiedene Buchstaben notiert“, (3 BE)
   E_4: „Nach fünf Drehungen kann man aus den notierten Buchstaben unter Weglassen eines Buchstabens das Wort EURO bilden“. (5 BE)
   [Ergebnis: $P(E_4) = \frac{15}{64}$]

   b) Ein Spiel besteht aus fünfmaligem Drehen des idealen Glücksrads. Kann man aus den notierten Buchstaben unter Weglassen eines Buchstabens das Wort EURO bilden, gewinnt man einen Preis.
   Bestimmen Sie mithilfe der Tschebyschow-Ungleichung ein möglichst kleines Intervall, in dem die Zahl der zu vergebenden Preise mit mindestens 90 % Wahrscheinlichkeit liegt, wenn 640 Spiele ausgeführt werden. (5 BE)

   c) Es werden 640 Spiele wie in Teilaufgabe b ausgeführt. Die Wahrscheinlichkeit, dass die bereitgestellten Preise nicht ausreichen, soll unter 5 % bleiben. Wie viele Preise müssen mindestens bereitgestellt werden, wenn man die Normalverteilung als Näherung zugrunde legt? (5 BE)

   d) Nach der Inbetriebnahme des Glücksrads ist der Verdacht aufgekommen, dass der Buchstabe E unerwartet oft als Ergebnis auftritt. Die Nullhypothese H_0: „Das Glücksrad liefert den Buchstaben E mit einer Wahrscheinlichkeit von höchstens 25 %“ soll durch 200-maliges Drehen des Glücksrads getestet werden. Bestimmen Sie die Entscheidungsregel für das Signifikanzniveau 5 %. (5 BE)

2. Vorschlag II:
   In einer Urne liegen 4k, $k \in \mathbb{N}$, gleichartige Kugeln, von denen jeweils k Kugeln einen der Buchstaben E, U, R oder O als Aufschrift tragen. Ein Teilnehmer an der Tombola zieht vier Kugeln ohne Zurücklegen. Er erhält einen Preis, wenn er aus seinen Buchstaben das Wort EURO bilden kann.

   a) Berechnen Sie für $k = 5$ die Wahrscheinlichkeit, dass er einen Preis gewinnt. (3 BE)

   b) Wie groß ist in Abhängigkeit von k die Wahrscheinlichkeit p(k), dass er einen Preis gewinnt? Bestimmen Sie den Grenzwert von p(k) für $k \to +\infty$. (7 BE)

c) Erläutern Sie in Worten, warum der Grenzwert aus Teilaufgabe 2 b mit dem Ergebnis für $P(E_3)$ aus Teilaufgabe 1 a übereinstimmt. (3 BE)

(40 BE)

Lösungen

1. a) $P(E_1) = B(4; 0{,}25; 1) = 0{,}42188$

$P(E_2) = 1 - 0{,}75^4 = 0{,}68359$

$P(E_3) = 4!\, 0{,}25^4 = 0{,}09375$

$$P(E_4) = \underbrace{4 \cdot \binom{5}{2} \cdot 0{,}25^2}_{\text{einer der vier Buchstaben tritt an 2 Stellen auf}} \cdot \underbrace{3! \cdot 0{,}25^3}_{\text{die anderen 3 Buchstaben treten je einmal auf}} = 0{,}234375 = \frac{4 \cdot \binom{5}{2} \cdot 3!}{4^5} = \frac{240}{1024} = \frac{15}{64}$$

b) $P(|X - 150| \leq c) \geq 0{,}9$ $\qquad \mu = 640 \cdot \frac{15}{64} = 150$

$1 - \frac{\text{VarX}}{c^2} \geq 0{,}9$ $\qquad \text{VarX} = 640 \cdot \frac{15}{64} \cdot \frac{49}{64} = 114{,}84$

$1 - \frac{114{,}84}{c^2} \geq 0{,}9$

$\frac{114{,}84}{c^2} \leq 0{,}1$

$c \geq 33{,}8$

also: $X - 150 \leq 33{,}8$ $\qquad X \leq 183{,}8$
bzw: $150 - X \leq 33{,}8$ $\qquad X \geq 116{,}2$
somit: $I = [117; 183]$

c) $P^{640}_{\frac{15}{64}}(Z > k) < 0{,}05$ $\qquad \mu = 640 \cdot \frac{15}{64}$

$1 - \Phi\left(\frac{k - 150 + 0{,}5}{\sqrt{114{,}84}}\right) < 0{,}05$ $\qquad \sigma = \sqrt{114{,}84}$

$\Phi\left(\frac{k - 150 + 0{,}5}{\sqrt{114{,}83}}\right) > 0{,}95$

$\frac{k - 150 + 0{,}5}{\sqrt{114{,}84}} > 1{,}6449$

$k > 167{,}13$ $\qquad$ mindestens 168 Preise

d)

	für p_0 0 ... k	gegen p_0 k+1 ... 800
$p_0 \le 0{,}3$		0,05

$$1-\sum_{0}^{k} B(200; 0,25; i) \le 0{,}05$$

$$\sum_{0}^{k} B(200; 0,25; i) \ge 0{,}95$$

$k \ge 60$

für p_0, wenn $k \in [0; 60]$

gegen p_0, wenn $k \in [61; 200]$

2. a) $k = 5$; also 20 Kugeln; je 5 mit einem der 4 Buchstaben

$$P\,(\text{Preis}) = \frac{\binom{5}{1}\binom{5}{1}\binom{5}{1}\binom{5}{1}}{\binom{20}{4}} = \frac{625}{4845} = 0{,}128999$$

b) $$P\,(\text{Preis}) = \frac{\binom{k}{1}\binom{k}{1}\binom{k}{1}\binom{k}{1}}{\binom{4k}{4}} = \frac{k^4}{\frac{4k!}{4!(4k-4)!}}$$

$$= \frac{k^4 \cdot 4!(4k-4)!}{4k\cdot(4k-1)(4k-2)(4k-3)(4k-4)!}$$

$$= \frac{k^4 \cdot 4!}{4k(4k-1)(4k-2)(4k-3)} = \frac{3!k^3}{(4k-1)(4k-2)(4k-3)}$$

$$= \frac{6k^3}{64k^3 - 96k^2 + 44k - 6}$$

$$\lim_{k\to\infty} P(\text{Preis}) = \lim_{k\to\infty} \frac{6k^3}{64k^3 - 96k^2 + 44k - 6} = \frac{6}{64} = \frac{3}{32} = 0{,}09365$$

c) Nach dem Gesetz der großen Zahlen ist für $k \to \infty$ die Wahrscheinlichkeit eines Ereignisses bei „Ziehen mit Zurücklegen“ und „Ziehen ohne Zurücklegen“ gleich.

Leistungskurs Mathematik (Bayern): Abiturprüfung 2000
Analytische Geometrie V

In einem kartesischen Koordinatensystem des $\mathbb{R}^3$ sind die Punkte $A(4|1|3)$, $P(-2|-2|9)$, $Q(1|-5|-3)$ sowie die Ebenenschar E_t: $8x_1 - tx_2 + 7x_3 + 3 = 0$ mit $t \in \mathbb{R}$ gegeben.

1. Es sei $\vec{e}_1 = k \cdot \overrightarrow{AP}$ und $\vec{e}_2 = l \cdot \overrightarrow{AQ}$ mit $k, l \in \mathbb{R}^+$.
   Bestimmen Sie k, l und einen weiteren Vektor $\vec{e}_3$ so, dass $\vec{e}_1, \vec{e}_2, \vec{e}_3$ eine Orthonormalbasis des $\mathbb{R}^3$ bilden. (6 BE)

2. a) Welche Ebene der Schar E_t besitzt den größten Abstand vom Koordinatenursprung? (4 BE)

   b) Für welches $t \in \mathbb{R}$ ist E_t echt parallel zur Geraden AP? Diese zu AP parallele Ebene der Schar wird mit E bezeichnet. Zeigen Sie, dass der Punkt Q in E liegt.
   [Teilergebnis: $E = E_2$] (4 BE)

   c) Geben Sie eine Gleichung in Normalenform für die Ebene H an, in der die Punkte A, P und Q liegen.
   [mögliches Ergebnis: H: $2x_1 - 2x_2 + x_3 - 9 = 0$] (3 BE)

   d) Die Schnittgerade von H und E ist s. Begründen Sie, dass s parallel zu AP ist, und geben Sie eine Gleichung von s an. (4 BE)

3. a) Bestimmen Sie die Koordinaten der Punkte B und C in der Ebene E sowie des Punktes D auf der Strecke [AP] derart, dass das Viereck ABCD ein Quadrat ist, das in einer zu H senkrechten Ebene liegt.
   [Teilergebnis: $B(0|5|1)$, $C(-4|3|5)$] (7 BE)

   b) Legen Sie ein Schrägbild des Koordinatensystems an (ganze Seite, Ursprung in der Blattmitte) und tragen Sie das Quadrat ABCD, die Schnittgerade s sowie die Punkte P und Q ein.

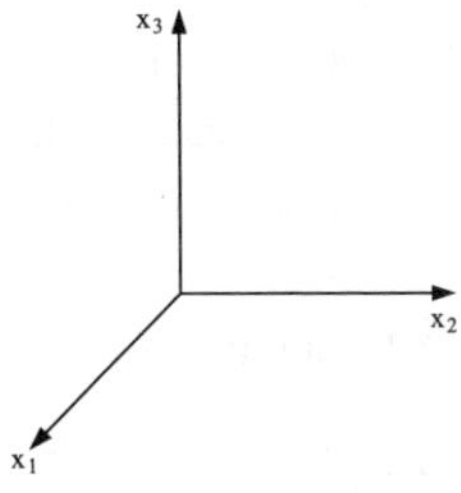

(4 BE)

4. Die Punkte A, B, Q, D und C bilden zusammen mit einem Punkt R ein Prisma mit der Grundfläche ABQ.

   a) Zeichnen Sie das Prisma in das Koordinatensystem von Aufgabe 3 b ein und begründen Sie, dass das Prisma gerade ist. (4 BE)

   b) Berechnen Sie das Volumen des Prismas. (4 BE)

(40 BE)

Lösungen

1. $\vec{e}_1 = k \cdot \begin{pmatrix} -6 \\ -3 \\ 6 \end{pmatrix} = k \cdot \begin{pmatrix} 2 \\ 1 \\ -2 \end{pmatrix} \qquad |\vec{e}_1| = 1 \quad \Rightarrow \quad \vec{e}_1 = \frac{1}{3}\begin{pmatrix} 2 \\ 1 \\ -2 \end{pmatrix}$

$\vec{e}_2 = l \cdot \begin{pmatrix} -3 \\ -6 \\ -6 \end{pmatrix} = l \cdot \begin{pmatrix} 1 \\ 2 \\ 2 \end{pmatrix} \qquad |\vec{e}_2| = 1 \quad \Rightarrow \quad \vec{e}_2 = \frac{1}{3}\begin{pmatrix} 1 \\ 2 \\ 2 \end{pmatrix}$

$\vec{e}_1 \circ \vec{e}_2 = \frac{1}{9}(2+2-4) = 0 \qquad \vec{e}_1 \perp \vec{e}_2$

$$\vec{e}_3 = m \cdot (\vec{e}_1 \times \vec{e}_2) = m \cdot \left[\begin{pmatrix} 2 \\ 1 \\ -2 \end{pmatrix} \times \begin{pmatrix} 1 \\ 2 \\ 2 \end{pmatrix}\right] = m \cdot \begin{pmatrix} 2+4 \\ -2-4 \\ 4-1 \end{pmatrix} = m \cdot \begin{pmatrix} 6 \\ -6 \\ 3 \end{pmatrix} = m \cdot \begin{pmatrix} 2 \\ -2 \\ 1 \end{pmatrix}$$

$|\vec{e}_3| = 1 \quad \Rightarrow \quad \vec{e}_3 = \frac{1}{3}\begin{pmatrix} 2 \\ -2 \\ 1 \end{pmatrix}$

2. a) $E_{t \text{ in HNF}}: \frac{1}{\sqrt{113+t^2}}(-8x_1 + tx_2 - 7x_3 - 3) = 0$

$d(E_t; 0) = \left| -\frac{3}{\sqrt{113+t^2}} \right|$ d ist maximal für $t = 0$

b) $\vec{u}_g \perp \vec{n}_E \quad \Rightarrow \begin{pmatrix} 2 \\ 1 \\ -2 \end{pmatrix} \circ \begin{pmatrix} 8 \\ -t \\ 7 \end{pmatrix} = 16 - t - 14 \overset{!}{=} 0 \qquad t = 2$

für $t = 2$ gilt $AP \parallel E_2$

$A \in E_2$? $\quad 8 \cdot 4 - 2 \cdot 1 + 7 \cdot 3 + 3 = 54 \neq 0 \quad \Rightarrow A \notin E_2$

also ist AP echt parallel zu $E_2 = E$

$Q \in E$? $\quad 8 \cdot 1 - 2 \cdot (-5) + 7 \cdot (-3) + 3 = 0 \;\Rightarrow\; Q \in E$

c) $\vec{n}_H = \overrightarrow{AP} \times \overrightarrow{AQ}$ also $\vec{n}_H \parallel \vec{e}_3$ (siehe 1) $\quad \vec{n}_H = \begin{pmatrix} 2 \\ -2 \\ 1 \end{pmatrix}$

$\begin{pmatrix} 2 \\ -2 \\ 1 \end{pmatrix} \circ \begin{pmatrix} 4 \\ 1 \\ 3 \end{pmatrix} = 8 - 2 + 3 = 9$

H: $2x_1 - 2x_2 + x_3 - 9 = 0$

d) anschaulich: $Q \in E$ und $Q \in H \Rightarrow Q \in s$

$AP \parallel E$ und $AP \subset H \Rightarrow s \parallel AP$

$s: \vec{x} = \begin{pmatrix} 1 \\ -5 \\ -3 \end{pmatrix} + \lambda \begin{pmatrix} 2 \\ 1 \\ -2 \end{pmatrix}$

rechnerisch: $H: \quad x_3 = 9 - 2x_1 + 2x_2$

$$H: \quad \vec{x} = \begin{pmatrix} 0 \\ 0 \\ 9 \end{pmatrix} + \lambda \begin{pmatrix} 1 \\ 0 \\ -2 \end{pmatrix} + \mu \begin{pmatrix} 0 \\ 1 \\ 2 \end{pmatrix} \qquad x;\mu \in \mathbb{R}$$

$$H \text{ in } E: \; 8\lambda - 2\mu + 63 - 14\lambda + 14\mu + 3 = 0$$
$$-6\lambda + 12\mu + 66 = 0$$
$$\lambda = 2\mu + 11$$

$$s: \quad \vec{x} = \begin{pmatrix} 0 \\ 0 \\ 9 \end{pmatrix} + (2\mu + 11) \begin{pmatrix} 1 \\ 0 \\ -2 \end{pmatrix} + \mu \begin{pmatrix} 0 \\ 1 \\ 2 \end{pmatrix}$$

$$\vec{x} = \begin{pmatrix} 0 \\ 0 \\ 9 \end{pmatrix} + \begin{pmatrix} 11 \\ 0 \\ -22 \end{pmatrix} + \mu \begin{pmatrix} 0 \\ 1 \\ 2 \end{pmatrix} + \mu \begin{pmatrix} 2 \\ 0 \\ -4 \end{pmatrix}$$

$$\vec{x} = \begin{pmatrix} 11 \\ 0 \\ -13 \end{pmatrix} + \mu \underbrace{\begin{pmatrix} 2 \\ 1 \\ -2 \end{pmatrix}}_{=\overrightarrow{AP}} \qquad \text{also } s \parallel AP$$

3. a) A und $D \in H$ und $E(ABCD) \perp H \Rightarrow \overrightarrow{AB} \parallel \vec{n}_H$

$$AB: \; \vec{x} = \begin{pmatrix} 4 \\ 1 \\ 3 \end{pmatrix} + \lambda \begin{pmatrix} 2 \\ -2 \\ 1 \end{pmatrix}$$

$$AB \cap E = \{B\}: \quad 8(4 + 2\lambda) - 2(1 - 2\lambda) + 7(3 + \lambda) + 3 = 0$$
$$32 + 16\lambda - 2 + 4\lambda + 21 + 7\lambda + 3 = 0$$
$$54 + 27\lambda = 0$$
$$\lambda = -2$$
$$B(0|5|1)$$

$$\left|\overrightarrow{AB}\right| = \left|\overrightarrow{AD}\right|: \quad \left|\overrightarrow{AB}\right| = \sqrt{16 + 16 + 4} = 6$$

$$\vec{D} = \vec{A} \pm 6 \cdot \overrightarrow{AP} = \begin{pmatrix} 4 \\ 1 \\ 3 \end{pmatrix} \pm 6 \cdot \frac{1}{3} \begin{pmatrix} 2 \\ 1 \\ -2 \end{pmatrix}$$

$$D_1(8|3|-1) \qquad D_2(0|-1|7)$$

$$\vec{C} = \vec{D} + \overrightarrow{AB}: \quad \vec{C_1} = \begin{pmatrix} 8 \\ 3 \\ -1 \end{pmatrix} + \begin{pmatrix} -4 \\ 4 \\ -2 \end{pmatrix} = \begin{pmatrix} 4 \\ 7 \\ -3 \end{pmatrix} \qquad \vec{C_2} = \begin{pmatrix} 0 \\ -1 \\ 7 \end{pmatrix} + \begin{pmatrix} -4 \\ 4 \\ -2 \end{pmatrix} = \begin{pmatrix} -4 \\ 3 \\ 5 \end{pmatrix}$$

wegen $D \in [AP]$ also $\lambda \in [-3; 0]$ in $\vec{x} = \begin{pmatrix} 4 \\ 3 \\ 1 \end{pmatrix} + \lambda \begin{pmatrix} 2 \\ 1 \\ -2 \end{pmatrix}$ gelten nur D_2 und C_2

b) A(4 | 1 | 3)
B(0 | 5 | 1)
C(–4 | 3 | 5)
D(0 | –1 | 7)
P(–2 | –2 | 9)
Q(1 | –5 | –3)
R(–3 | –7 | 1)

Seitenfläche ADRQ liegt in H
Seitenfläche BCRQ liegt in E

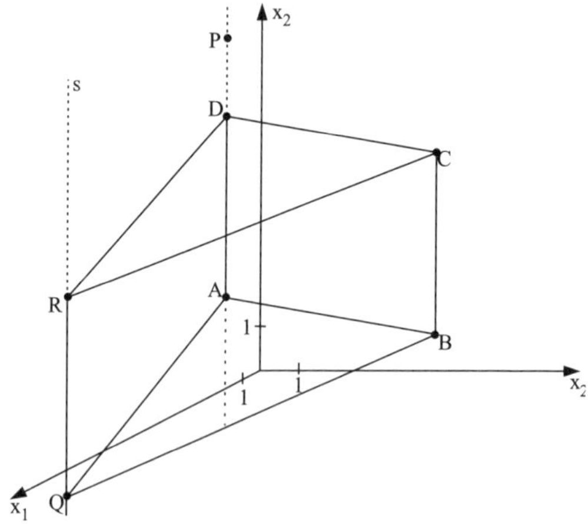

4. a) $\overrightarrow{AD} \perp \overrightarrow{AB}$, da $\begin{pmatrix} -4 \\ -2 \\ 4 \end{pmatrix} \circ \begin{pmatrix} -4 \\ 4 \\ -2 \end{pmatrix} = 16 - 8 - 8 = 0$

$\Rightarrow$ AD $\perp$ Grundfläche ABQ $\Rightarrow$ gerades Prisma

$\overrightarrow{AD} \perp \overrightarrow{AQ}$, da $\begin{pmatrix} -4 \\ -2 \\ 4 \end{pmatrix} \circ \begin{pmatrix} -3 \\ -6 \\ -6 \end{pmatrix} = 12 + 12 - 24 = 0$

b) $V = \frac{1}{2} \left| \overrightarrow{AB}\ \overrightarrow{AQ}\ \overrightarrow{AD} \right| = \frac{1}{2} \begin{vmatrix} -4 & -3 & -4 \\ 4 & -6 & -2 \\ -2 & -6 & 4 \end{vmatrix} = \frac{1}{2} \left| (96 - 12 + 96 + 48 + 48 + 48) \right| = 162$

Leistungskurs Mathematik (Bayern): Abiturprüfung 2000
Analytische Geometrie VI

In einem kartesischen Koordinatensystem des $\mathbb{R}^3$ sind die Punkte A(10 | 0 | 0), B(0 | 10 | 0) und die Ebenenschar H_a: $ax_1 - x_3 = 0$, $a \in \mathbb{R}^+$ gegeben. F_a ist der Fußpunkt des von A aus auf die Ebene H_a gefällten Lots. Der Lotfußpunkt F_a, der Koordinatenursprung O und die Punkte A und B bilden die Ecken des Tetraeders $OABF_a$. Dieses Tetraeder ist nicht regulär, d. h., die Kanten sind nicht alle gleich lang.

1. a) Begründen Sie, dass alle Ebenen H_a die x_2-Achsen enthalten.
   Welche Ebene erhält man für $a \to +\infty$? (4 BE)

   b) Berechnen Sie die Koordinaten von F_a.
   [Ergebnis: $F_a\left(\frac{10}{1+a^2} \,\middle|\, 0 \,\middle|\, \frac{10a}{1+a^2}\right)$] (5 BE)

   c) Zeichnen Sie das Tetraeder $OABF_a$ für a = 2 in ein Schrägbild des Koordinatensystems ein (Querformat, Ursprung in der Blattmitte). (3 BE)

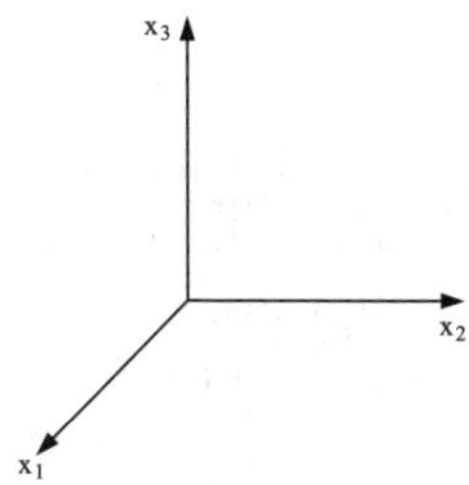

   d) Begründen Sie, dass alle Seitenflächen des Tetraeders $OABF_a$ rechtwinklige Dreiecke sind. (4 BE)

   e) Bestimmen Sie den Umkreismittelpunkt M des (rechtwinkligen!) Dreiecks OAB. Begründen Sie ohne Rechnung, dass M auch Mittelpunkt der Kugel ist, auf der alle Ecken des Tetraeders $OABF_a$ liegen. Geben Sie eine Gleichung dieser Kugel an. (7 BE)

2. a) Berechnen Sie das Tetraedervolumen V_a und begründen Sie, dass es ein $a \in \mathbb{R}^+$ gibt, für das V_a maximal wird. (6 BE)

   b) Bestimmen Sie die Gleichung derjenigen Ebene H_a, die den Mittelpunkt N der Strecke [AF_2] enthält. Diese Ebene schneidet das Tetraeder $OABF_2$ und zerlegt es in zwei Teilkörper. Kennzeichnen Sie die entstandene Schnittfläche im Schrägbild aus Teilaufgabe 1 c.
   Bestimmen Sie das Verhältnis, in dem die Volumina der beiden Teilkörper stehen. (7 BE)

   c) In welchem Verhältnis teilt die Ebene $H_{\frac{1}{3}}$ den Winkel zwischen den an der Kante [OB] zusammenstoßenden Seitenflächen des Tetraeders $OABF_2$? (4 BE)

(40 BE)

Lösungen

1. a) $\vec{n}_H = \begin{pmatrix} a \\ 0 \\ -1 \end{pmatrix}$

also sind alle Ebenen H_a parallel zur x_2-Achse. Da der Ursprung in allen Ebenen H_a enthalten ist, müssen alle Ebenen H_a die x_2-Achse enthalten.

Für $a \to \infty$ wird $\vec{n}_H$ auch noch senkrecht zur x_3-Achse, also wird H_a zur x_2-x_3-Ebene.

b) $l:\ \vec{x} = \begin{pmatrix} 10 \\ 0 \\ 0 \end{pmatrix} + \lambda \begin{pmatrix} a \\ 0 \\ -1 \end{pmatrix}$

$l \cap H_a:\ a(10 + \lambda a) + \lambda = 0$

$10a + \lambda a^2 + \lambda = 0$

$\lambda(a^2 + 1) = -10a \qquad \lambda = \dfrac{-10a}{a^2+1}$

$F_a\left(10 - \dfrac{10a^2}{a^2+1} \middle| 0 \middle| \dfrac{10a}{a^2+1}\right)$

$F_a\left(\dfrac{10}{a^2+1} \middle| 0 \middle| \dfrac{10a}{a^2+1}\right)$

c)

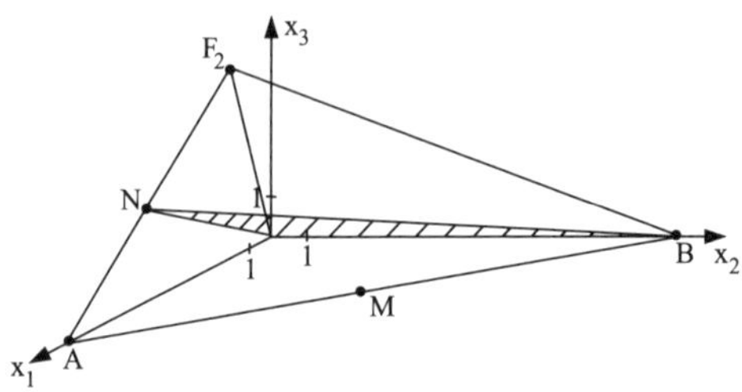

A(10|0|0)
B(0|10|0)
F_2(2|0|4)
M(5|5|0)
N(6|0|2)

d) ΔOAB in der x_1-x_2-Ebene — rechter Winkel bei O

ΔOF_2A in der x_1-x_3-Ebene — rechter Winkel bei F_2, da

$$\overrightarrow{F_2A} \circ \overrightarrow{F_2O} = \begin{pmatrix} 8 \\ 0 \\ -4 \end{pmatrix} \circ \begin{pmatrix} -2 \\ 0 \\ -4 \end{pmatrix} = -16 + 16 = 0$$

ΔOBF_2 in Ebene H_2 — rechter Winkel bei 0, da

$$\overrightarrow{OF_2} \circ \overrightarrow{OB} = \begin{pmatrix} 2 \\ 0 \\ 4 \end{pmatrix} \circ \begin{pmatrix} 0 \\ 10 \\ 0 \end{pmatrix} = 0$$

ΔABF_2 rechter Winkel bei F_2, da

$$\overrightarrow{F_2A} \circ \overrightarrow{F_2B} = \begin{pmatrix} 8 \\ 0 \\ -4 \end{pmatrix} \circ \begin{pmatrix} -2 \\ 10 \\ -4 \end{pmatrix} = -16 + 16 = 0$$

e) Da ΔOAB rechtwinklig ist, ist der Umkreismittelpunkt der Mittelpunkt der Hypotenuse (Thaleskreis!), also $M = M_{AB}(5|5|0)$

$[AB]$ ist auch Hypotenuse des ΔABF_2, also ist M auch Mittelpunkt des Thaleskreises der durch F_2 geht.

Somit sind A, B, O und F_2 von M gleich weit entfernt, also ist M auch Mittelpunkt der Kugel, auf der A, B, O und F_2 liegen.

$r = \left|\overrightarrow{OM}\right| = \sqrt{25+25} = 5\sqrt{2}$

Kugel: $(x_1 - 5)^2 + (x_2 - 5)^2 + x_3^2 = 50$

2. a) $$V_a = \frac{1}{6} \left| \overrightarrow{OA}\ \overrightarrow{OB}\ \overrightarrow{OF_a} \right| = \frac{1}{6} \begin{vmatrix} 10 & 0 & \frac{10}{a^2+1} \\ 0 & 10 & 0 \\ 0 & 0 & \frac{10a}{a^2+1} \end{vmatrix} = \frac{1}{6} \cdot \frac{1000a}{a^2+1} = \frac{500}{3} \cdot \frac{a}{a^2+1}$$

$$V_a' = \frac{500}{3} \cdot \frac{a^2+1-a \cdot 2a}{(a^2+1)^2} = \frac{500}{3} \cdot \frac{-a^2+1}{(a^2+1)^2}$$

$$V_a'' = \frac{500}{3} \cdot \frac{2a^3-6a}{(a^2+1)^3}$$

$$\left.\begin{aligned} &V_a' = 0 \quad \text{für } a = 1 \\ &V_1'' = \frac{500}{3} \cdot \frac{-4}{8} < 0 \end{aligned}\right\} V_1 \text{ ist maximal}$$

b) $$\vec{N} = \frac{1}{2}\left(\vec{A} + \vec{F}_2\right) = \begin{pmatrix} 6 \\ 0 \\ 2 \end{pmatrix}$$

$N \in H_a$: $\quad 6a - 2 = 0 \quad a = \frac{1}{3}$

$$V_{OABN} = \frac{1}{6} \begin{vmatrix} 10 & 0 & 6 \\ 0 & 10 & 0 \\ 0 & 0 & 2 \end{vmatrix} = \frac{1}{6} \cdot 200 = \frac{100}{3}$$

$$V_{OABF_2} = V_2 = \frac{500}{3} \cdot \frac{2}{4+1} = \frac{200}{3}$$

$$V_{ONBF_2} = V_{OABF_2} - V_{OABN} = \frac{100}{3}$$

$$V_{OABN} : V_{ONBF_2} = \frac{100}{3} : \frac{100}{3} = 1:1$$

Die Ebene halbiert den Körper.

c) $H_{\frac{1}{3}}$: $\frac{1}{3}x_1 - x_3 = 0$ oder $x_1 - 3x_3 = 0$

$E_{OAB} = x_1$-x_2-Ebene: $x_3 = 0$

$E_{OAF_2} = H_2$: $2x_1 - x_3 = 0$

$\alpha = \measuredangle(x_1\text{-}x_2\text{-Ebene}; H_{\frac{1}{3}})$ $\cos\alpha = \left|\frac{\begin{pmatrix}0\\0\\1\end{pmatrix}\circ\begin{pmatrix}1\\0\\-3\end{pmatrix}}{1\cdot\sqrt{10}}\right| = \frac{3}{\sqrt{10}}$

$\alpha \approx 18{,}4^\circ$

$\beta = \measuredangle(H_{\frac{1}{3}}; H_2)$ $\cos\beta = \left|\frac{\begin{pmatrix}1\\0\\-3\end{pmatrix}\circ\begin{pmatrix}2\\0\\-1\end{pmatrix}}{\sqrt{10}\cdot\sqrt{5}}\right| = \frac{5}{\sqrt{50}}$

$\beta = 45^\circ$

$\gamma = \measuredangle(x_1\text{-}x_2\text{-Ebene}; H_2) = \alpha + \beta \approx 63{,}4^\circ$

$\alpha : \beta \approx 18{,}4^\circ : 45^\circ = 92 : 225 \approx 0{,}409$

Leistungskurs Mathematik (Bayern): Abiturprüfung 2001
Infinitesimalrechnung I

Gegeben ist die Schar der Funktionen f_k: $x \mapsto \ln\left(\frac{x}{k}+\frac{k}{x}\right)$ mit $k \in \mathbb{R}^+$ und

Definitionsmenge $D_k = \mathbb{R}^+$. Der Graph von f_k wird mit G_k bezeichnet.

1. a) Bestimmen Sie das Verhalten von f_k an den Rändern von D_k (2BE)

   b) Bestätigen Sie, dass gilt: $f_k'(x) = \frac{x^2-k^2}{x\cdot(x^2+k^2)}$

   Ermitteln Sie Art und Lage des Extrempunkts von G_k. (6 BE)

   c) Berechnen Sie für $k \neq 1$ die Koordinaten des Schnittpunktes $S_k(x_s \mid y_s)$ von G_1 und G_k in Abhängigkeit von k. [Teilergebnis: $x_s = \sqrt{k}$] (4 BE)

   d) Zeichnen Sie die Graphen G_1 und G_4. Berechnen Sie dazu die Funktionswerte an geeigneten Stellen und berücksichtigen Sie alle bisherigen Ergebnisse. (5 BE)

2. a) Zeigen Sie, dass gilt: $f_1'(x_s)+f_k'(x_s)=0$ (mit x_s aus Teilaufgabe 1c). (3 BE)

   b) Die Tangenten t_1 und t_k an die Graphen G_1 und G_k im Punkt S_k begrenzen zusammen mit der x-Achse ein Dreieck. Begründen Sie, dass dieses Dreieck gleichschenklig ist. Berechnen Sie für k = 4 die Innenwinkel des Dreiecks (auf eine Dezimale gerundet). (6 BE)

3 Für $x \in]0; 1]$ gilt die Ungleichungskette: $-\ln x \leq f_1(x) \leq \ln(x+1) - \ln x$ (Nachweis nicht erforderlich)

   a) Der Graph G_1, die Koordinatenachsen und die Gerade mit der Gleichung x = 1 begrenzen ein sich ins Unendliche erstreckendes Flächenstück J. Zeigen Sie mit Hilfe obiger Ungleichungskette, dass J einen endlichen Inhalt hat, dessen Wert in [1; 2ln2] liegt.
   (Hinweis: $\lim\limits_{x\to 0} x \ln x = 0$ kann ohne Nachweis verwendet werden.) (8 BE)

   b) Gegeben ist die Integralfunktion F: $x \mapsto \int_1^x f_1(t)\,dt$ mit $x \in \mathbb{R}^+$.

   Der Graph von F wird mit G_F bezeichnet. In einem der folgenden Diagramme ist G_F richtig gezeichnet. Geben Sie für jedes der anderen Diagramme einen Grund an, warum es sich nicht um G_F handeln kann. (6 BE)

(40 BE)

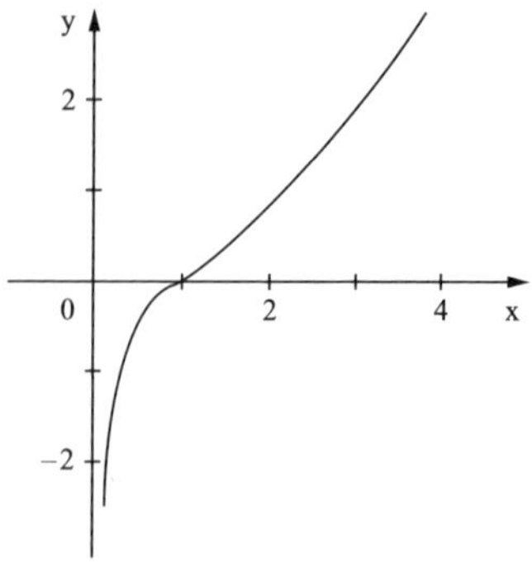

Diagramm 1

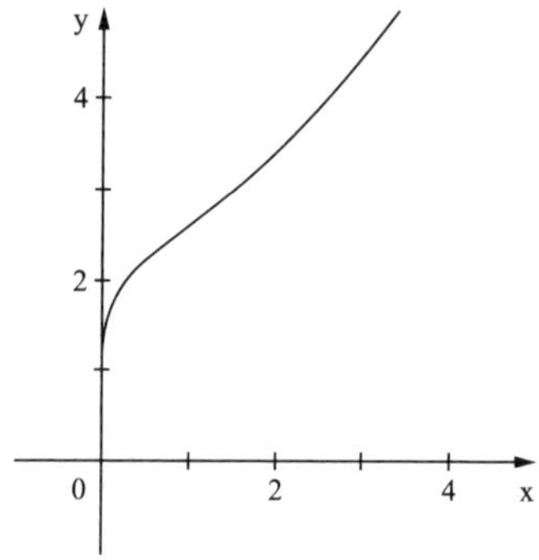

Diagramm 2

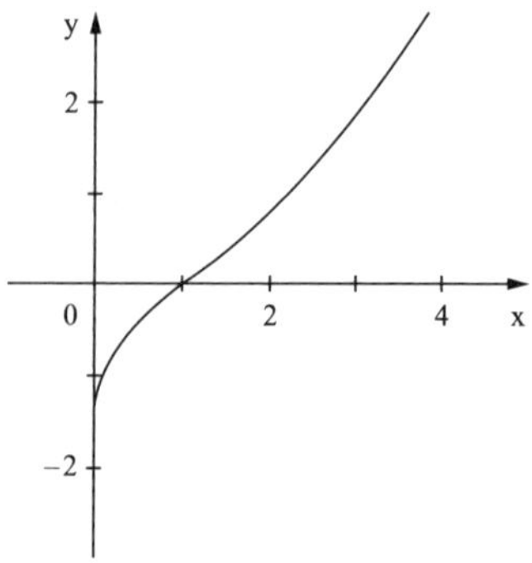

Diagramm 3

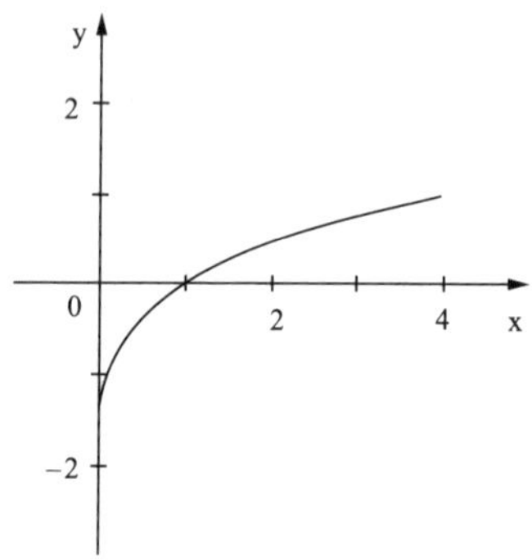

Diagramm 4

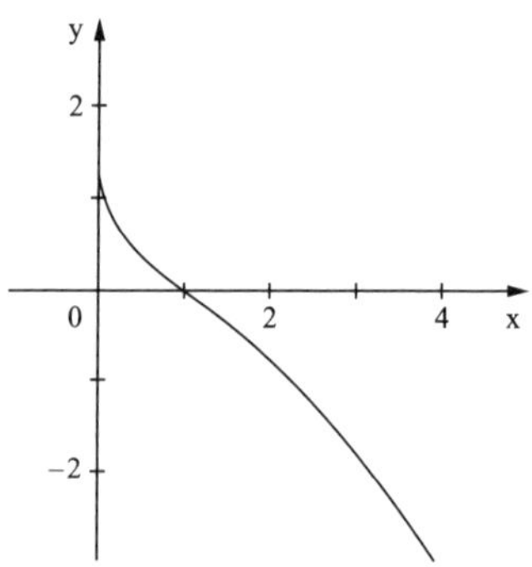

Diagramm 5

Lösungen

1. a) $f_k(x) = \ln\left(\frac{x}{k} + \frac{k}{x}\right) = \ln\frac{x^2 + k^2}{kx}$ $\qquad k \in \mathbb{R}^+ \qquad D_k = \mathbb{R}^+$

$$\lim_{x \to 0^+} f_k(x) = \ln\frac{k^2}{0} = \text{"}\ln(+\infty) = +\infty\text{"}$$

$$\lim_{x \to \infty} f_k(x) = \ln \underbrace{\lim_{x \to \infty}\frac{x^2 + k^2}{kx}}_{=+\infty \text{ da Grad Zähler > Grad Nenner}} = \text{"}\ln(+\infty)\text{"} = +\infty$$

b) $f_k'(x) = \frac{kx}{x^2 + k^2} \cdot \frac{2x \cdot kx - (x^2 + k^2) \cdot k}{(kx)^2} = \frac{2kx^2 - kx^2 - k^3}{(x^2 + k^2)kx} = \frac{x^2 - k^2}{x(x^2 + k^2)}$

$x(x^2 + k^2) > 0$ da $x \in \mathbb{R}^+$
$x^2 - k^2 > 0$ für $x > k$ ($k \in \mathbb{R}^+$!)
$x^2 - k^2 < 0$ für $x < k$ ($k \in \mathbb{R}^+$!)

$G_k \begin{cases} \text{streng. mon. fallend in }]0; k[\\ \text{streng. mon. steigend in }]k; +\infty[\end{cases}$

Min $(k/\ln 2)$

c) $f_1(x) = \ln\frac{x^2 + 1}{x}$

$G_1 \cap G_k$:
$$\ln\frac{x^2 + 1}{x} = \ln\frac{x^2 + k^2}{kx}$$
$$\frac{x^2 + 1}{x} = \frac{x^2 + k^2}{kx}$$
$$kx^2 + k = x^2 + k^2$$
$$x^2(k - 1) = k^2 - k$$
$$x^2 = k$$
$$x = \sqrt{k}$$
$$S\left(\sqrt{k} \,\middle|\, \ln\frac{1 + k}{\sqrt{k}}\right)$$

d) $f_1(x) = \ln \frac{x^2+1}{x}$

Min (1/ln 2)

$f_4(x) = \ln \frac{x^2+16}{4x}$

Min (4/ ln 2)

$S\left(2 \,\middle|\, \ln\frac{5}{2}\right)$

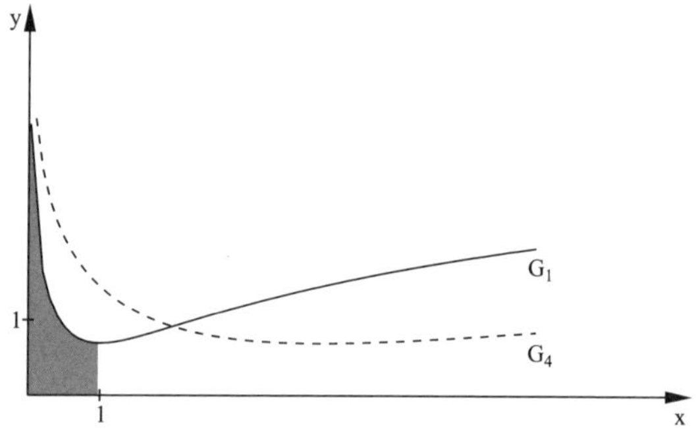

$f_1\left(\frac{1}{2}\right) = \ln\frac{5}{2}$ $\quad f_4\left(\frac{1}{2}\right) = \ln\frac{65}{8}$

$f_1(4) = \ln\frac{17}{4}$ $\quad f_4(1) = \ln\frac{17}{4}$

$f_1(6) = \ln\frac{37}{6}$ $\quad f_4(6) = \ln\frac{52}{24}$

2. a) $f_1'(x) = \frac{x^2-1}{x(x^2+1)}$

$f_1'(\sqrt{k}) = \frac{k-1}{\sqrt{k}(k+1)}$

$f_k'(\sqrt{k}) = \frac{k-k^2}{\sqrt{k}(k+k^2)} = \frac{1-k}{\sqrt{k}(1+k)} = -\frac{k-1}{\sqrt{k}(k+1)}$

$\frac{k-1}{\sqrt{k}(k+1)} - \frac{k-1}{\sqrt{k}(k+1)} = 0$

b) Aus $f_1'(\sqrt{k}) = -f_k'(\sqrt{k})$ folgt $\tan\alpha = -\tan\beta^*$ also $\alpha = 180° - \beta^*$, somit ist das ΔABS_k gleichschenklig mit der Basis [AB]

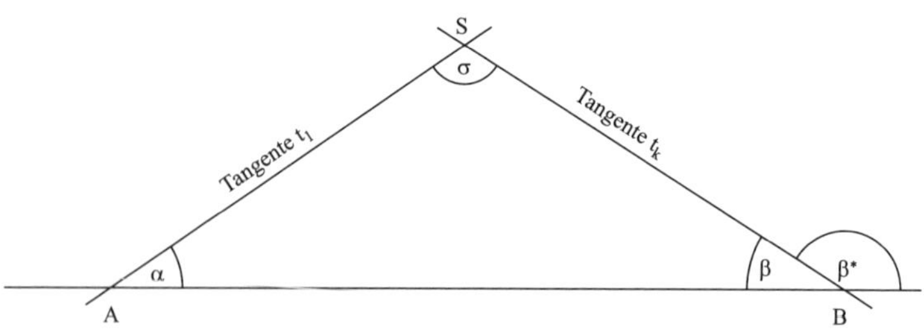

$\tan\alpha = f_1'(\sqrt{4}) = \frac{3}{2\cdot 5} \quad \Rightarrow \alpha = 16{,}7°$

$\tan\beta^* = f_4'(\sqrt{4}) = -\frac{3}{2\cdot 5} \Rightarrow \beta^* = 163{,}3° \Rightarrow \beta = 16{,}7°$ **oder** $\alpha = \beta$ (siehe oben)

somit $\sigma = 146{,}6°$

3\. a) $J = \lim\limits_{a \to 0} \int\limits_a^1 \ln \frac{x^2+1}{x} dx$ (siehe graue Fläche bei 1 d)

$$\int \ln x \, dx = -x + x \ln x + c$$

also:

$$\lim_{a \to 0} \int_a^1 -\ln x \, dx = \lim_{a \to 0} [x - x \ln x]_a^1 = \lim_{a \to 0} [1 - \ln 1 - a + a \ln a] = 1 - 0 - 0 + 0 = 1$$

$$\lim_{a \to 0} \int_a^1 [\ln(x+1) - \ln x] \, dx = \lim_{a \to 0} [-(x+1) + (x+1) \ln (x+1) + x - x \ln x]_a^1$$

$$= \lim_{a \to 0} [-2 + 2 \ln 2 + 1 - \ln 1 + (a+1) - (a+1) \ln (a+1) - a + a \ln a]$$

$$= -2 + 2 \ln 2 + 1 - 0 + (0+1) - \ln 1 - 0 + 0 = 2 \ln 2$$

somit $1 \leq J \leq 2 \ln 2$

b) $F(x) = \int\limits_1^x f_1(t) \, dt$

Es muss gelten $F(1) = 0$ (obere Grenze = untere Grenze), somit scheidet Diagramm 2 aus.
Da $f_1(t)$ nur positive Funktionswerte besitzt, muss gelten $F(x) > 0$ für $x > 1$ und $F(x) < 0$ für $0 < x < 1$, somit scheidet Diagramm 5 aus.
Aufgrund des Ergebnisses von Aufgabe 3a ist $\lim\limits_{x \to 0} F(x)$ endlich, somit scheidet Diagramm 1 aus.
Da $f_1(t)$ für $t = 1$ einen Extremwert besitzt, muss $F(x)$ für $x = 1$ einen Wendepunkt haben, somit scheidet Diagramm 4 aus.
Diagramm 3 zeigt den Graphen G_F.

Schöner

Leistungskurs Mathematik (Bayern): Abiturprüfung 2001
Infinitesimalrechnung II

Gegeben ist die Schar der Funktionen g_k: $x \mapsto kx \cdot \sqrt{4-kx}$ mit $k \in \mathbb{R}^+$ und maximaler Definitionsmenge D_k. Der Graph von g_k wird mit G_k bezeichnet.

1. a) Bestimmen Sie D_k, das Verhalten von g_k an den Rändern von D_k und die Nullstellen von g_k. (4 BE)

   b) Bestätigen Sie, dass im Inneren von D_k gilt: $g_k'(x) = \dfrac{k(8-3kx)}{2\sqrt{4-kx}}$.

   Bestimmen Sie den Kurvenpunkt mit horizontaler Tangente und berechnen Sie $g_k'(0)$. (6 BE)

   c) Begründen Sie ohne Verwendung der zweiten Ableitung, dass der in Aufgabe 1b ermittelte Kurvenpunkt Hochpunkt von G_k ist. Geben Sie die Wertemenge von g_k an. (4 BE)

   d) Untersuchen Sie das Verhalten von g_k' bei Annäherung an den rechten Rand von D_k. Zeichnen Sie $G_{0,5}$ und G_1 unter Verwendung der bisherigen Ergebnisse. (7 BE)

   e) G_k und die positive x-Achse schließen das Flächenstück A_k ein. Berechnen Sie das Volumen V_k des Rotationskörpers R_k der bei Rotation von A_k um die x-Achse entsteht.

   [Zur Kontrolle: $V_k = \dfrac{64}{3k}\pi$] (5 BE)

Der Graph H_k der Funktion h_k: $x \mapsto \sqrt{\dfrac{x \cdot (4-kx)}{k}}$ mit $k > 0$

und Definitionsmenge $[0; \frac{4}{k}]$ ist ein Halbkreis mit dem Mittelpunkt $(\frac{2}{k} \mid 0)$und dem Radius $\frac{2}{k}$. (Nachweis nicht erforderlich).

2. a) Zeichnen Sie $H_{0,5}$ und H_1 in das Koordinatensystem aus Teilaufgabe 1d ein. (2 BE)

   b) Zeigen Sie, dass für $k \leq 0,5$ die Graphen G_k und H_k genau zwei gemeinsame Punkte haben.
   [Hinweis: Ausschluss eines dritten Schnittpunktes für $k < 0,5$ durch Betrachtung der Definitionsmenge] (6 BE)

   c) Wenn H_k um die x-Achse rotiert, entsteht die Kugel K_k. Für $k \leq 0,5$ lässt sich aus dem Rohling K_k durch geeignetes Abschleifen der Rotationskörper R_k (vgl. Teilaufgabe 1e) herstellen.
   Begründen Sie, für welches k das Verhältnis der Volumina von R_k und K_k am günstigsten, also der Volumenanteil des Abfalls kleinstmöglich ist.
   Für welches k entstehen genau 50 % Abfall? (6 BE)

(40 BE)

Lösungen

1. a) $g_k(x) = kx \cdot \sqrt{4-kx} \qquad k \in \mathbb{R}^+$

$\mathbb{D}_k = \left]-\infty; \frac{4}{k}\right]$ da $4 - kx \geq 0$ gelten muss

$\lim\limits_{x \to -\infty} g_k(x) = "-\infty \cdot \infty" = -\infty$

$\lim\limits_{x \to \frac{4}{k}} g(x) = 4 \cdot 0 = 0$

NSt: $x = 0$ und $x = \frac{4}{k}$

b) $g_k'(x) = k \cdot \sqrt{4-kx} + kx \cdot \frac{1}{2\sqrt{4-kx}} \cdot (-k)$

$= \frac{2k(4-kx) - k^2x}{2\sqrt{4-kx}} = \frac{8k - 3k^2x}{2\sqrt{4-kx}}$

$= \frac{k(8-3kx)}{2\sqrt{4-kx}}$

$g_k'(x) = 0 \quad \Rightarrow \quad 8 - 3kx = 0 \quad \Rightarrow \quad x = \frac{8}{3k}$

horizontale Tangente in $\left(\frac{8}{3k} \middle| \frac{16\sqrt{3}}{9}\right)$

$g_k'(0) = \frac{8k}{4} = 2k$

c) $g_k'(x) > 0$ für $x < \frac{8}{3k} \qquad \Rightarrow \qquad G_k$ streng monoton steigend in $\left]-\infty; \frac{8}{3k}\right[$

$g_k'(x) < 0$ für $\frac{8}{3k} < x < \frac{4}{k} \qquad \Rightarrow \qquad G_k$ streng monoton fallend in $\left]\frac{8}{3k}; \frac{4}{k}\right[$

$\Rightarrow \left(\frac{8}{3k} \middle| \frac{16\sqrt{3}}{9}\right)$ ist Hochpunkt

$\mathbb{W} = \left]-\infty; \frac{16\sqrt{3}}{9}\right]$ (siehe auch 1 a)

d) $\lim\limits_{\substack{x \to \frac{4}{k} \\ <}} g_k'(x) = "\frac{-4k}{2 \cdot 0}" = -\infty$

$g_{0,5}(x) = \frac{x}{2} \cdot \sqrt{4 - \frac{x}{2}}$

NSt: $x = 0$; $x = 8$

HP: $\left(\frac{16}{3} \middle| \frac{16\sqrt{3}}{9} \right)$

$g_{0,5}'(0) = 1 \quad \Rightarrow \quad t\colon\ y = x$

$D =]-\infty; 8]$

$g_1 = x\ \sqrt{4 - x}$

NSt: $x = 0$; $x = 4$

HP: $\left(\frac{8}{3} \middle| \frac{16\sqrt{3}}{9} \right)$

$g_1'(0) = 2 \quad \Rightarrow \quad t\colon\ y = 2x$

$D =]-\infty; 4]$

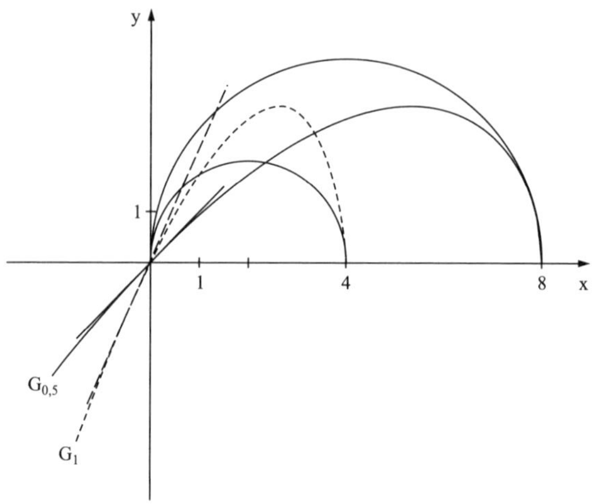

e) $V = \pi \int\limits_0^{\frac{4}{k}} [g_k(x)]^2\, dx = \pi \int\limits_0^{\frac{4}{k}} k^2 x^2 (4 - kx) dx$

$= \pi \int\limits_0^{\frac{4}{k}} (4k^2x^2 - k^3x^3)\, dx = \pi \left[\frac{4}{3} k^2 x^3 - \frac{1}{4} k^3 x^4 \right]_0^{\frac{4}{k}}$

$= \pi \left(\frac{256}{3k} - \frac{64}{k} \right) = \pi \cdot \frac{64}{3k}$

2. a) siehe 1 d

b) $g_k(x) = h_k(x)$ sicher erfüllt für $x = 0$ und $x = \frac{4}{k}$

$$kx \cdot \sqrt{4-kx} = \sqrt{\frac{x(4-kx)}{k}}$$

$$k^2x^2(4-kx) = \frac{x}{k}(4-kx) \quad \Rightarrow \quad x_1 = 0; \quad x_2 = \frac{4}{k}$$

$$k^2x = \frac{1}{k}$$

$$x = \frac{1}{k^3}$$

wegen $\frac{1}{k^3} \leq \frac{4}{k}$ (wegen der Definitionsmenge) also $\frac{1}{4} \leq k^2$ also $k > 0{,}5$ existiert dieser

dritte Schnittpunkt **nicht** für $k < 0{,}5$ und fällt für $k = 0{,}5$ mit $x = \frac{4}{k}$ zusammen.

c) $V_{Kugel} = \frac{4}{3}\left(\frac{2}{k}\right)^3 \pi = \frac{32}{3k^3}\pi$

$$V_{Abfall} = V_{Kugel} - V_{R_k} = \frac{32}{3k^3}\pi - \frac{64}{3k}\pi = \frac{32-64k^2}{3k^3}\pi = \frac{1-2k^2}{3k^3} \cdot 32\pi$$

$$\text{Volumenanteil des Abfalls} = \frac{V_{Abfall}}{V_{Kugel}} = \frac{\frac{1-2k^2}{3k^3} \cdot 32\pi}{\frac{32}{3k^3}\pi} = 1-2k^2$$

Volumenanteil des Abfalls = $VA(k) = 1 - 2k^2$ mit $k \in \,]0; 0{,}5]$

$VA(k) = 1 - 2k^2$ hat im Intervall $]0; 0{,}5]$ den kleinsten Wert für $k = 0{,}5$

$VA(k) = 50\,\% \Rightarrow 1 - 2k^2 = 0{,}5$
$\Rightarrow k^2 = 0{,}25$
$\Rightarrow k = 0{,}5$

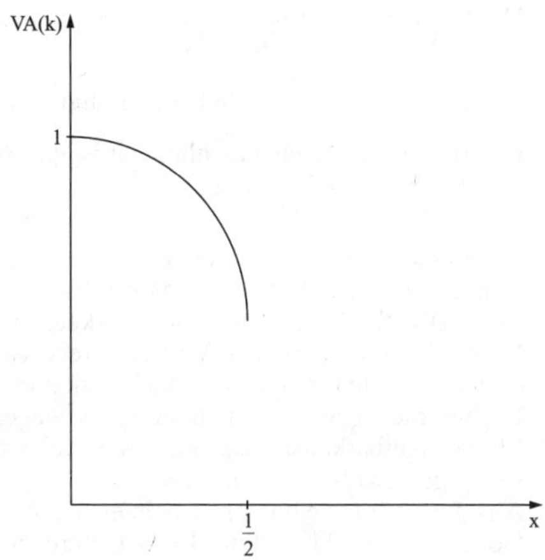

Leistungskurs Mathematik (Bayern): Abiturprüfung 2001
Wahrscheinlichkeitsrechnung / Statistik III

In einem Supermarkt werden Joghurtbecher angeboten. Die Lieferung der Becher erfolgt auf Paletten zu je 200 Stück. Langjährige Erfahrung zeigt: Ein Becher wird mit einer Wahrscheinlichkeit von 85 % regulär verkauft. Die Wahrscheinlichkeit, dass ein Becher bis zum Ablauf des Mindesthaltbarkeitsdatums nicht verkauft werden kann und danach zu einem Sonderpreis angeboten werden muss, ist 10 %. Die Wahrscheinlichkeit, dass ein Becher beschädigt und somit unverkäuflich ist, beträgt 5 %.

1. Wie groß ist die Wahrscheinlichkeit dafür, dass von einer Palette mehr als 175 Becher regulär verkauft werden? (2 BE)

2. Bestimmen Sie die kleinste Anzahl von Paletten, so dass sich darunter mit einer Wahrscheinlichkeit von mehr als 98 % wenigstens eine Palette befindet, von der höchstens 6 Becher wegen Beschädigung unverkäuflich sind. (6 BE)

3. Unter 40 Joghurtbechern befinden sich genau 4 beschädigte. Die Becher stehen in rein zufälliger Anordnung in 4 Reihen zu je 10 Bechern in einem Regal.

   a) Mit welcher Wahrscheinlichkeit befinden sich alle beschädigten Becher in der hintersten Reihe? (3 BE)

   b) Mit welcher Wahrscheinlichkeit befindet sich in jeder Reihe genau ein beschädigter Becher? (4 BE)

4. Die beschädigten Becher weisen ausschließlich folgende Schäden auf
   E: „Aludeckel eingedrückt“ oder
   G: „Becher gebrochen“.
   Der Schaden E tritt bei 4 % aller Becher, der Schaden G bei 40 % der beschädigten Becher auf.

   a) Ermitteln Sie, ob die Schäden E und G unabhängig voneinander auftreten. (5 BE)

   b) Mit welcher Wahrscheinlichkeit ist ein Becher, dessen Deckel eingedrückt ist, gebrochen? (2 BE)

5. Bei einem regulär verkauften Becher beträgt die Differenz aus Verkaufs- und Einkaufspreis 22 Pf. Diejenigen Becher, die bis zum Ablauf des Mindesthaltbarkeitsdatums nicht verkauft werden konnten, werden für die Hälfte des ursprünglichen Verkaufspreises angeboten. Von diesen können dann erfahrungsgemäß 60 % doch noch verkauft werden. Für die Beseitigung der Becher, die wegen Beschädigung oder wegen Ablaufs des Mindesthaltbarkeitsdatums unverkäuflich sind, fallen keine zusätzlichen Entsorgungsgebühren an.
   Aus diesen Informationen errechnet sich für den Supermarkt im Mittel ein Gewinn an von 11,2 Pf pro Becher. Berechnen Sie den Einkaufspreis eines Bechers. (7 BE)

6. Der Supermarkt bezieht pro Jahr 50 Paletten Joghurtbecher. Schätzen Sie mithilfe der Tschebyschow-Ungleichung die Wahrscheinlichkeit dafür ab, dass der Anteil der in einem Jahr regulär verkauften Joghurts von dem langjährigen Erfahrungswert 0,85 um weniger als 0,01 abweicht. (5 BE)

7. Der Supermarkt will seine Joghurtbecher von einer anderen Firma beziehen und erwartet dadurch weniger Beschädigungen. Die Nullhypothese „Die neuen Becher sind mindestens so anfällig gegen Beschädigungen wie die alten" soll auf der Basis von 1 000 Jogurtbechern und dem Signifikanzniveau 5 % getestet werden. Bestimmen Sie mit Hilfe der Normalverteilung als Näherung die Entscheidungsregel (6 BE)

(40 BE)

Lösungen

1. $P(Z > 175) = \sum_{i=176}^{200} B(200; 0{,}85; i) = 1 - 0{,}86318 = 0{,}13682$

2. $P(Z \le 6) = \sum_{i=0}^{6} B(200; 0{,}05; i) = 0{,}12374$

   $1 - (1 - 0{,}12374)^n > 0{,}98$

   $0{,}87626^n < 0{,}02$

   $n > \dfrac{\ln 0{,}02}{\ln 0{,}87626}$

   $n > 29{,}6$ mindestens 30 Paletten

3. a) $P = \dfrac{\binom{4}{4}\binom{36}{6}}{\binom{40}{10}} = 0{,}002298$ **oder** $P = \dfrac{\binom{10}{4}}{\binom{40}{4}} = 0{,}002298$

   b) $P = \dfrac{\binom{4}{1}\binom{36}{9}\binom{3}{1}\binom{27}{9}\binom{2}{1}\binom{18}{9}\binom{1}{1}\binom{9}{9}}{\binom{40}{10}\cdot\binom{30}{10}\cdot\binom{20}{10}\cdot\binom{10}{10}} = 0{,}10942$

   oder

   $P = \dfrac{10^4}{\binom{40}{4}} = 0{,}10942$

4. a) P(beschädigt) = 0,05 (siehe Anfangstext)
   $P(E) = 0{,}04$
   $P(G) = 0{,}05 \cdot 0{,}4 = 0{,}02$
   $P(\text{beschädigt}) = P(E) + P(G) - P(E \cap G)$
   $0{,}05 = 0{,}04 + 0{,}02 - P(E \cap G) \quad \Rightarrow \quad P(E \cap G) = 0{,}01$

$P(E) \cdot P(G) = 0{,}04 \cdot 0{,}02 = 0{,}0008 \neq 0{,}01$
$\Rightarrow$ E und G sind stochastisch abhängig

b) $P_E(G) = \frac{P(E \cap G)}{P(E)} = \frac{0{,}01}{0{,}04} = 0{,}25$

5. Einkaufspreis : x
   regulärer Verkaufspreis: $x + 22$ Pf
   reduzierter Verkaufspreis: $\frac{1}{2}(x + 22\,\text{Pf})$
   durchschnittlicher Verkaufspreis: $x + 11{,}2$ Pf
   $(x + 22\,\text{Pf}) \cdot 0{,}85 + \frac{1}{2}(x + 22\,\text{Pf}) \cdot 0{,}10 \cdot 0{,}60 = x + 11{,}2\,\text{Pf}$
   $0{,}85x + 18{,}7\,\text{Pf} + 0{,}03x + 0{,}66\,\text{Pf} = x + 11{,}2\,\text{Pf}$
   $8{,}16\,\text{Pf} = 0{,}12x \quad \Rightarrow \quad x = 68\,\text{Pf}$

6. $n = 50 \cdot 200 = 10000$
   $P\left(\left|\frac{k}{n} - 0{,}85\right| < 0{,}01\right) \geq 1 - \frac{0{,}85 \cdot 0{,}15}{0{,}01^2 \cdot 10000} = 1 - 0{,}1275 = 0{,}8725$

7.

	gegen p_0 0 … k	für p_0 k + 1 … 1000
$p_0 \geq 0{,}05$	$\leq 5\,\%$	

$\mu = 1000 \cdot 0{,}05 = 50$
$\sigma = \sqrt{1000 \cdot 0{,}05 \cdot 0{,}95}$
$= \sqrt{47{,}5}$

$$\Phi\left(\frac{k - 50 + 0{,}5}{\sqrt{47{,}5}}\right) \leq 0{,}05$$

$$\frac{k - 50 + 0{,}5}{\sqrt{47{,}5}} \leq -1{,}6449$$

$k \leq 38{,}2$

Ablehnung von p_0, wenn höchstens 38 Becher beschädigt sind.

Leistungskurs Mathematik (Bayern): Abiturprüfung 2001
Wahrscheinlichkeitsrechnung / Statistik IV

Ein Fitness-Studio hat 300 weibliche und 200 männliche Mitglieder.

1. 30 % der weiblichen Mitglieder sind älter als 50 Jahre. Ein Viertel der über 50-jährigen Mitglieder sind Männer. Mit welcher Wahrscheinlichkeit ist ein männliches Mitglied älter als 50 Jahre? (5 BE)

2. In jeder Woche verlost der Inhaber des Fitness-Studios eine Wochenendreise unter den Mitgliedern.

   a) Mit welcher Wahrscheinlichkeit gewinnen bei den nächsten 50 Verlosungen mehr Frauen als Männer? (3 BE)

   b) Wie oft muss die Verlosung mindestens durchgeführt werden, damit mit einer Wahrscheinlichkeit von mehr als 99,9 % wenigstens ein männliches Mitglied eine Wochenendreise gewinnt? (4 BE)

3. In einer Illustrierten wird behauptet, dass mindestens 20 % der Besucher von Fitness-Studios Mittel zu sich nehmen, mit denen sie gegen geltende Doping-Bestimmungen verstoßen würden. Spontan erklären sich alle Mitglieder des Fitness-Studios zu einem Test bereit. 200 Mitglieder werden rein zufällig dazu ausgewählt. Es soll angenommen werden, dass die so gewonnene Stichprobe repräsentativ für alle Besucher von Fitness-Studios ist.

   a) Die Nullhypothese H_0: „Mindestens 20 % nehmen Doping-Mittel" soll auf dem Signifikanzniveau 1 % getestet werden. Bestimmen Sie die Entscheidungsregel. (4 BE)

   b) Wie groß ist bei obiger Entscheidungsregel die Wahrscheinlichkeit dafür, dass man die Nullhypothese H_0 nicht ablehnen kann, obwohl nur 9 % der Besucher von Fitness-Studios Doping-Mittel verwenden. Verwenden Sie die Approximation der Binomialverteilung durch die Normalverteilung. (5 BE)

4. 12 neue Mitglieder haben sich angemeldet, darunter ein Ehepaar. Sie werden rein zufällig so auf drei verschiedene Übungsgruppen aufgeteilt, dass in die 1. Gruppe 4, in die 2. Gruppe 3 und in die 3. Gruppe 5 der neuen Mitglieder kommen.
   Mit welcher Wahrscheinlichkeit ist das Ehepaar zusammen in einer Gruppe? (5 BE)

5. Eine Zufallsgröße X hat die folgende Verteilung:

x	0	1	2	3	4	5
P(X = x)	0,11	0,32	0,35	0,12	a	b

   a) Wie groß sind die Werte a und b, wenn die Zufallsgröße X den Erwartungswert 1,8 hat?
   Berechnen Sie die Varianz und die Standardabweichung von X.
   [Zur Kontrolle: $\sigma \approx 1,2$] (5 BE)

Das der Zufallsgröße X zugrunde liegende Zufallsexperiment wird 500-mal unabhängig ausgeführt. Wir betrachten die Zufallsgröße $S = \sum_{i=1}^{500} X_i = X_1 + X_2 + ... + X_{500}$, wobei die X_i die gleiche Verteilung wie die Zufallsgröße X besitzen.

b) Schätzen Sie mit der Tschebyschow-Ungleichung die Wahrscheinlichkeit dafür ab, dass der Wert von S größer als 850 und kleiner als 950 ist. (4 BE)

c) Nach dem zentralen Grenzwertsatz ist die Zufallsgröße S nahezu normalverteilt. Berechnen Sie einen Näherungswert für die Wahrscheinlichkeit, die in Teilaufgabe 5b mit der Tschebyschow-Ungleichung abgeschätzt wurde. (5 BE)

(40 BE)

Lösungen

1. $P(♀) = 0{,}6 \qquad P(♂) = 0{,}4$
$P(♀ \cap > 50) = 0{,}6 \cdot 0{,}3 = 0{,}18$
$P_{>50}(♂) = 0{,}25$
$P_{♂}(> 50) = x$

$$P_{>50}(♂) = \frac{P(♂) \cdot P_{♂}(>50)}{P(>50)}$$

$$0{,}25 = \frac{0{,}4 \cdot x}{0{,}4 \cdot x + 0{,}6 \cdot 0{,}3}$$

$0{,}1x + 0{,}045 = 0{,}4x$
$x = 0{,}15$

2. a) $P = \sum_{i=0}^{24} B(50; 0{,}4; i) = 0{,}90219$

b) $1 - 0{,}6^n > 0{,}999$
$0{,}6^n < 0{,}001$

$$n > \frac{\ln 0{,}001}{\ln 0{,}6}$$

$n > 13{,}5$ mindestens 14 Verlosungen

3. a)

	gegen p_0 $0 \ldots k$	für p_0 $k+1 \ldots 200$
$p_0 \geq 0{,}2$	$\leq 1\,\%$	

$$\sum_{i=0}^{k} B(200; 0{,}2; i) \leq 0{,}01$$

Tabelle: $k = 26 \quad \overline{A} = [0; 26] \quad A = [27; 200]$ Ablehnung von p_0, wenn höchstens 26 „gedopt“ sind.

b) $\mu = 200 \cdot 0{,}09 = 18$
$\sigma = \sqrt{200 \cdot 0{,}09 \cdot 0{,}91} = \sqrt{16{,}38}$

$$P = 1 - \Phi\left(\frac{26 - 18 + 0{,}5}{\sqrt{16{,}38}}\right)$$

$$= 1 - \Phi(2{,}10) = 1 - 0{,}98214 = 0{,}01786$$

4. $|\Omega| = \binom{12}{4}\binom{8}{3}\binom{5}{5} = 27\,720$

$|E| = \binom{10}{2}\binom{8}{3}\binom{5}{5} + \binom{10}{4}\binom{6}{1}\binom{5}{5} + \binom{10}{4}\binom{6}{3}\binom{3}{3} = 7980$

$P = \frac{|E|}{|\Omega|} = 0{,}28788$

oder

$$P = \underbrace{\frac{4}{12}\cdot\frac{3}{11}}_{\text{in Gruppe 1}} + \underbrace{\frac{3}{12}\cdot\frac{2}{11}}_{\text{in Gruppe 2}} + \underbrace{\frac{5}{12}\cdot\frac{4}{11}}_{\text{in Gruppe 3}} = 0{,}28788$$

5. a) $0{,}11 + 0{,}32 + 0{,}35 + 0{,}12 + a + b = 1 \quad\Rightarrow\quad a + b = 0{,}1 \quad\Rightarrow\quad a = 0{,}1 - b$
$0 \cdot 0{,}11 + 1 \cdot 0{,}32 + 2 \cdot 0{,}35 + 3 \cdot 0{,}12 + 4 \cdot a + 5 \cdot b = 1{,}8 \quad\Rightarrow\quad 4a + 5b = 0{,}42$
$4(0{,}1 - b) + 5b = 0{,}42$
$b = 0{,}02 \qquad a = 0{,}08$
$\text{Var } X = 0 \cdot 0{,}11 + 1 \cdot 0{,}32 + 4 \cdot 0{,}35 + 9 \cdot 0{,}12 + 16 \cdot 0{,}08 + 25 \cdot 0{,}02 - 1{,}8^2 = 1{,}34$
$\sigma = 1{,}158$

b) $\mu(S) = 500 \cdot \mu(X) = 900$
$\text{Var}(S) = 500 \cdot \text{Var}(X) = 670$
$\sigma(S) = \sqrt{670}$
$P(|S - 900| < 50) \geq 1 - \frac{670}{50^2} = 1 - 0{,}268 = 0{,}732$

c) $P = 2\,\Phi\left(\frac{49 + 0{,}5}{\sqrt{670}}\right) - 1$
$= 2\,\Phi(1{,}91) - 1 = 2 \cdot 0{,}97193 - 1 = 0{,}94386$

Leistungskurs Mathematik (Bayern): Abiturprüfung 2001
Analytische Geometrie V

In einem kartesischen Koordinatensystem des $\mathbb{R}^3$ sind die Punkte $A(3 \mid 2 \mid 0)$, $B(0 \mid 3 \mid 2)$, $C_k(1 + 3k \mid 2 - k \mid 4 - 2k)$ und $S_r(-2r \mid 3 + r \mid 4)$ mit $k \in \mathbb{R}$ und $r \in \mathbb{R}$ gegeben. Die Punkte C_k liegen auf der Geraden c, die Punkte S_r auf der Geraden s.

1. a) Zeigen Sie, dass die Gerade c parallel zur Geraden AB, aber nicht mit ihr identisch ist. (3 BE)

   b) Geben Sie eine Gleichung der Ebene E in Normalenform an, in der die Punkte A, B und C_k liegen.
   [Mögliches Ergebnis: E: $2x_1 + 4x_2 + x_3 - 14 = 0$] (5 BE)

   c) Für welchen Wert von k ist das Dreieck ABC_k bei A rechtwinklig?
   [Zur Kontrolle: k = 1] (3 BE)

   d) Zeigen Sie, dass die Gerade s parallel zur Geraden BC_1 ist und dass diese beiden Geraden den Abstand d = 2 haben. (6 BE)

2. a) Zeichnen Sie das rechtwinklige Dreieck ABC_1, die Geraden AB, c, s und die Pyramide ABC_1S_0 in ein Schrägbild des Koordinatensystems ein. (5 BE)

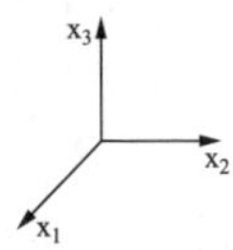

   b) Das Dreieck ABC_k ist die Grundfläche der dreiseitigen Pyramide ABC_kS_r. Begründen Sie, dass das Volumen V dieser Pyramide unabhängig von k und r ist. (6 BE)

3. a) Die Eckpunkte des Dreiecks ABC_1 liegen auf einer Kugel K, deren Mittelpunkt M in der durch diese Punkte bestimmten Ebene E (siehe Aufgabe 1 b) liegt. Ermitteln Sie eine Gleichung der Kugel K.
   [Teilergebnis: $M(2 \mid 2 \mid 2)$] (6 BE)

   b) Die Gerade s schneidet die Kugel K in den Punkten P und Q, die zusammen mit B und C_1 Ecken eines Trapezes sind. Berechnen Sie den Flächeninhalt dieses Trapezes. (6 BE)

(40 BE)

Lösungen

1. a) $c: \vec{X} = \begin{pmatrix} 1 \\ 2 \\ 4 \end{pmatrix} + k \begin{pmatrix} 3 \\ -1 \\ -2 \end{pmatrix}$

$AB: \vec{X} = \begin{pmatrix} 3 \\ 2 \\ 0 \end{pmatrix} + m \begin{pmatrix} -3 \\ 1 \\ 2 \end{pmatrix}$

$\begin{pmatrix} 3 \\ -1 \\ -2 \end{pmatrix} = -\begin{pmatrix} -3 \\ 1 \\ 2 \end{pmatrix} \quad \Rightarrow \quad c \parallel AB$

$\begin{pmatrix} 1 \\ 2 \\ 4 \end{pmatrix} = \begin{pmatrix} 3 \\ 2 \\ 0 \end{pmatrix} + m \begin{pmatrix} -3 \\ 1 \\ 2 \end{pmatrix} \quad \begin{matrix} m = \frac{2}{3} \\ m = 0 \\ m = 2 \end{matrix} \qquad c \parallel AB, \text{ aber } c \neq AB$

b) $\vec{n} = \begin{pmatrix} 3 \\ -1 \\ -2 \end{pmatrix} \times \begin{pmatrix} 2 \\ 0 \\ -4 \end{pmatrix} = \begin{pmatrix} 4+0 \\ -4+12 \\ 0+2 \end{pmatrix} = \begin{pmatrix} 4 \\ 8 \\ 2 \end{pmatrix} = 2 \cdot \begin{pmatrix} 2 \\ 4 \\ 1 \end{pmatrix}$

$E: \begin{pmatrix} 2 \\ 4 \\ 1 \end{pmatrix} \circ \left[\vec{x} - \begin{pmatrix} 3 \\ 2 \\ 0 \end{pmatrix} \right] = 0$

$2x_1 + 4x_2 + x_3 - (6+8) = 0$

$2x_1 + 4x_2 + x_3 - 14 = 0$

$\overrightarrow{AB} \circ \overrightarrow{AC} = 0$

c) $\begin{pmatrix} -3 \\ 1 \\ 2 \end{pmatrix} \circ \begin{pmatrix} -2+3k \\ -k \\ 4-2k \end{pmatrix} = 0$

$6 - 9k - k + 8 - 4k = 0 \qquad k = 1$

d) $s: \vec{X} = \begin{pmatrix} 0 \\ 3 \\ 4 \end{pmatrix} + r \cdot \begin{pmatrix} -2 \\ 1 \\ 0 \end{pmatrix}$

$BC_1: \vec{X} = \begin{pmatrix} 0 \\ 3 \\ 2 \end{pmatrix} + m \cdot \begin{pmatrix} 4 \\ -2 \\ 0 \end{pmatrix}$

$\begin{pmatrix} -2 \\ 1 \\ 0 \end{pmatrix} = -\frac{1}{2} \begin{pmatrix} 4 \\ -2 \\ 0 \end{pmatrix} \quad \Rightarrow \quad s \parallel BC_1$

F sei der Fußpunkt des Lob von B auf s

$\overrightarrow{BF} \circ \begin{pmatrix} -2 \\ 1 \\ 0 \end{pmatrix} = 0 \qquad F \in s \quad \Rightarrow \quad \vec{F} = \begin{pmatrix} -2r \\ 3+r \\ 4 \end{pmatrix}$

$$\begin{pmatrix}-2r\\ r\\ 2\end{pmatrix}\circ\begin{pmatrix}-2\\ 1\\ 0\end{pmatrix}=0 \quad\Rightarrow\quad 4r+r=0 \quad r=0$$

F(0 | 3 | 4)

$$d(s;\,BC_1)=|\overrightarrow{BF}|=\left|\begin{pmatrix}0\\ 0\\ 2\end{pmatrix}\right|=2$$

2. a) A(3 | 2 | 0)
B(0 | 3 | 2)
$C_1(4 | 1 | 2)$
$S_0(0 | 3 | 4)$
$c \parallel AB$
$s \parallel BC_1$

M(2 | 2 | 2)

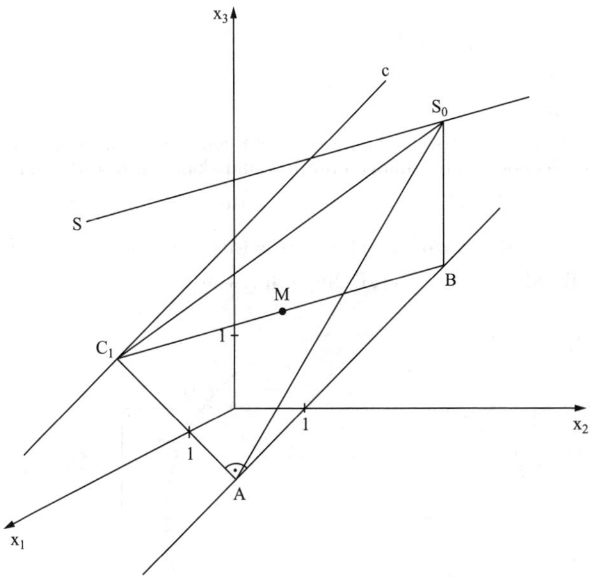

b) Da $c \parallel AB$ gilt $k_{AB} = d(c;\,AB) = \text{const.} \quad\Rightarrow\quad A_{\Delta ABC_k} = \text{const.}$

Da $s \parallel BC_1$ gilt $s \parallel E_{ABC_k}$, also ist auch die Pyramidenhöhe konstant

$\Rightarrow\quad V_{ABC_kS_r} = \text{const.}$

oder

$$V_{ABC_kS_r}=\frac{1}{6}\left|\overrightarrow{AB};\overrightarrow{AC}_k;\overrightarrow{AS}_r\right|=\frac{1}{6}\begin{vmatrix}-3 & -2+3k & -3-2r\\ 1 & -k & 1+r\\ 2 & 4-2k & 4\end{vmatrix}$$

$$=\frac{1}{6}[12k+2(-2+3k)(1+r)+(4-2k)(-3-2r)+2k(-3-2r)-4(-2+3k)$$
$$+3(1+r)(4-2k)]$$
$$=\frac{4}{6}=\frac{2}{3} \text{ unabhängig von k und r}$$

3\. a) Da ΔABC_1 rechtwinklig bei A ist, ist der Kugelmittelpunkt der Mittelpunkt des Thaleskreises über $[BC_1]$, also

$$\vec{M} = \frac{1}{2}(\vec{B} + \vec{C}_1) = \frac{1}{2}\begin{pmatrix}4\\4\\4\end{pmatrix} = \begin{pmatrix}2\\2\\2\end{pmatrix}$$

$$r = |\overrightarrow{MB}| = \left|\begin{pmatrix}-2\\1\\0\end{pmatrix}\right| = \sqrt{5}$$

$$\text{Kugel K: } \left[\vec{x} - \begin{pmatrix}2\\2\\2\end{pmatrix}\right]^2 = 5$$

oder

auch möglich – jedoch mit großem Rechenaufwand verbunden – ist das Lösen der folgenden 3 Gleichungen für die 3 unbekannten Koordinaten von M:

I. $|\overrightarrow{AM}| = |\overrightarrow{BM}|$ also $(m_1 - 3)^2 + (m_2 - 2)^2 + m_3^2 = m_1^2 + (m_2 - 3)^2 + (m_3 - 2)^2$

II. $|\overrightarrow{AM}| = |\overrightarrow{C_1M}|$ also $(m_1 - 3)^2 + (m_2 - 2)^2 + m_3^2 = (m_1 - 4)^2 + (m_2 - 1)^2 + (m_3 - 2)^2$

III. $M \in E$ also $2m_1 + 4m_2 + m_3 - 14 = 0$

b)

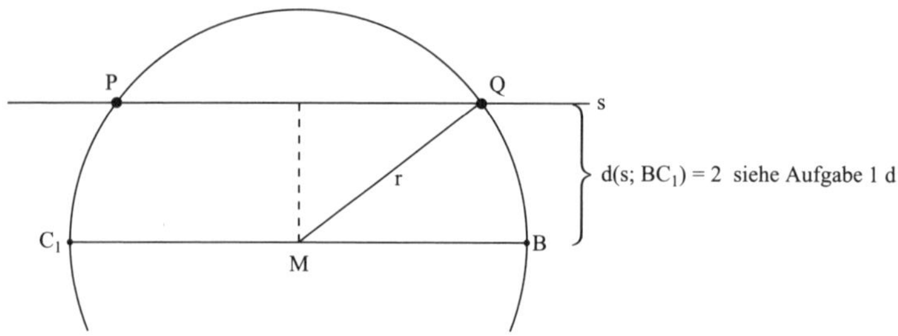

$$\left(\frac{1}{2}\overline{PQ}\right)^2 + (d(s; BC_1))^2 = r^2$$

$$\left(\frac{1}{2}\overline{PQ}\right)^2 = 5 - 4$$

$$\frac{1}{2}\overline{PQ} = 1$$

$$\overline{PQ} = 2$$

oder

$s \cap K$:

$$\left[\begin{pmatrix} -2r \\ 3+r \\ 4 \end{pmatrix} - \begin{pmatrix} 2 \\ 2 \\ 2 \end{pmatrix}\right]^2 = 5$$

$4r^2 + 8r + 4 + 1 + 2r + r^2 + 4 = 5$

$5r^2 + 10r + 4 = 0$

$$r = \frac{-10 \pm \sqrt{100-80}}{10}$$

$$r = -1 \pm \frac{1}{5}\sqrt{5}$$

$$P\left(2 - \frac{2}{5}\sqrt{5} \;\middle|\; 2 + \frac{1}{5}\sqrt{5} \;\middle|\; 4\right) \qquad Q\left(2 - \frac{2}{5}\sqrt{5} \;\middle|\; 2 - \frac{1}{5}\sqrt{5} \;\middle|\; 4\right)$$

$$|\overline{PQ}| = \left|\begin{pmatrix} +\frac{4}{5}\sqrt{5} \\ -\frac{2}{5}\sqrt{5} \\ 0 \end{pmatrix}\right| = \sqrt{\frac{16}{5} + \frac{4}{5}} = 2$$

$$|\overline{BC_1}| = \left|\begin{pmatrix} 4 \\ -2 \\ 0 \end{pmatrix}\right| = \sqrt{20} = 2\sqrt{5}$$

$$A_{Trapez} = \frac{1}{2}(\overline{BC_1} + \overline{PQ}) \cdot d(s; BC_1) = \frac{1}{2}(2\sqrt{5} + 2) \cdot 2 = (\sqrt{5} + 1) \cdot 2 \approx 6,47$$

Leistungskurs Mathematik (Bayern): Abiturprüfung 2001
Analytische Geometrie VI

In einem kartesischen Koordinatensystem des $\mathbb{R}^3$ sind die Ebene
E: $x_1 + 2x_2 + 2x_3 - 36 = 0$, der Punkt P(8 | 6 | 8) und durch P die Geradenschar

$$g_t: \vec{x} = \begin{pmatrix} 8 \\ 6 \\ 8 \end{pmatrix} + \lambda \begin{pmatrix} -2-2t \\ -4+t \\ 5 \end{pmatrix} \text{ mit } t, \lambda \in \mathbb{R} \text{ gegeben.}$$

1. a) Zeigen Sie, dass alle Geraden g_t in der Ebene E liegen. (3 BE)

   b) Weisen Sie nach, dass alle Geraden g_t die x_1x_2-Ebene schneiden, und geben Sie eine Gleichung der Geraden s an, auf der diese Schnittpunkte liegen.

   [Mögliches Teilergebnis: $s: \vec{x} = \begin{pmatrix} 8 \\ 14 \\ 0 \end{pmatrix} + \sigma \begin{pmatrix} 2 \\ -1 \\ 0 \end{pmatrix} \sigma \in \mathbb{R}$] (7 BE)

   c) Legen Sie ein Schrägbild des Koordinatensystems an (ganze Seite, Ursprung in Blattmitte, Maßstab geeignet wählen) und tragen Sie den Punkt P, die Gerade s sowie drei beliebige Geraden der Geradenschar g_t ein. (4 BE)

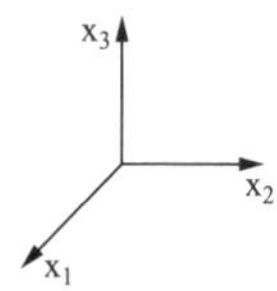

   d) Geben Sie eine Gleichung für die Gerade an, die durch P läuft, in der Ebene E liegt, aber nicht der Geradenschar g_t angehört. (3 BE)

2. a) Q ist die senkrechte Projektion von P auf die x_1x_2-Ebene. Bestimmen Sie die Koordinaten des Punktes S auf der Geraden s so, dass das Dreieck PQS minimalen Flächeninhalt hat. Tragen Sie das Dreieck in die Zeichnung aus Aufgabe 1c ein. [Zur Kontrolle: S(11,2 | 12,4 | 0)] (7 BE)

   b) Jede Gerade g_t schließt mit ihrer Projektion auf die x_1x_2-Ebene einen spitzen Winkel α_t ein. Begründen Sie, warum α_t maximal den Wert von $\sphericalangle PSQ$ annehmen kann. (5 BE)

3. a) Eine Kugel K mit Mittelpunkt M und Radius r = 3 berührt die Ebene E im Punkt P. Dabei liegt M in dem Halbraum bezüglich E, der den Ursprung nicht enthält. Bestimmen Sie die Koordinaten von M. (5 BE)

   b) Der Punkt L liegt auf der Halbgeraden [PM und hat von E den Abstand d = 8. Die Tangenten, die von L aus an die Kugel K gelegt werden können, schneiden die Ebene E in einem Kreis. Berechnen Sie den Radius R dieses Kreises. (6 BE)

(40 BE)

Lösungen

1. a) $\vec{n}_{\in} \circ \vec{u}_g \overset{?}{=} 0$ sowie $(8 \mid 6 \mid 8) \in E$?

$$\begin{pmatrix} 1 \\ 2 \\ 2 \end{pmatrix} \circ \begin{pmatrix} -2-2t \\ -4+t \\ 5 \end{pmatrix} = -2-2t-8+2t+10 = 0$$

$8 + 2 \cdot 6 + 2 \cdot 8 - 36 = 0$

$\Rightarrow$ alle $g_t \subset E$

b) x_1x_2-Ebene : $x_3 = 0$

$8 + 5\lambda = 0 \;\Rightarrow\; \lambda = -1{,}6$ gültig für alle t

$$s:\; \vec{X} = \begin{pmatrix} 8 \\ 6 \\ 8 \end{pmatrix} - 1{,}6 \begin{pmatrix} -2-2t \\ -4+t \\ 5 \end{pmatrix}$$

$$\vec{X} = \begin{pmatrix} 8 \\ 6 \\ 8 \end{pmatrix} + \begin{pmatrix} 3{,}2+3{,}2t \\ 6{,}4-1{,}6t \\ -8 \end{pmatrix}$$

$$\vec{X} = \begin{pmatrix} 11{,}2 \\ 12{,}4 \\ 0 \end{pmatrix} + t \begin{pmatrix} 3{,}2 \\ -1{,}6 \\ 0 \end{pmatrix}$$

$$\vec{X} = \begin{pmatrix} 11{,}2 \\ 12{,}4 \\ 0 \end{pmatrix} + t \begin{pmatrix} 2 \\ -1 \\ 0 \end{pmatrix}$$

für $t = -1{,}6$ liegt $(8 \mid 14 \mid 0)$ auf dieser Geraden

c) $P(8 \mid 6 \mid 8)$; $Q(8 \mid 6 \mid 0)$

$$s:\; \vec{X} = \begin{pmatrix} 8 \\ 14 \\ 0 \end{pmatrix} + t \begin{pmatrix} 2 \\ -1 \\ 0 \end{pmatrix}$$

$$g_0:\; \vec{X} = \begin{pmatrix} 8 \\ 6 \\ 8 \end{pmatrix} + \lambda \begin{pmatrix} -2 \\ -4 \\ 5 \end{pmatrix}$$

$$g_1:\; \vec{X} = \begin{pmatrix} 8 \\ 6 \\ 8 \end{pmatrix} + \lambda \begin{pmatrix} -4 \\ -3 \\ 5 \end{pmatrix}$$

$$g_{-1}:\; \vec{X} = \begin{pmatrix} 8 \\ 6 \\ 8 \end{pmatrix} + \lambda \begin{pmatrix} 0 \\ -5 \\ 5 \end{pmatrix}$$

$$g_2:\; \vec{X} = \begin{pmatrix} 8 \\ 6 \\ 8 \end{pmatrix} + \lambda \begin{pmatrix} -6 \\ -2 \\ 5 \end{pmatrix}$$

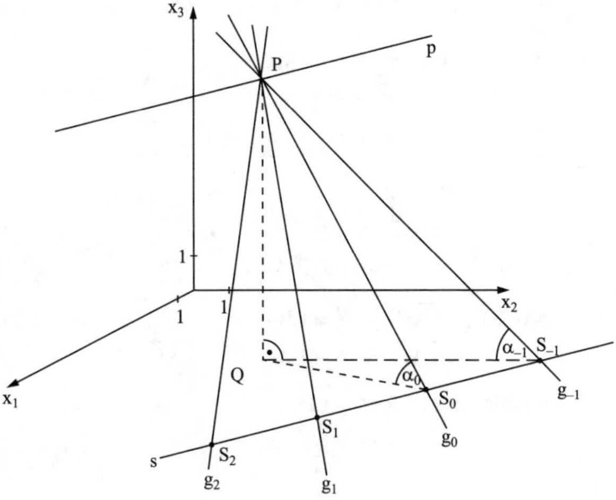

d) Da alle Geraden g_t die x_1x_2-Ebene schneiden (siehe 1 b) gehört die Gerade, die parallel zu s durch P verläuft, der Schar g_t nicht an, obwohl auch sie in E liegt.

$$p: \ \vec{X} = \begin{pmatrix} 8 \\ 6 \\ 8 \end{pmatrix} + \lambda \begin{pmatrix} 2 \\ -1 \\ 0 \end{pmatrix}$$

2. a) Q(8 | 6 | 0)

Da $\overline{PQ} = 8 = \text{const.}$, ist der Flächeninhalt des ΔPQS_t minimal, wenn $\overline{QS_t}$ minimal, wenn also $\overrightarrow{QS_t} \perp s$

$$\overrightarrow{QS_t} \circ \overrightarrow{u_s} \overset{!}{=} 0$$

$$\begin{pmatrix} 8+2t-8 \\ 14-t-6 \\ 0 \end{pmatrix} \circ \begin{pmatrix} 2 \\ -1 \\ 0 \end{pmatrix} = 0$$

$4t - 8 + t = 0$

$t = 1{,}6$

$$\vec{S} = \begin{pmatrix} 8 \\ 14 \\ 0 \end{pmatrix} + 1{,}6 \begin{pmatrix} 2 \\ -1 \\ 0 \end{pmatrix} = \begin{pmatrix} 11{,}2 \\ 12{,}4 \\ 0 \end{pmatrix}$$ das ist der Schnittpunkt von s und g_0

b) Im rechtwinkligen ΔPQS_t ist die Kathete [PQ] stets gleich lang.
Der Winkel α_t ist umso größer, je kürzer die Kathete $[QS_t]$ ist.
Da QS_t minimal für (11,2 | 12,4 | 0) ist α_t für dieses S am größten.

3. a) $\vec{M} = \vec{P} + 3 \cdot \vec{n}_E^0$

$$= \begin{pmatrix} 8 \\ 6 \\ 8 \end{pmatrix} + 3 \cdot \frac{1}{3} \begin{pmatrix} 1 \\ 2 \\ 2 \end{pmatrix} = \begin{pmatrix} 9 \\ 8 \\ 10 \end{pmatrix}$$

b) $\overline{PL} = 8 \quad \overline{ML} = 8 - 3 = 5 \quad \overline{MB} = 3$

$\Rightarrow \overline{LB} = \sqrt{5^2 - 3^2} = 4$

$A_{\Delta MBL} = \frac{1}{2} \cdot \overline{MB} \cdot \overline{LB} = \frac{1}{2} \cdot 3 \cdot 4 = 6$

oder

$A_{\Delta MBL} = \frac{1}{2} \cdot ML \cdot \rho = \frac{1}{2} \cdot 5 \cdot \rho$

$\Rightarrow 6 = \frac{1}{2} \cdot 5 \cdot \rho \quad \Rightarrow \quad \rho = 2{,}4$

$\Delta M'BL: \quad \overline{LM'}^2 + \rho^2 = \overline{LB}^2$

$\overline{LM'}^2 = 16 - 2{,}4^2 \quad \Rightarrow \quad \overline{LM'} = 3{,}2$

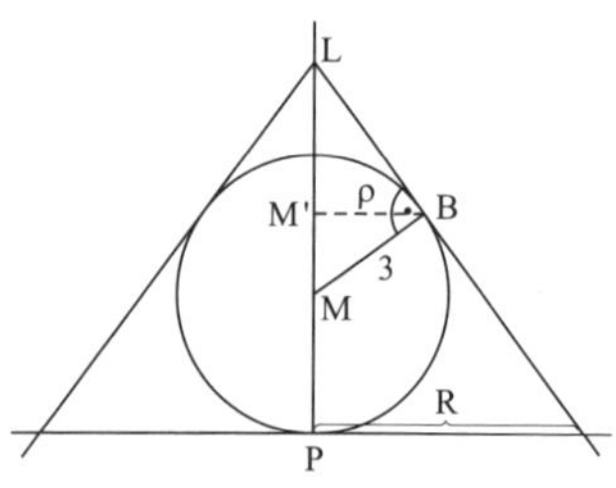

Strahlensatz: $\quad R : \rho = \overline{LP} : \overline{LM'}$

$$R = \frac{8 \cdot 2{,}4}{3{,}2} = 6$$

Leistungskurs Mathematik (Bayern): Abiturprüfung 2002
Infinitesimalrechnung I

Das Schaubild zeigt den Graphen G_f einer in ganz $\mathbb{R}$ definierten, stetigen Funktion f und den Graphen G_F einer Stammfunktion F von f.
Die Achsenschnittpunkte beider Graphen sowie der Berührpunkt von G_F mit der x-Achse haben ganzzahlige Koordinaten.

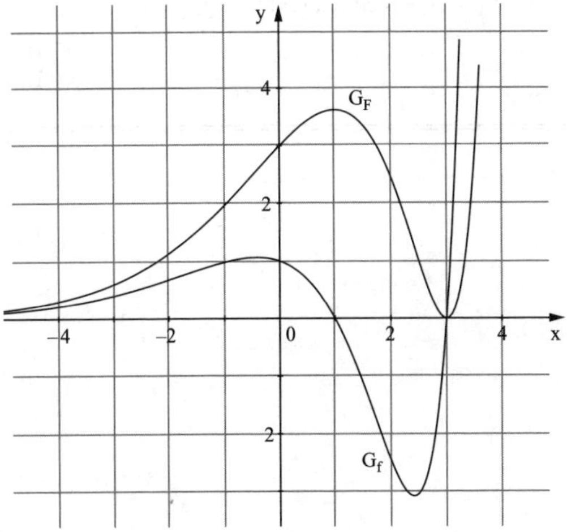

1. a) Erläutern Sie, dass das dargestellte Monotonieverhalten von G_F sowie das dargestellte Krümmungsverhalten von G_F in Einklang damit stehen, dass F Stammfunktion von f ist. (6 BE)

   b) G_f und die x-Achse umranden im 4.Quadranten ein Flächenstück. Bestimmen Sie dessen Inhalt mit Hilfe von G_F auf eine Dezimale genau. (3 BE)

2. Es gilt: $f(x) = (ax^2 + bx + c)e^x$ mit $a, b, c \in \mathbb{R}$.

   a) Bestimmen Sie mit Hilfe der im Schaubild dargestellten Achsenschnittpunkte von G_f die Werte der Parameter a, b und c.

   $\left[\text{Zur Kontrolle: } f(x) = \frac{1}{3}(x^2 - 4x + 3)e^x\right]$ (6 BE)

   b) Ermitteln Sie mit Hilfe partieller Integration einen Term für F und überprüfen Sie Ihr Ergebnis aus Teilaufgabe 1 b.

   $\left[\text{Zur Kontrolle: } F(x) = \frac{1}{3}(x^2 - 6x + 9)e^x\right]$ (9 BE)

   c) Bestimmen Sie $\int_{-\infty}^{3} f(x)dx$ und deuten Sie das Ergebnis geometrisch. (6 BE)

3. f und F (vgl. Teilaufgabe 2) gehören zur Funktionsschar

$$g_k\colon\ x \mapsto \frac{1}{3}(x-3)(x-k)e^x \text{ mit der Definitionsmenge } \mathbb{R} \text{ und } k \in \mathbb{R}.$$

a) Für welchen Parameterwert k erhält man f, für welchen F? Geben Sie den gemeinsamen Punkt aller Schargraphen an. (3 BE)

b) f besitzt als einzige Funktion der Schar eine Stammfunktion, die ebenfalls der Schar angehört. Zeigen Sie dies, beispielsweise indem Sie für zwei verschiedene Parameterwerte k_1 und k_2 $g'_{k_1}(x)$ berechnen und mit $g_{k_2}(x)$ vergleichen. (7 BE)

(40 BE)

Lösungen

1. a) Nach dem Hauptsatz der Differential- und Integralrechnung (HDI) gilt:
$F'(x) = f(x)$
$F''(x) = f'(x)$
Die Funktion F(x) ist streng monoton steigend ($F'(x) > 0$) in $]-\infty; 1[$ und in $]3; +\infty[$, somit ist f(x) in diesen Intervallen positiv, der Graph von f(x) verläuft in diesen Intervallen oberhalb der x-Achse.
Die Funktion F(x) ist streng monoton fallend ($F'(x) < 0$) in $]1; 3[$, somit ist f(x) in diesem Intervall negativ, der Graph von f(x) verläuft in $]1; 3[$ unterhalb der x-Achse.
Für x = 1 und x = 3 besitzt F(x) Extremwerte und somit f(x) Nullstellen.
f(x) besitzt für $x \approx -0{,}4$ und $x \approx 2{,}4$ waagrechte Tangenten; somit besitzt F(x) für diese x-Werte Wendepunkte.
F(x) ist in $]-\infty; -0{,}4[$ und $]2{,}4; +\infty[$ linksgekrümmt ($F''(x) > 0$), somit steigt f(x) in diesen Intervallen.
F(x) ist in $]-0{,}4; 2{,}4[$ rechtsgekrümmt ($F''(x) < 0$), somit fällt f(x) in diesem Intervall.

b) $$A = \left| \int_1^3 f(x)\,dx \right| = |F(3) - F(1)| \approx |0 - 3{,}6| = 3{,}6$$

2. a)
$$\begin{array}{llll} \text{I} & f(0)=1 & \Rightarrow c \cdot e^0 = 1 & \Rightarrow c = 1 \\ \text{II} & f(1)=0 & \Rightarrow (a+b+c)\cdot e = 0 & \Rightarrow a+b+c=0 \\ \text{III} & f(3)=0 & \Rightarrow (9a+3b+c)\cdot e^3 = 0 & \Rightarrow 9a+3b+c=0 \end{array}$$

I in II $\Rightarrow$ $a = -1 - b$
in III $\Rightarrow$ $-9 - 9b + 3b + 1 = 0$
$$-8 = 6b$$
$$b = -\frac{4}{3} \quad \Rightarrow \quad a = \frac{1}{3}$$

$$f(x) = \left(\frac{1}{3}x^2 - \frac{4}{3}x + 1\right)e^x = \frac{1}{3}(x^2 - 4x + 3)e^x$$

b) $$F(x) = \int f(x)\,dx = \frac{1}{3}\int (x^2 - 4x + 3)e^x dx = \frac{1}{3}(x^2 - 4x + 3)e^x - \frac{1}{3}\int (2x - 4)e^x dx$$

mit $u'(x) = e^x$ und $v(x) = x^2 - 4x + 3$
$$= \frac{1}{3}(x^2 - 4x + 3)e^x - \frac{1}{3}(2x - 4)e^x + \frac{1}{3}\int 2e^x dx$$

mit $u'(x) = e^x$ und $v(x) = 2x - 4$

$$= \frac{1}{3}(x^2 - 4x + 3)e^x - \frac{1}{3}(2x-4)e^x + \frac{2}{3}e^x + C$$

$$= \frac{1}{3}(x^2 - 4x + 3 - 2x + 4 + 2)e^x + C$$

$$= \frac{1}{3}(x^2 - 6x + 9)e^x + C$$

$$A = |F(3) - F(1)| = \left| 0 - \frac{4}{3}e \right| \approx 3{,}62$$

c) $$\int_{-\infty}^{3} f(x)dx = F(3) - \lim_{x\to-\infty} F(x) = 0 - \lim_{x\to-\infty} \frac{1}{3}(x^2 - 6x + 9)\cdot e^x$$

$$= -\lim_{x\to-\infty} \frac{1}{3}\cdot\frac{x^2 - 6x + 9}{e^{-x}} \overset{\ell'H}{=} -\lim_{x\to-\infty} \frac{1}{3}\cdot\frac{2x-6}{-e^{-x}} \overset{\ell'H}{=} -\lim_{x\to-\infty} \frac{1}{3}\cdot\frac{2}{e^{-x}}$$

$$= 0^-$$

Die vom Graphen von f(x) und der x-Achse eingeschlossenen Flächenstücke oberhalb bzw. unterhalb der x-Achse sind gleich groß.

$$\int_{-\infty}^{1} f(x)dx = -\int_{1}^{3} f(x)dx$$

3\. a) $g_k(x) = \frac{1}{3}(x-3)(x-k)e^x = \frac{1}{3}(x^2 - (3+k)x + 3k)e^x$

für k = 1 ergibt sich f(x) $\Rightarrow$ $g_1(x) = f(x)$
für k = 3 ergibt sich F(x) $\Rightarrow$ $g_3(x) = F(x)$

Alle Schargraphen verlaufen durch $(3\,|\,0)$.

b) $k_1 \neq k_2$

$$g'_{k_1}(x) = \frac{1}{3}(2x - 3 - k_1)e^x + \frac{1}{3}(x^2 - (3+k_1)x + 3k_1)e^x$$

$$= \frac{1}{3}(x^2 - (1+k_1)x - 3 + 2k_1)e^x$$

$$g_{k_2}(x) = \frac{1}{3}(x^2 - (3+k_2)x + 3k_2)e^x$$

Soll $g_{k_1}(x)$ Stammfunktion von $g_{k_2}(x)$ sein, muss gelten

$g'_{k_1}(x) = g_{k_2}(x)$, also

I $\quad 1 + k_1 = 3 + k_2 \quad \Rightarrow \quad k_1 = 2 + k_2$

II $\quad -3 + 2k_1 = 3k_2$

I in II: $-3 + 4 + 2k_2 = 3k_2 \quad \Rightarrow \quad k_2 = 1 \quad \Rightarrow \quad k_1 = 3$

also nur $g'_3(x) = g_1(x)$, also $F'(x) = f(x)$

Leistungskurs Mathematik (Bayern): Abiturprüfung 2002
Infinitesimalrechnung II

1. Gegeben ist die Funktion $f\colon\ x \mapsto \ln\left(\frac{4}{x}-1\right)$ mit dem maximalen Definitionsbereich $D_f =]0;\,4[$. Der Graph von f wird mit G_f bezeichnet.

   a) Berechnen Sie die Nullstellen von f und untersuchen Sie das Verhalten von f an den Rändern von D_f. (4 BE)

   b) Untersuchen Sie das Monotonieverhalten von f. (3 BE)

   c) Zeigen Sie, dass G_f punktsymmetrisch zu $Z(2\,|\,0)$ ist. (5 BE)

   d) Berechnen Sie f(0,5). Zeichnen Sie G_f unter Berücksichtigung der bisherigen Ergebnisse. Zeichnen Sie auch die Tangente im Symmetriezentrum ein (Ursprung des Koordinatensytems in der Blattmitte). (5 BE)

   f besitzt eine Umkehrfunktion, die mit g bezeichnet wird.

   e) Zeigen Sie, dass gilt: $g(x) = 4 - \frac{4e^x}{1+e^x}$. Tragen Sie den Graphen von g in das Koordinatensystem der Teilaufgabe 1 d ein. (6 BE)

   f) Berechnen Sie mit Hilfe der Umkehrfunktion g das Integral $\int_0^2 f(x)\,dx$. (6 BE)

2. Zwei Gänge von 2,0 m und 4,0 m Breite treffen rechtwinklig aufeinander. Es soll die größtmögliche Länge L eines Balkens ermittelt werden, den man in horizontaler Lage aus einem Gang in den anderen tragen kann. Die Dicke des Balkens wird als vernachlässigbar klein angesehen. Dazu betrachte man die gezeichnete Figur. l (α) ist die Maßzahl der in Meter angegebenen Länge der Strecke [AB] und definiert für $0° < \alpha < 90°$ die Funktion *l*.

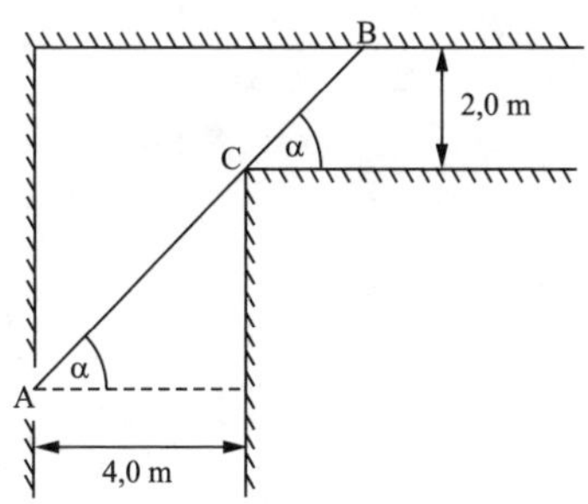

   a) Geben Sie an, welche Bedeutung die Maßzahl der gesuchten Länge L für die Funktion *l* hat. zeigen Sie: $l(\alpha) = \frac{2}{\sin\alpha} + \frac{4}{\cos\alpha}$ (5 BE)

   b) Berechnen Sie L auf dm genau. (6 BE)

(40 BE)

Lösungen

1. $f(x) = \ln\left(\frac{4}{x} - 1\right)$ mit D =]0; 4[

a) $\ln\left(\frac{4}{x} - 1\right) = 0 \;\Rightarrow\; \frac{4}{x} - 1 = 1 \;\Rightarrow\; x = 2$ Nst: (2|0)

$$\lim_{x \overset{>}{\to} 0} \ln\left(\frac{4}{x} - 1\right) = \text{"}\ln\infty\text{"} = +\infty$$

$$\lim_{x \overset{<}{\to} 4} \ln\left(\frac{4}{x} - 1\right) = \text{"}\ln 0\text{"} = -\infty$$

b) $f'(x) = \frac{1}{\frac{4}{x} - 1} \cdot \left(-\frac{4}{x^2}\right) = \frac{x}{4 - x} \cdot \left(-\frac{4}{x^2}\right) = -\frac{4}{x(4 - x)} < 0$

f(x) ist in D streng monoton fallend.

c) f(x) ist punktsymmetrisch zu (2|0), wenn

$f(2 - x) = -f(2 + x)$ mit $x \in$]0; 2[

$$f(2 - x) = \ln\left(\frac{4}{2 - x} - 1\right) = \ln\left(\frac{4 - 2 + x}{2 - x}\right) = \ln\frac{2 + x}{2 - x} = \ln(2 + x) - \ln(2 - x)$$

$$-f(2 + x) = -\ln\left(\frac{4}{2 + x} - 1\right) = -\ln\left(\frac{4 - 2 - x}{2 + x}\right) = -\ln\frac{2 - x}{2 + x} = -\ln(2 - x) + \ln(2 + x)$$

d) $f(0{,}5) \approx 1{,}9$
$f'(2) = -1$

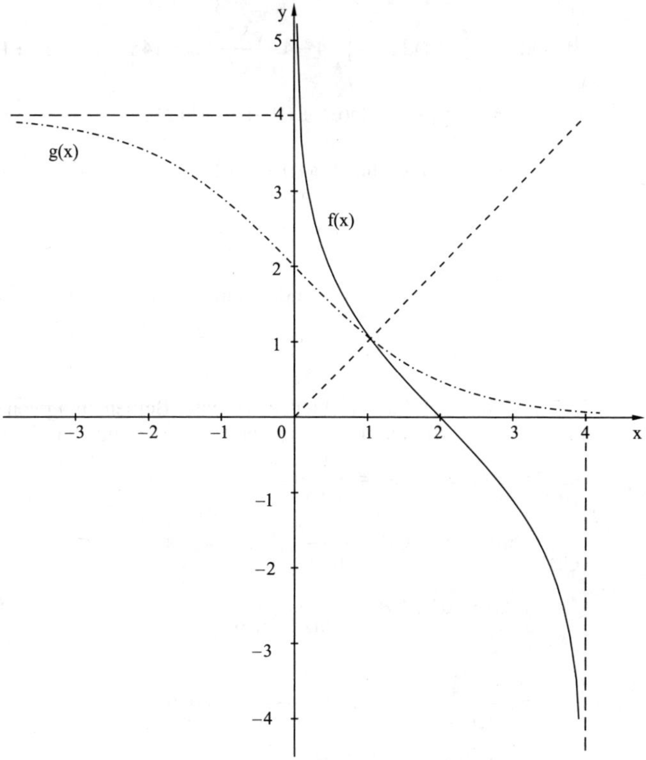

e) g(x): $x = \ln\left(\frac{4}{y} - 1\right)$

$$e^x = \frac{4}{y} - 1$$

$$e^x + 1 = \frac{4}{y}$$

$$y = \frac{4}{e^x + 1}$$

$$g(x) = 4 - \frac{4e^x}{1+e^x} = \frac{4 + 4e^x - 4e^x}{1+e^x} = \frac{4}{e^x + 1}$$

g(x) ist $f^{-1}(x)$.

f) $\int_0^2 f(x)dx = \int_0^{+\infty} g(x)dx = \int_0^{+\infty}\left(4-4\frac{e^x}{1+e^x}\right)dx = [4x-4\cdot\ln(e^x+1)]_0^{+\infty}$

$$= \lim_{x\to\infty}[4x-4\ln(e^x+1)]-[0-4\ln 2]$$

$$= \lim_{x\to\infty} 4[x-\ln(e^x+1)]+4\ln 2$$

$$= \lim_{x\to\infty} 4[\ln e^x-\ln(e^x+1)]+4\ln 2$$

$$= \lim_{x\to\infty} 4\ln\frac{e^x}{e^x+1}+4\ln 2 = 4\ln 1+4\ln 2$$

$$= 4\ln 2$$

2. a) Zeichnet man sich für verschiedene α (unter Beibehaltung von C!) $\ell(\alpha)$ ein, so erkennt man, dass das Minimum der Funktion $\ell(\alpha)$ die gesuchte Balkenlänge L ist.

$$\frac{4}{\overline{AC}} = \cos\alpha \quad\Rightarrow\quad \overline{AC} = \frac{4}{\cos\alpha}$$

$$\frac{2}{\overline{CB}} = \sin\alpha \quad\Rightarrow\quad \overline{CB} = \frac{2}{\sin\alpha}$$

$$\ell(\alpha) = \overline{AB} = \overline{AC}+\overline{CB} = \frac{4}{\cos\alpha}+\frac{2}{\sin\alpha}$$

b) $\ell'(\alpha) = -\frac{4}{(\cos\alpha)^2}\cdot(-\sin\alpha)-\frac{2}{(\sin\alpha)^2}\cdot\cos\alpha$

$$= \frac{4\sin\alpha}{(\cos\alpha)^2}-\frac{2\cos\alpha}{(\sin\alpha)^2}$$

$$= \frac{4(\sin\alpha)^3-2(\cos\alpha)^3}{(\cos\alpha)^2\cdot(\sin\alpha)^2}$$

$$\ell'(\alpha) = 0 \quad\Rightarrow\quad 4(\sin\alpha)^3 = 2(\cos\alpha)^3$$

$$\frac{(\sin\alpha)^3}{(\cos\alpha)^3} = \frac{1}{2}$$

$$(\tan\alpha)^3 = \frac{1}{2}$$

$$\tan\alpha = \sqrt[3]{\frac{1}{2}}$$

$$\alpha \approx 38{,}44°$$

$$L = \ell(38{,}44°) \approx 8{,}3\ \text{m}$$

Leistungskurs Mathematik (Bayern): Abiturprüfung 2002
Wahrscheinlichkeitsrechnung / Statistik III

1. Philipp meldet sich im Internet erstmalig bei der Firma Booky an. Als Passwort wählt er aus Sicherheitsgründen eine zufällige Anordnung der 7 Großbuchstaben seines Vornamens.

   a) Wie groß ist die Wahrscheinlichkeit dafür, dass er das Passwort „PPPIIHL" wählt? (3 BE)

   b) Wie groß ist die Wahrscheinlichkeit dafür, dass in seinem Passwort die beiden Buchstaben I nicht direkt hintereinander auftreten? (4 BE)

2. Anlässlich eines Jubiläums lädt die Firma Booky 300 Personen, von denen 100 bereits Booky-Kunden sind, zu einem Fest ein. Unter den Gästen werden im Laufe des Abends Preise verlost. Die Auswahl der Gewinner erfolgt dabei durch Ziehen mit Zurücklegen aus einer Urne mit den Namen der 300 Gäste.

   a) Wie viele Preise müssen mindestens verlost werden, damit mit einer Wahrscheinlichkeit von mehr als 98 % wenigstens einer der Booky-Kunden einen Preis erhält? (4 BE)

   b) Mit welcher Wahrscheinlichkeit geht von 10 verlosten Preisen nur der letzte an einen Booky-Kunden? (2 BE)

   c) Mit welcher Wahrscheinlichkeit gehen die ersten 5 Preise an 5 verschiedene Gäste? (4 BE)

3. Die Geschäftsleitung von Booky interessiert sich für den Bekanntheitsgrad ihres Firmennamens.
   Die Wahrscheinlichkeit dafür, dass sich die relative Häufigkeit der Befragten, die Booky kennen, um weniger als 0,05 vom tatsächlichen Bekanntheitsgrad unterscheidet, soll mindestens 95 % betragen. Schätzen Sie mit Hilfe der Tschebyschow-Ungleichung ab, wie viele Personen dafür mindestens befragt werden müssten. (5 BE)

4. Die Firma Booky will eine Fernsehwerbung starten, wenn ihr Bekanntheitsgrad unter 60 % liegt. Die Entscheidung soll auf der Grundlage einer Umfrage unter 1200 zufällig ausgewählten Personen getroffen werden.
   Benutzen Sie zur Berechnung die Normalverteilung als Näherung.

   a) Bestimmen Sie eine Entscheidungsregel mit einem möglichst kleinen Annahmebereich für die Einleitung der Werbekampagne, bei der die Wahrscheinlichkeit dafür, dass die Werbekampagne irrtürmlich unterlassen wird, höchstens 5 % ist. (7 BE)

   b) Mit welcher Wahrscheinlichkeit wird nach der Entscheidungsregel von Teilaufgabe 4a die Werbekampagne eingeleitet, obwohl der Bekanntheitsgrad bei 65 % liegt? (4 BE)

5. Die Standard-Normalverteilung wird durch die Funktion

Φ: $x \mapsto \int_{-\infty}^{x} \varphi(t)dt$ $(x \in \mathbb{R})$ beschrieben, wobei $\varphi(t) = \frac{1}{\sqrt{2\pi}} e^{-\frac{1}{2}t^2}$ $(t \in \mathbb{R})$ ist.

a) Erläutern Sie die stochastische Bedeutung des Funktionswertes ϕ (x) und begründen Sie damit, dass $\lim_{x \to +\infty} \Phi(x) = 1$ ist. (3 BE)

b) Begründen Sie unter Zuhilfenahme der Symmetrieeigenschaft von φ, dass für alle $x \in \mathbb{R}$ gilt: $\Phi(-x) = 1 - \Phi(x)$. (4 BE)

(40 BE)

Lösungen

1. a) $P("PPPIIHL") = \frac{1}{\binom{7}{3}\binom{4}{2}\binom{2}{1}} = \frac{1}{420} = 0{,}00238 \approx 0{,}24\ \%$

oder

$P("PPPIIHL") = \frac{3! \cdot 2!}{7!} = \frac{12}{5040} = 0{,}00238 \approx 0{,}24\ \%$

b) falls das 1. I an 1. Stelle × ○ ○ ○ ○ ○ 5 Möglichkeiten für das 2. I
falls das 1. I an 2. Stelle × ○ ○ ○ ○ 4 Möglichkeiten für das 2. I
3. Stelle × ○ ○ ○ 3
4. Stelle × ○ ○ 2
5. Stelle × ○ 1

Also insgesamt 15 mögliche Platzverteilungen für die beiden I.

$P("nicht nebeneinander") = \frac{15 \cdot 2! \cdot \binom{5}{3} \cdot 3! \cdot 2!}{7!} = \frac{3600}{5040} = 0{,}7143 \approx 71{,}4\ \%$

Anmerkung: Da bei der Verteilung der I „nummerierte" Plätze vergeben werden, ist nur noch die Betrachtungsweise mit dem Nenner 7! möglich.
Für die Verteilung der I steht $15 \cdot 2!$

Für die Verteilung der P steht $\binom{5}{3} \cdot 3!$

Für die Verteilung der restlichen beiden Buchstaben steht 2!

2. $P(\text{Booky-Kunde}) = \frac{1}{3}$

a) $1 - \left(\frac{2}{3}\right)^n > 0{,}98$

$\left(\frac{2}{3}\right)^n < 0{,}02$

$n > \frac{\ln 0{,}02}{\ln \frac{2}{3}}$

$n > 9{,}65$ mindestens 10 Verlosungen

b) $\left(\frac{2}{3}\right)^9 \cdot \frac{1}{3} = 0{,}00867 \approx 0{,}87\ \%$

c) $\frac{300 \cdot 299 \cdot 298 \cdot 297 \cdot 296}{300^5} = 0{,}96705 \approx 96{,}7\ \%$

3. $P\left(\left|\frac{k}{n}-p\right|<0{,}05\right)\geq 0{,}95$

$$1-\frac{1}{4\cdot 0{,}05^2\cdot n}\geq 0{,}95$$

$$\frac{1}{4\cdot 0{,}05^2\cdot n}\leq 0{,}05$$

$$n\geq\frac{1}{4\cdot 0{,}05^2}$$

$n\geq 2000$ mindestens 2000 Personen

4. a)

	für Werbekampagne 0 … k	gegen Werbekampagne k + 1 … 1200
$p<0{,}6$	✓	ϟ ↓ $\leq 0{,}05$

$$\mu=0{,}6\cdot 1200=720$$

$$\sigma=\sqrt{720\cdot 0{,}4}=\sqrt{288}$$

$$1-\Phi\left(\frac{k-720+0{,}5}{\sqrt{288}}\right)\leq 0{,}05$$

$$\Phi\left(\frac{k-720+0{,}5}{\sqrt{288}}\right)\geq 0{,}95$$

$$\frac{k-720+0{,}5}{\sqrt{288}}\geq 1{,}6449$$

$$k\geq 747{,}4$$

$$k\geq 748$$

$A: [0;\,748]$ $\overline{A}: [749;\,1200]$

Einleitung der Werbekampagne, wenn weniger als 749 Personen Booky kennen.

b) $P_{0,65}^{1200}(X\leq 748)=\Phi\left(\frac{748-780+0{,}5}{\sqrt{273}}\right)=\Phi(-1{,}91)=1-\Phi(1{,}91)=0{,}02807\approx 2{,}8\ \%$

mit $\mu=0{,}65\cdot 2000=780$ $\sigma=\sqrt{780\cdot 0{,}35}=\sqrt{273}$

5. a) $\Phi(x)$ gibt die kumulative Wahrscheinlichkeit einer normalverteilten Zufallsgröße X für $X\leq x$ an (siehe auch Stochastik-Tabelle!). Da $\lim\limits_{x\to\infty}\Phi(x)$ die Summe aller Einzelwahrscheinlichkeiten darstellt (also alle möglichen Ereignisse umfasst), muss $\lim\limits_{x\to\infty}\Phi(x)=1$ gelten (sicheres Ereignis).

b) φ(x) ist symmetrisch zur y-Achse (siehe auch Formelsammlung und Stochastik-Tabelle).

$$\Phi(-x) = \int_{-\infty}^{-x} \varphi(t)dt = \int_{-\infty}^{+\infty} \varphi(t)dt - \int_{-x}^{+\infty} \varphi(t)dt = 1 - \int_{-x}^{+\infty} \varphi(t)dt$$

$$= 1 + \int_{+\infty}^{-x} \varphi(t)dt = 1 + \int_{-\infty}^{+x} \varphi(-t)(-dt) = 1 - \int_{-\infty}^{+x} \varphi(-t)dt$$

$$= 1 - \int_{-\infty}^{x} \varphi(t)dt = 1 - \Phi(x)$$

oder einfach anschaulich:

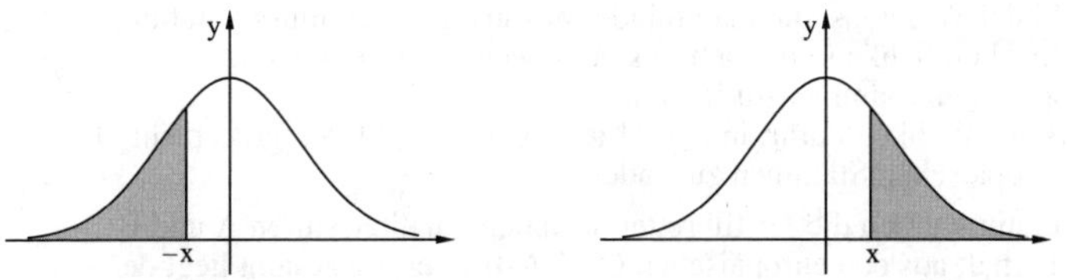

$$\int_{-\infty}^{-x} \varphi(t)dt \qquad \int_{x}^{+\infty} \varphi(t)dt$$

$$\Phi(-x) = \int_{-\infty}^{-x} \varphi(t)dt = \int_{x}^{+\infty} \varphi(t)dt = \int_{-\infty}^{+\infty} \varphi(t)dt - \int_{-\infty}^{x} \varphi(t)dt = 1 - \Phi(x)$$

Leistungskurs Mathematik (Bayern): Abiturprüfung 2002
Wahrscheinlichkeitsrechnung / Statistik IV

Die Firma Brettlmaier ist ein Holz verarbeitender Betrieb, der Profilbretter und Parkettdielen herstellt.

1. Die Stämme, die zu Profilbrettern geschnitten werden, bezieht die Firma Brettlmaier von einem Händler, der das Holz waggonweise anliefert. 80 % der Waggons enthalten ausschließlich Stämme aus Europa; der Rest der Waggons hat ausschließlich Ware aus nichteuropäischen Ländern geladen.
   Unter der Annahme, dass die Waggons unabhängig voneinander und rein zufällig angeliefert werden, berechne man
   a) die Anzahl der Waggons, die man mindestens untersuchen muss, um mit einer Wahrscheinlichkeit von mehr als 90 % wenigstens einen mit nichteuropäischen Stämmen zu finden. (4 BE)
   b) die Wahrscheinlichkeit dafür, in einer Lieferung von 200 Waggons mehr als 150 mit europäischen Stämmen zu finden. (3 BE)

   Nach dem Schnitt werden die Profilbretter nach den Qualitätsstufen A und B sortiert. Man erhält aus den europäischen 65 % A-Bretter. Insgesamt liegt der Anteil der A-Sortierung bei 58 %.

   c) Wie groß ist die Wahrscheinlichkeit dafür, dass ein beliebig ausgewähltes Brett der B-Sortierung aus nichteuropäischem Holz hergestellt worden ist? (6 BE)
   d) Mit welcher Wahrscheinlichkeit besitzen fünf aus einer großen Anzahl rein zufällig ausgewählte Bretter alle dieselbe Qualitätsstufe? (3 BE)
   e) Nach längerer Produktionszeit ist der Verdacht aufgekommen, dass sich der Anteil der A-Qualität auf einen Wert $p < 0{,}58$ verringert hat. Dazu soll die Nullhypothese $p \geq 0{,}58$ mit einem Signifikanztest auf dem Niveau 5 % getestet werden. Bestimmen Sie mit Hilfe der Normalverteilung als Näherung die Entscheidungsregel für einen solchen Test auf der Basis einer Stichprobe von 300 Brettern. (6 BE)

2. Zur Herstellung von Parkettdielen stehen viele, jeweils gleich große Brettchen zur Verfügung, die nach dem Aussehen in drei Kategorien „ruhig", "mittel" und „lebhaft" eingeteilt werden.
   Wie viel Möglichkeiten gibt es, für eine Diele 15 Brettchen auszuwählen, wenn es nur darauf ankommt, in welcher Stückzahl die drei Kategorien auftreten? (5 BE)

3. Die Parkettdielen werden verlegefertig mit hoher Maßgenauigkeit verkauft. Sie weisen eine mittlere Länge von 800,0 mm bei einer Standardabweichung von 0,2 mm auf. Beim Verlegen in einem Raum werden 10 Parkettdielen nahtlos aneinandergefügt. Die Gesamtlänge soll möglichst genau 8 m betragen. Schätzen Sie unter der Annahme, dass die Länge der einzelnen Parkettdielen und die Gesamtlänge aus den zehn Parkettdielen jeweils normalverteilt sind, die Wahrscheinlichkeit dafür ab, dass höchstens 1,0 mm abgeschliffen werden müssen. (7 BE)

4. Die Wahrscheinlichkeitsverteilung einer binomialverteilten Zufallsgröße X kann näherungsweise mit Hilfe der kumulativen Verteilungsfunktion Φ der Standardnormalverteilung wie folgt angegeben werden:

$$P(X \leq k) \approx \Phi\left(\frac{k-20+0{,}5}{4}\right)$$

Beschreiben Sie ein konkretes Zufallsexperiment und eine Zufallgröße X mit der angegebenen Verteilung. (6 BE)

(40 BE)

Lösungen

1. a) $1-0{,}8^n > 0{,}9$

$$0{,}8^n < 0{,}1$$

$$n > \frac{\ln 0{,}1}{\ln 0{,}8}$$

$n > 10{,}3$ mindestens 11 Waggons

b) $P_{0,8}^{200}(X>150)=1-\sum_{0}^{150} B(200;\,0{,}8;\,i)=1-0{,}04935=0{,}95065\approx 95{,}1\,\%$

c) $0{,}8\cdot 0{,}65+0{,}2\cdot x=0{,}58$

$$0{,}2\cdot x=0{,}06$$

$$x=0{,}3$$

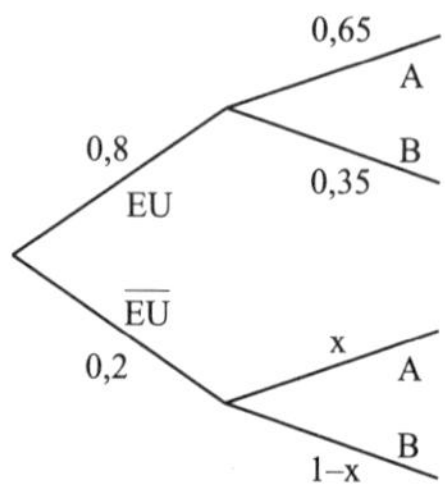

$$P_B(\overline{EU})=\frac{P(B\cap\overline{EU})}{P(B)}=\frac{0{,}2\cdot 0{,}7}{0{,}8\cdot 0{,}35+0{,}2\cdot 0{,}7}=\frac{0{,}14}{0{,}42}=\frac{1}{3}\approx 33{,}3\,\%$$

d) $P=0{,}58^5+0{,}42^5=0{,}07870\approx 7{,}9\,\%$

e)

	gegen p_0 0 … k	für p_0 k + 1 … 300
$p_0 \geq 0{,}58$	↯ $\leq 0{,}05$	✓

$\mu = 300\cdot 0{,}58 = 174$

$\sigma=\sqrt{174\cdot 0{,}42}=\sqrt{73{,}08}$

$$P_{0,58}^{300}(X\leq k)\ \leq\ \Phi\left(\frac{k-174+0{,}5}{\sqrt{73{,}08}}\right)\leq 0{,}05$$

$$\frac{k-174+0{,}5}{\sqrt{73{,}08}}\ \leq\ -1{,}6449$$

$$k\ \leq\ 159{,}4$$

$$k\ \leq\ 159$$

$A: [0;\,159]\qquad \overline{A}: [160;\,300]$

$p_0 \geq 0{,}58$ wird abgelehnt, wenn weniger als 160 Bretter der A-Sortierung in den Stichproben sind.

2. Um die 3 Kategorien von einander zu trennen, braucht man zwei Trennungsstriche. Wird jedes Brettchen durch ein Kreuzchen × dargestellt, ergibt sich eine „Graphik“ der Form

××××|××××××××|×××

Hier wären also 4 Brettchen „ruhig“, 8 Brettchen „mittel“ und 3 Brettchen „lebhaft“. Man erhält alle Möglichkeiten, wenn man die 2 Trennungsstriche und die 15 Kreuzchen auf 17 Plätzen anordnet, also:

$$\binom{17}{2} = \binom{17}{15} = 136$$

3. $\mu_1 = 800{,}0\text{ mm} \qquad \sigma_1 = 0{,}2\text{ mm} \Rightarrow \text{Var}_1 = 0{,}04\text{ mm}^2$

$\mu_{10} = 8000\text{ mm} \qquad \text{Var}_{10} = 0{,}4\text{ mm}^2 \Rightarrow \sigma_{10} = \sqrt{0{,}4}\text{ mm}$

$$P(X_{10} \le 8001\text{ mm}) = \Phi\left(\frac{8001 - 8000}{\sqrt{0{,}4}}\right) = \Phi(1{,}58) = 0{,}94295 \approx 94{,}3\,\%$$

Da Φ hier nicht als Näherung einer Binomialverteilung verwendet wird, entfällt 0,5 als Summand im Zähler.

4. Aus $\Phi\left(\frac{k - 20 + 0{,}5}{4}\right) = \Phi\left(\frac{k - \mu + 0{,}5}{\sigma}\right)$ folgt

$\mu = n \cdot p = 20 \qquad \sigma = \sqrt{n \cdot p \cdot q} = 4$

also $\sqrt{20 \cdot q} = 4$ und somit $q = \frac{4}{5}$; also $p = \frac{1}{5}$

daraus $n = 20 : \frac{1}{5} = 100$

Ein Glücksrad, bei dem ein Sektor von 72° ($= \frac{1}{5} \cdot 360°$) als Treffer festgelegt ist, wird 100-mal gedreht. Mit welcher Wahrscheinlichkeit werden höchstens k Treffer erzielt?

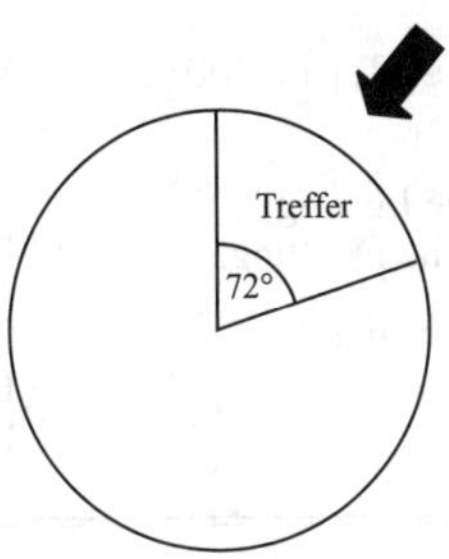

Leistungskurs Mathematik (Bayern): Abiturprüfung 2002
Analytische Geometrie V

1. In einem kartesischen Koordinatensystem des $\mathbb{R}^3$ sind die Punkte $A(4|-1|1)$, $B(0|3|1)$ und $D(2|-1|3)$ gegeben.

   a) Durch einen weiteren Punkt C wird das Dreieck ABD zu einem achsensymmetrischen Trapez ABCD ergänzt. [AB] ist dabei die längere der beiden parallelen Seiten. Bestimmen Sie die Koordinaten des Punktes C und zeigen Sie, dass die beiden parallelen Seiten dieses Trapezes den Abstand $\sqrt{6}$ haben. (9 BE)
   [Teilergebnis $C(0|1|3)$]

   b) Das Trapez ABCD ist die Grundfläche einer Pyramide, deren Spitze der Ursprung 0 ist.
   Berechnen Sie das Volumen V dieser Pyramide. (9 BE)

   c) Zeigen Sie, dass der Mittelpunkt M von [AB] zugleich Umkreismittelpunkt des Trapezes ist. (3 BE)

   d) Beschreiben Sie in Worten, wie der Umkugelmittelpunkt der Pyramide von Teilaufgabe 1 b bestimmt werden kann. Führen Sie die Rechnung nicht durch. (3 BE)

   e) Untersuchen Sie, ob die x_3-Achse die Trapezfläche trifft. (4 BE)

2. Gegeben ist das folgende lineare Gleichungssystem für $x_1, x_2, x_3 \in \mathbb{R}$

$$\begin{array}{llll}
\text{(I)} & 3x_1 - dx_2 & & = -2d \\
\text{(II)} & (1001-a)x_2 - & 5x_3 & = -10 \\
\text{(III)} & & (1001+a)x_3 & = 4004
\end{array}$$

   a) Zeigen Sie, dass das System bei gegebenem $d \in \mathbb{R}$ für alle $a \in \mathbb{R}$, $|a| \neq 1001$ eindeutig lösbar ist. (4 BE)

   b) In welchem der Fälle $|a| = 1001$ hat das System mehr als eine Lösung? Geben Sie für diesen Fall (bei gegebenem d) eine geometrische Deutung. (5 BE)

   c) Bestimmen Sie a und d so, dass $(x_1|x_2|x_3) = (15|5|2002)$ Lösung des Gleichungssystems ist. (3 BE)

(40 BE)

Lösungen

1. a) Man ermittelt zum Beispiel zuerst den Mittelpunkt M_{DC} der Strecke [DC]; dieser liegt auf der Geraden DC durch D parallel zu AB und senkrecht über dem Mittelpunkt M_{AB} der Strecke [AB].

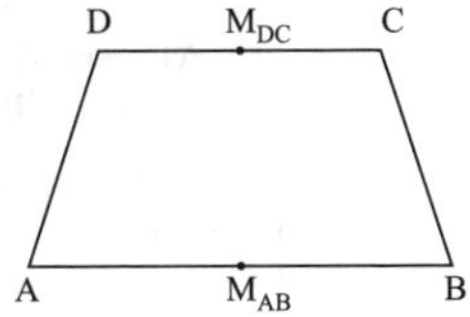

$$\vec{M}_{AB} = \frac{1}{2}\left[\begin{pmatrix}4\\-1\\1\end{pmatrix} + \begin{pmatrix}0\\3\\1\end{pmatrix}\right] = \begin{pmatrix}2\\1\\1\end{pmatrix}$$

DC: $\vec{X} = \vec{D} + \lambda \cdot \overrightarrow{AB}$

$$\vec{X} = \begin{pmatrix}2\\-1\\3\end{pmatrix} + \lambda \cdot \begin{pmatrix}-4\\4\\0\end{pmatrix} = \begin{pmatrix}2\\-1\\3\end{pmatrix} + \lambda \cdot \begin{pmatrix}-1\\1\\0\end{pmatrix} \qquad \lambda \in \mathbb{R}$$

wegen $M_{DC} \in DC$ gilt $\vec{M}_{DC} = \begin{pmatrix}2-\lambda\\-1+\lambda\\3\end{pmatrix}$

$\overrightarrow{M_{AB}M_{DC}} \perp \overrightarrow{AB}$ also $\begin{pmatrix}2-\lambda-2\\-1+\lambda-1\\3-1\end{pmatrix} \circ \begin{pmatrix}-1\\1\\0\end{pmatrix} = 0$

$$\lambda - 2 + \lambda = 0 \;\Rightarrow\; \lambda = 1$$

$$\vec{M}_{DC} = \begin{pmatrix}2\\-1\\3\end{pmatrix} + 1 \cdot \begin{pmatrix}-1\\1\\0\end{pmatrix} = \begin{pmatrix}1\\0\\3\end{pmatrix}$$

$$\vec{C} = \vec{D} + 2 \cdot \overrightarrow{DM}_{DC} = \begin{pmatrix}2\\-1\\3\end{pmatrix} + 2 \cdot \begin{pmatrix}1-2\\0+1\\3-3\end{pmatrix} = \begin{pmatrix}0\\1\\3\end{pmatrix}$$

$$d(AB; DC) = |\overrightarrow{M_{AB}M_{DC}}| = \left|\begin{pmatrix}1-2\\0-1\\3-1\end{pmatrix}\right| = \sqrt{1+1+4} = \sqrt{6}$$

b) $A_{Trapez} = \frac{1}{2}(\overline{AB} + \overline{DC}) \cdot h = \frac{1}{2}\left(\left|\begin{pmatrix}-4\\4\\0\end{pmatrix}\right| + \left|\begin{pmatrix}-2\\2\\0\end{pmatrix}\right|\right) \cdot \sqrt{6} = \frac{1}{2}(\sqrt{32} + \sqrt{8}) \cdot \sqrt{6}$

$$= \frac{1}{2}(4\sqrt{2} + 2\sqrt{2}) \cdot \sqrt{6} = 3\sqrt{2} \cdot \sqrt{6} = 6\sqrt{3}$$

Die Höhe der Pyramide ist der Abstand des Ursprungs von der Trapezebene.

Trapezebene: $\vec{X} = \vec{A} + \lambda \cdot \overrightarrow{AB} + \mu \cdot \overrightarrow{AD} \qquad \lambda, \mu \in \mathbb{R}$

$$\overrightarrow{AB} \times \overrightarrow{AD} = \begin{pmatrix} -4 \\ 4 \\ 0 \end{pmatrix} \times \begin{pmatrix} -2 \\ 0 \\ 2 \end{pmatrix} \hat{=} \begin{pmatrix} -1 \\ 1 \\ 0 \end{pmatrix} \times \begin{pmatrix} -1 \\ 0 \\ 1 \end{pmatrix} = \begin{pmatrix} 1 \\ 1 \\ 1 \end{pmatrix}$$

$$\begin{pmatrix} 1 \\ 1 \\ 1 \end{pmatrix} \circ \begin{pmatrix} 4 \\ -1 \\ 1 \end{pmatrix} = 4$$

$$x_1 + x_2 + x_3 - 4 = 0$$

$$\text{HNF: } \frac{1}{\sqrt{3}}(x_1 + x_2 + x_3 - 4) = 0$$

$$d(\text{Trapezebene}; 0) = -\frac{4}{\sqrt{3}} = -\frac{4}{3}\sqrt{3} \qquad \text{Höhe}_{\text{Pyramide}} = \frac{4}{3}\sqrt{3}$$

$$V_{\text{Pyramide}} = \frac{1}{3} \cdot 6\sqrt{3} \cdot \frac{4}{3}\sqrt{3} = 8$$

c) $\overline{AM_{AB}} = \left| \begin{pmatrix} -2 \\ 2 \\ 0 \end{pmatrix} \right| = \sqrt{8} \qquad \overline{BM_{AB}} = \left| \begin{pmatrix} 2 \\ -2 \\ 0 \end{pmatrix} \right| = \sqrt{8}$

$\overline{CM_{AB}} = \left| \begin{pmatrix} 2 \\ 0 \\ -2 \end{pmatrix} \right| = \sqrt{8} \qquad \overline{DM_{AB}} = \left| \begin{pmatrix} 0 \\ 2 \\ -2 \end{pmatrix} \right| = \sqrt{8}$

d) Der Umkugelmittelpunkt muss auf dem Lot zur Trapezebene durch M_{AB} liegen, um von A, B, C und D gleich weit entfernt zu sein.
Zugleich ist ein Punkt dieses Lotes gleich weit vom Ursprung (Pyramidenspitze) und einem (und damit allen) Trapezpunkt(en) entfernt.
Dieser Punkt ist der Umkugelmittelpunkt M.
$\overline{MA} = \overline{MB} = \overline{MC} = \overline{MD} = \overline{MO}$

e) Schnittpunkt der x_3-Achse ($\vec{X} = \lambda \cdot \begin{pmatrix} 0 \\ 0 \\ 1 \end{pmatrix}$) und der Trapezebene:
$\lambda - 4 = 0 \Rightarrow S(0|0|4)$
Für alle Trapezpunkte gilt: $1 \le x_3 \le 3$
Also schneidet die x_3-Achse die Trapezfläche nicht.

2. a) System nur lösbar, falls $D \neq 0$

$$D = \begin{vmatrix} 3 & -d & 0 \\ 0 & 1001-a & -5 \\ 0 & 0 & 1001+a \end{vmatrix} = 3(1001-a)(1001+a)$$

$D = 0$ für $a = \pm 1001$

$D \neq 0$ für $a \neq \pm 1001$

oder System auflösen

III $\quad x_3 = \dfrac{4004}{1001+a} \qquad \text{mit } a \neq -1001$

III in II $\quad x_2 = \left(-10 + \dfrac{20020}{1001+a}\right) : (1001-a) \qquad \text{mit } a \neq \pm 1001$

$$x_2 = \frac{10010-10a}{1001+a} : (1001-a) = \frac{10}{1001+a}$$

II in I $\quad x_1 = \left(-2d + \dfrac{10d}{1001+a}\right) : 3$

$$x_1 = \frac{-1992d-2ad}{.3(1001+a)}$$

$$\left(-\frac{1992d+2ad}{3(1001+a)} \,\middle|\, \frac{10}{1001+a} \,\middle|\, \frac{4004}{1001+a}\right) \text{ für } a \neq \pm 1001$$

b) für a = 1001:
$$\begin{array}{lrcl} \text{I} & 3x_1 - dx_2 & = & -2d \\ \text{II} & -5x_3 & = & -10 \quad \Rightarrow \quad x_3 = 2 \\ \text{III} & 2002x_3 & = & 4004 \quad \Rightarrow \quad x_3 = 2 \end{array}$$

sind die Gleichungen II und III identisch. Da I und II verschiedene, nicht parallele Ebenen darstellen, ist die Lösung eine Schnittgerade, also unendlich viele Punkte.

für a = 1001:
$$\begin{array}{lrcl} \text{I} & 3x_1 - dx_2 & = & -2d \\ \text{II} & 2002x_2 \quad -5x_3 & = & -10 \\ \text{III} & 0 & = & 4004 \quad ↯ \quad \mathbb{L} = \{\} \end{array}$$

c) I $\quad 3 \cdot 15 - 5d = -2d \qquad \Rightarrow \quad d = 15$

II $\quad (1001 - a) \cdot 5 - 5 \cdot 2002 = -10 \quad \Rightarrow \quad a = -999$

III $\quad (1001 + a) \cdot 2002 = 4004 \qquad \Rightarrow \quad a = -999$

Leistungskurs Mathematik (Bayern): Abiturprüfung 2002
Analytische Geometrie VI

In einem kartesischen Koordinatensystem des $\mathbb{R}^3$ sind die Punkte $O(0|0|0)$, $A(6|0|0)$, $B(6|6|6)$, die Ebene $F: x_1 - x_2 = 0$ und die Ebenenschar $G_k: kx_1 + 6x_2 - 6k = 0$ mit $k \in \mathbb{R}^+$ gegeben.

1. a) Bestimmen Sie in Normalenform eine Gleichung der Ebene E, die die Punkte A,B und O enthält. Weisen Sie nach, dass das Dreieck OAB bei A rechtwinklig ist.
[mögliches Teilergebnis: $E: x_2 - x_3 = 0$] (4 BE)

   b) Alle Punkte des Dreiecks OAB, für die A der nächstgelegene Eckpunkt ist, werden grün gekennzeichnet. Welcher Bruchteil der Dreiecksfläche ist dann grün gefärbt? Begründen Sie Ihre Antwort anhand einer Skizze. (4 BE)

   c) Durch die Spiegelung der Ebene E aus Teilaufgabe 1 a an der Ebene F erhält man die Ebene E*. Begründen Sie, dass B und O Fixpunkte dieser Spiegelung sind. Ermitteln Sie für E* eine Gleichung in Normalenform.
[mögliches Ergebnis: $E^*: x_1 - x_3 = 0$] (7 BE)

   d) Geben Sie eine Gleichung der Schnittgeraden s der Ebenen E und E* sowie den Schnittwinkel φ von E und E* an. (4 BE)

2. a) Bestimmen Sie – soweit vorhanden – die Koordinaten der Schnittpunkte der Scharebenen G_k mit den Koordinatenachsen.
Welche besondere Lage im Koordinatensystem hat jede Scharebene G_k? (4 BE)

   b) Begründen Sie ohne weitere Rechnung, dass alle Scharebenen G_k eine gemeinsame Schnittgerade g haben und geben Sie eine Gleichung von g an. (2 BE)

3. Für jedes $k > 0$ begrenzen die Ebenen E, E*, G_k und die x_1x_2-Ebene eine dreiseitige Pyramide P_k.

   a) Geben Sie die Koordinaten der vier Eckpunkte von P_k an und berechnen Sie das Pyramidenvolumen V_k in Abhängigkeit von k. (11 BE)

   b) Für welches k ist F Symmetrieebene von P_k? Geben Sie eine kurze Begründung. (2 BE)

(40 BE)

Lösungen

1. a) E: $\vec{X} = \lambda \cdot \vec{A} + \mu \cdot \vec{B} \qquad \lambda, \mu \in \mathbb{R}$

$$\vec{A} \times \vec{B} = \begin{pmatrix} 6 \\ 0 \\ 0 \end{pmatrix} \times \begin{pmatrix} 6 \\ 6 \\ 6 \end{pmatrix} = \begin{pmatrix} 0 \\ -36 \\ 36 \end{pmatrix} \triangleq \begin{pmatrix} 0 \\ 1 \\ -1 \end{pmatrix}$$

E: $x_2 - x_3 = 0$

$$\overrightarrow{AO} \circ \overrightarrow{AB} = \begin{pmatrix} -6 \\ 0 \\ 0 \end{pmatrix} \circ \begin{pmatrix} 0 \\ 6 \\ 6 \end{pmatrix} = 0 \;\Rightarrow\; \overrightarrow{AO} \perp \overrightarrow{AB}$$

b) $A_\Delta = \frac{1}{2} \cdot \overline{AB} \cdot \overline{AO}$

$A_\square = \frac{1}{2} \cdot \overline{AB} \cdot \frac{1}{2} \cdot \overline{AO}$

$\Rightarrow \; A_\square = \frac{1}{2} \cdot A_\Delta$

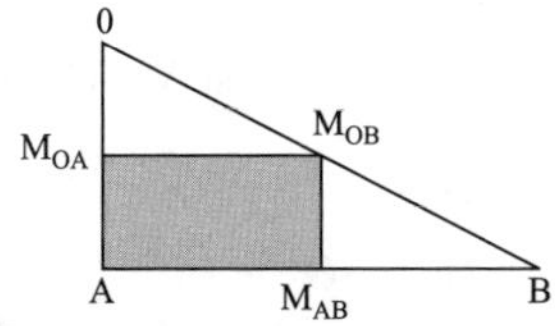

c) F: $x_1 - x_2 = 0$ also $0 \in F$ und $B \in F$
da auch $0 \in E$ und $B \in E$ gilt (siehe 1a), gilt $E \cap F = OB$, also ist OB Fixpunktgerade der Spiegelung.
E* verläuft durch O, B und A*, wobei $AA^* \perp F$ und $d(A; F) = d(A^*; F)$ gilt.

AA^*: $\vec{X} = \vec{A} + \lambda \cdot \vec{n}_F \qquad \lambda \in \mathbb{R}$

$$\vec{X} = \begin{pmatrix} 6 \\ 0 \\ 0 \end{pmatrix} + \lambda \cdot \begin{pmatrix} 1 \\ -1 \\ 0 \end{pmatrix}$$

$AA^* \cap F = \{D\}$

$6 + \lambda + \lambda = 0$

$\lambda = -3$

$$\vec{D} = \begin{pmatrix} 3 \\ 3 \\ 0 \end{pmatrix}$$

$\overrightarrow{A^*} = \vec{A} + 2 \cdot \overrightarrow{AD}$

$$\overrightarrow{A^*} = \begin{pmatrix} 6 \\ 0 \\ 0 \end{pmatrix} + 2 \cdot \begin{pmatrix} -3 \\ 3 \\ 0 \end{pmatrix} = \begin{pmatrix} 0 \\ 6 \\ 0 \end{pmatrix}$$

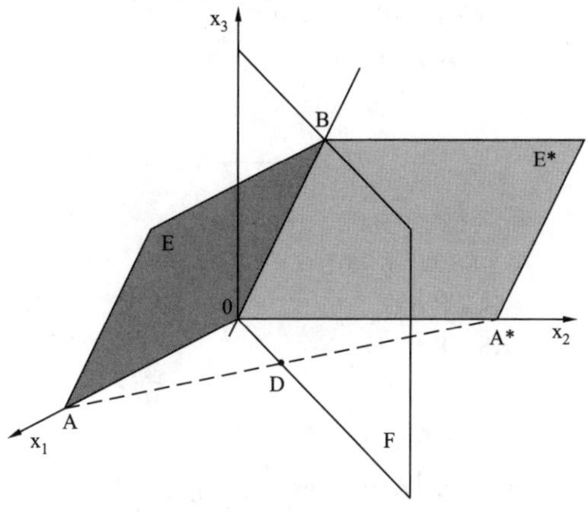

E*: $\vec{X} = \lambda \overrightarrow{A^*} + \mu \vec{B} \qquad \lambda, \mu \in \mathbb{R}$

$$\overrightarrow{A^*} \times \vec{B} = \begin{pmatrix} 0 \\ 6 \\ 0 \end{pmatrix} \times \begin{pmatrix} 6 \\ 6 \\ 6 \end{pmatrix} = \begin{pmatrix} 36 \\ 0 \\ -36 \end{pmatrix} \triangleq \begin{pmatrix} 1 \\ 0 \\ -1 \end{pmatrix}$$

E*: $x_1 - x_3 = 0$

d) $E \cap E^* = OB$

$$OB: \vec{X} = \lambda \begin{pmatrix} 6 \\ 6 \\ 6 \end{pmatrix} \qquad \lambda \in \mathbb{R}$$

$$\cos\varphi = \frac{\begin{pmatrix} 0 \\ 1 \\ -1 \end{pmatrix} \circ \begin{pmatrix} 1 \\ 0 \\ -1 \end{pmatrix}}{\sqrt{2}\cdot\sqrt{2}} = \frac{1}{2} \;\Rightarrow\; \varphi = 60°$$

2. a) Alle Ebenen G_k echt parallel zur x_3-Achse, also kein Schnittpunkt mit x_3-Achse.
$G_k \cap x_1$-Achse: $kx_1 - 6k = 0 \quad x_1 = 6 \quad A(6\,|\,0\,|\,0)$
$G_k \cap x_2$-Achse: $6x_2 - 6k = 0 \quad x_2 = k \quad K(0\,|\,k\,|\,0)$

b) Alle G_k echt parallel zur x_3-Achse und $A \in G_k$ für alle $k \in \mathbb{R}^+$

$$g:\; \vec{X} = \begin{pmatrix} 6 \\ 0 \\ 0 \end{pmatrix} + \lambda \cdot \begin{pmatrix} 0 \\ 0 \\ 1 \end{pmatrix} \qquad \lambda \in \mathbb{R}$$

3. a) Die Grundfläche der Pyramide liegt in der x_1-x_2-Ebene und hat die Eckpunkte O (da $0 \in E$ und $0 \in E^*$), A (da $A \in E$ und $A \in G_k$) und K (da $K \in G_k$ und $K \in E^*$).
Die Spitze S der Pyramide liegt auf OB (da $E \cap E^* = OB$) und muss auf G_k liegen; also $OB \cap G_k = \{S\}$.

$OB \cap G_k$:

$$k \cdot 6\lambda + 6 \cdot 6\lambda - 6k = 0$$
$$k \cdot \lambda + 6\lambda - k = 0$$
$$\lambda(k+6) = k$$
$$\lambda = \frac{k}{k+6}$$

$$S\left(\frac{6k}{k+6} \,\middle|\, \frac{6k}{k+6} \,\middle|\, \frac{6k}{k+6}\right)$$

$AS = E \cap G_k$

$KS = E^* \cap G_k$

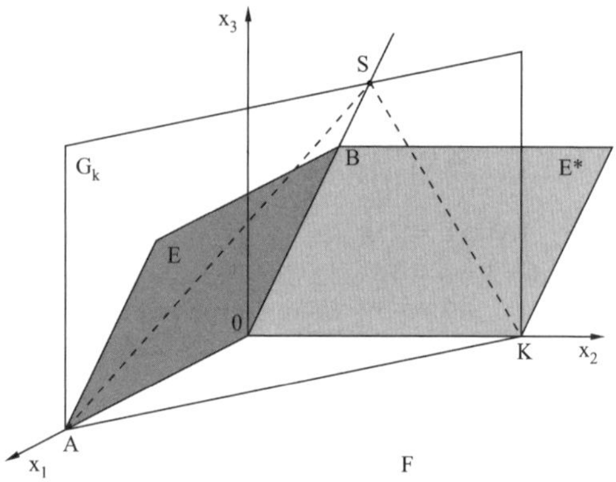

$$V_k = \frac{1}{6} \cdot \begin{vmatrix} 6 & 0 & \frac{6k}{k+6} \\ 0 & k & \frac{6k}{k+6} \\ 0 & 0 & \frac{6k}{k+6} \end{vmatrix} = \frac{1}{6} \cdot 6 \cdot k \cdot \frac{6k}{k+6} = \frac{6k^2}{k+6}$$

b) Da A^* Spiegelpunkt zu A bzgl. F ist, ist F Symmetrieebene der Pyramide, wenn $K = A^*$ ist, also $k = 6$ gilt.

Leistungskurs Mathematik (Bayern): Abiturprüfung 2003
Infinitesimalrechnung I

1. a) Gegeben sind die in $\mathbb{R}$ definierten Funktionen

$$g:\ x \mapsto \frac{e^x}{2},\quad g^*:\ x \mapsto \frac{e^{-x}}{2}\quad \text{und}\quad f_1:\ x \mapsto \frac{e^x + e^{-x}}{2}.$$

Zeichnen Sie mithilfe der Funktionswerte g(–1), g(1) und g(2) den Graphen von g im Bereich $-2 \leq x \leq 2$ in ein Koordinatensystem mit der Längeneinheit 2 cm.
Erläutern Sie, wie der Graph von g* aus dem Graphen von g und schließlich der Graph von f_1 aus den Graphen von g und g* entsteht.
Zeichnen Sie die Graphen von g* und f_1 in das vorhandene Koordinatensystem. (6 BE)

Die Funktion f_1 gehört der Funktionenschar

$$f_k:\ x \mapsto \frac{e^{kx} + e^{-kx}}{2k} \text{ mit } D = \mathbb{R} \text{ und } k \in \mathbb{R}^+ \text{ an.}$$

Der Graph von f_k wird mit G_k bezeichnet.

b) Welches Symmetrieverhalten weist G_k auf?
Bestimmen Sie das Monotonieverhalten von f_k und geben Sie die Koordinaten des Extrempunktes an. (5 BE)

c) Nun wird die Integralfunktion

$$F_k:\ x \mapsto \int_0^x f_k(t)\,dt$$

mit dem Definitionsbereich $\mathbb{R}$ betrachtet.
Bestimmen Sie ohne Berechnung der integralfreien Darstellung von F_k das Symmetrie-, Monotonie- und Krümmungsverhalten des Graphen von F_k (kurze Begründung). (6 BE)

d) Ermitteln Sie eine integralfreie Darstellung von $F_1(x)$ und zeigen Sie die Gültigkeit der Beziehung
$[f_1(x)]^2 = 1 + [F_1(x)]^2$ für alle $x \in \mathbb{R}$.
Konstruieren Sie mittels dieser Beziehung den Wert J des Integrals
$\int_0^2 f_1(x)\,dx$ als Streckenlänge in Ihrer Zeichnung und markieren Sie die zugehörige Strecke farbig. (8 BE)

2. a) Ermitteln Sie die beiden Stellen x_1 und x_2, an denen die Funktion f_1 den Wert m $(m > 1)$ annimmt.
$\left[\text{Ergebnis:}\quad x_{1/2} = \ln(m \pm \sqrt{m^2 - 1})\right]$ (4 BE)

b) Lässt man das im 1. Quadranten liegende, von G_1, der positiven y-Achse und der Geraden mit der Gleichung $y = 10$ begrenzte Flächenstück um die y-Achse rotieren, entsteht ein kelchförmiger Körper.
Berechnen Sie dessen Durchmesser d am oberen Rand.
Geben Sie einen Ansatz für das Volumen V des Kelches an (Berechnung ist nicht verlangt). (5 BE)

3. Die Spannweite am Boden (Außenmaße) und die Höhe des 1965 in St. Louis, Missouri, errichteten Gateway Arch betragen jeweils 631 feet. Das Foto zeigt eine Schrägansicht des Bogens. In einem Koordinatensystem mit der Längeneinheil 1 foot kann die äußere Begrenzung des Bogens durch einen umgedrehten Graphen G_k angenähert werden.
Erstellen Sie einen Ansatz zur Berechnung von k und zeigen Sie, dass der Wert $k = 2^{-7}$ eine gute Näherungslösung ist.

(6 BE)
(40 BE)

Lösungen

1\. a) $g(x) = \frac{e^x}{2}$ $\quad D_g = \mathbb{R}$

$g^*(x) = \frac{e^{-x}}{2}$ $\quad D_{g^*} = \mathbb{R}$

$f_1(x) = \frac{e^x + e^{-x}}{2}$ $\quad D_{f_1} = \mathbb{R}$

$g(-1) = \frac{1}{2} \cdot e^{-1} \approx 0{,}18$

$g(1) = \frac{1}{2} \cdot e \approx 1{,}36$

$g(2) = \frac{1}{2} \cdot e^2 \approx 3{,}69$

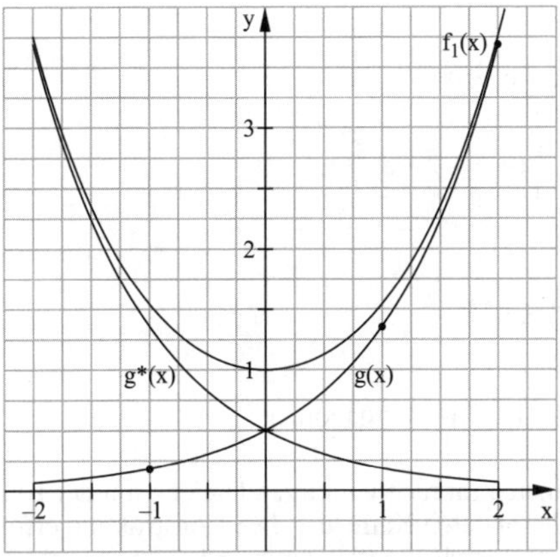

Der Graph von g* ergibt sich durch Spiegelung des Graphen von g an der y-Achse. Der Graph von f_1 ergibt sich durch Superposition (Addition der Funktionswerte) der Graphen von g und g*.

b) $f_k(-x) = \frac{e^{-kx} + e^{kx}}{2k} = f_k(x)$

$\Rightarrow$ Symmetrie zur y-Achse

$f_k'(x) = \frac{k \cdot e^{kx} - k \cdot e^{-kx}}{2k} = \frac{1}{2}(e^{kx} - e^{-kx})$

$f_k'(x) > 0$ für $e^{kx} > e^{-kx}$ also $kx > -kx$ also $x > 0$ (da $k \in \mathbb{R}^+$)

$f_k'(x) < 0$ für $e^{kx} < e^{-kx}$ also $kx > -kx$ also $x < 0$ (da $k \in \mathbb{R}^+$)

$TP\left(0 \,\middle|\, \frac{1}{k}\right)$

c) $F_k(x) = \int_0^x f_k(t)\,dt \quad D_{F_k} = \mathbb{R}$

$F_k(x)$ ist punktsymmetrisch zum Ursprung, da $F_k(0) = 0$ (untere Integrationsgrenze) und $f_k(x)$ achsensymmetrisch zur y-Achse.

$F_k(x)$ ist streng monoton steigend in $\mathbb{R}$, da $F_k'(x) = f_k(x) > 0$ in $\mathbb{R}$.

$F_k(x)$ ist linksgekrümmt für $x > 0$, da $F_k''(x) = f_k'(x) > 0$ für $x > 0$

$F_k(x)$ ist rechtsgekrümmt für $x < 0$, da $F_k''(x) = f_k'(x) < 0$ für $x < 0$

d) $F_1(x) = \int_0^x \frac{e^t + e^{-t}}{2}\,dt = \frac{1}{2}\left[e^t - e^{-t}\right]_0^x$

$$= \frac{e^x - e^{-x}}{2} - \frac{1-1}{2}$$

$$= \frac{e^x - e^{-x}}{2} = f_1'(x)$$

$$[f_1(x)]^2 = \frac{1}{4}(e^x + e^{-x})^2 = \frac{1}{4}(e^{2x} + 2 - e^{-2x})$$

$$1 + [F_1(x)]^2 = 1 + \frac{1}{4}(e^x - e^{-x})^2 = 1 + \frac{1}{4}(e^{2x} - 2 + e^{-2x})$$

$$= \frac{1}{4}(4 + e^{2x} - 2 + e^{-2x})$$

$$= \frac{1}{4}(e^{2x} + 2 + e^{-2x}) = [f_1(x)]^2$$

$\int_0^2 f_1(x)\,dx = F_1(2) \quad \Rightarrow \quad [f_1(2)]^2 = 1^2 + [F_1(2)]^2$ Pythagoras!

Die gesuchte Strecke ist eine der Katheten im rechtwinkligen Dreieck mit der Hypotenuse $f_1(2) = g(2) + g^*(2) \approx 3{,}76$ und der anderen Kathete 1. Die Konstruktion erfolgt mithilfe des Thaleskreises über $f_1(2)$ und Kreis um $(2\,|\,0)$ mit $r = 1$ (Längeneinheit beachten!).

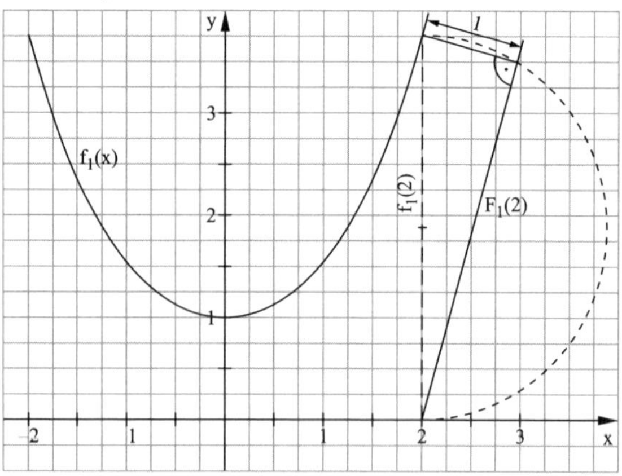

2\. a)

$$f_1(x) = m$$
$$e^x + e^{-x} = 2m$$
$$e^{2x} + 1 = 2m \cdot e^x$$
$$e^{2x} - 2m \cdot e^x + 1 = 0$$
$$e^x = \frac{2m \pm \sqrt{4m^2 - 4}}{2}$$
$$e^x = m \pm \sqrt{m^2 - 1}$$
$$x_{1,2} = \ln[m \pm \sqrt{m^2 - 1}]$$

b) $d = 2 \cdot x_0$ mit $f_1(x_0) = 10$

$f_1(x_0) = 10 \Rightarrow x_0 = \ln[10 + \sqrt{99}]$ (siehe 2 a)

$d = 2 \cdot \ln[10 + \sqrt{99}] \approx 5{,}99$

Für den Radius r des Kelches gilt:
$f_1(r) = m$ mit $m \in [1; 10]$
also $r = \ln[m + \sqrt{m^2 - 1}]$ mit $m \in [1; 10]$
Somit berechnet sich das Kelchvolumen aus

$$V = \pi \cdot \int_1^{10} (\ln[m + \sqrt{m^2 - 1}])^2 \, dm$$

3\. Spiegelung vom $f_k(x)$ an der x-Achse ergibt $f_k^*(x)$

$$f_k^*(x) = -f_k(x) = -\frac{e^{kx} + e^{-kx}}{2k} \quad \text{mit} \quad HP\left(0 \middle| -\frac{1}{k}\right)$$

Es muss gelten:

$$f_k^*\left(\frac{631}{2}\right) = -631 - \frac{1}{k}$$
$$-631 - \frac{1}{2^{-7}} = -759$$
$$f_{2^{-7}}^*\left(\frac{631}{2}\right) = -\frac{e^{2^{-7} \cdot \frac{631}{2}} + e^{-2^{-7} \cdot \frac{631}{2}}}{2 \cdot 2^{-7}} \approx -758{,}15$$

Leistungskurs Mathematik (Bayern): Abiturprüfung 2003
Infinitesimalrechnung II

1. Gegeben ist die Schar der in $\mathbb{R}$ definierten Funktionen

   $f_k:\ x \mapsto \frac{1}{2}(k-x)\sqrt{e^x}$ mit $k \in \mathbb{R}$.

   Der jeweilige Graph von f_k wird mit G_k bezeichnet.

   a) Geben Sie $f_k(0)$ sowie die Nullstelle von f_k an. Untersuchen Sie das Verhalten von f_k für $x \to -\infty$ und für $x \to +\infty$. (3 BE)

   b) Zeigen Sie, dass $f_k'(x) = \frac{1}{2} f_{k-2}(x)$ gilt, und ermitteln Sie hiermit Funktionsterme der Ableitungen f_k'' und f_k''' sowie einer Stammfunktion von f_k. (6 BE)

   c) Zeigen Sie, dass G_k genau einen Hochpunkt und genau einen Wendepunkt besitzt, und bestimmen Sie die Koordinaten dieser Punkte. (5 BE)

   d) Zeichnen Sie unter Berücksichtigung der bisherigen Ergebnisse G_4 und G_6 in ein gemeinsames Koordinatensystem ein. (5 BE)

   e) G_4 schließt im zweiten Quadranten mit den Koordinatenachsen ein sich ins Unendliche erstreckendes Flächenstück ein. Begründen Sie, dass dieses einen endlichen Inhalt hat. (3 BE)

   f) Geben Sie an, welche Bedeutung die Funktion $2 \cdot f_6$ für die Funktion f_4 hat. Bestimmen Sie mithilfe von G_6 aus Ihrer Zeichnung die positive Zahl z (auf eine Dezimale genau), für die $\int_0^z f_4(x)\,dx = 0$ ist.
   Tragen Sie dazu entsprechende Hilfslinien in die Zeichnung ein und erläutern Sie Ihr Vorgehen.
   Überprüfen Sie Ihre graphisch gewonnene Näherungslösung, indem Sie z mithilfe des Taschenrechners auf eine Dezimale genau ermitteln. (7 BE)

2. Das abgebildete Zelt – geometrisch betrachtet ein gerades Prisma – hat einen rechteckigen Grundriss mit den Seitenlängen $\frac{3}{2}a$ und b.
   Die Front besteht aus einem Rechteck mit den Seitenlängen $\frac{3}{2}a$ und a sowie einem aufgesetzten gleichschenkligen Dreieck der Höhe a

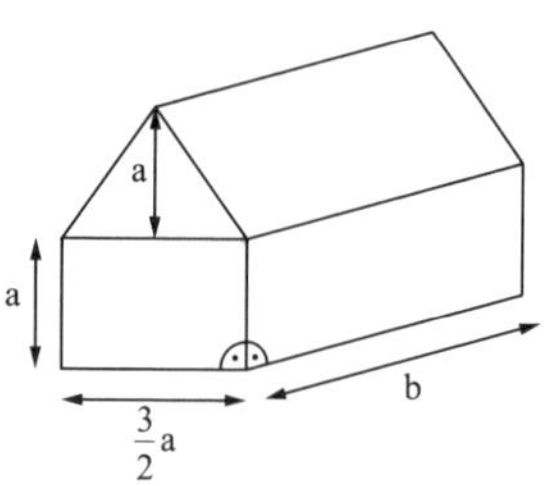

a) Zeigen Sie, dass für den Rauminhalt V des Zelts und für den Flächeninhalt S der benötigten Zeltplane (ohne Boden und Laschen, das Zelt ist vollständig geschlossen) gilt:

$$V = \frac{9}{4}a^2 b$$

$$S = \frac{9}{2}a^2 + \frac{9}{2}ab.$$ (4 BE)

b) Bestimmen Sie a und b so, dass $V = 121{,}5\ m^3$ ist und dass der Materialverbrauch an Zeltplane möglichst gering ist. Wie viele m^2 Zeltplane werden in diesem Fall benötigt? (7 BE)

(40 BE)

Lösungen

1. a) $f_k(x) = \frac{1}{2}(k-x)\sqrt{e^x} = \frac{1}{2}(k-x)e^{\frac{x}{2}} \quad D_{f_k} = \mathbb{R}; \quad k \in \mathbb{R}$

$$f_k(0) = \frac{1}{2}k$$

$f_k(k) = 0 \quad$ Nst $(k \mid 0)$

$$\lim_{x \to \infty} f_k(x) = \frac{1}{2} \cdot (-\infty) \cdot (+\infty) = -\infty$$

$$\lim_{x \to -\infty} f_k(x) = \lim_{x \to -\infty}\left[\frac{1}{2}ke^{\frac{x}{2}} - \frac{1}{2}xe^{\frac{x}{2}}\right] = 0 - 0 = 0$$

b) $$f_k'(x) = \frac{1}{2} \cdot (-1)e^{\frac{x}{2}} + \frac{1}{2}(k-x) \cdot \frac{1}{2}e^{\frac{x}{2}}$$

$$= \frac{1}{4}(-2 + k - x)e^{\frac{x}{2}}$$

$$= \frac{1}{2} \cdot \frac{1}{2}[(k-2) - x]e^{\frac{x}{2}} = \frac{1}{2}f_{k-2}(x)$$

$$f_k''(x) = [f_k'(x)]' = \frac{1}{2} \cdot f_{k-2}'(x) = \frac{1}{2} \cdot \left[\frac{1}{2}f_{k-2-2}(x)\right] = \frac{1}{4}f_{k-4}(x) = \frac{1}{8}(k-4-x)e^{\frac{x}{2}}$$

$$f_k'''(x) = [f_k''(x)]' = \frac{1}{2} \cdot f_{k-2}''(x) = \frac{1}{2} \cdot \left[\frac{1}{4}f_{k-2-4}(x)\right] = \frac{1}{8}f_{k-6}(x) = \frac{1}{16}(k-6-x)e^{\frac{x}{2}}$$

Für die Stammfunktion $F_k(x)$ gilt: $F_k'(x) = f_k(x)$

Also:

$$F_k(x) = 2 \cdot f_{k+2}(x) = (k+2-x)e^{\frac{x}{2}}$$

c) $f_k'(x)=0 \;\Rightarrow\; \frac{1}{4}(k-2-x)e^{\frac{x}{2}}=0 \;\Rightarrow\; x=k-2$

$$f_k''(k-2)=\frac{1}{8}\cdot(-2)e^{\frac{k-2}{2}}<0$$

$$\Rightarrow \left(k-2 \,\middle|\, e^{\frac{k-2}{2}}\right) \text{ ist einziger Hochpunkt.}$$

$f_k''(x)=0 \;\Rightarrow\; \frac{1}{8}(k-4-x)e^{\frac{x}{2}}=0 \;\Rightarrow\; x=k-4$

$$f_k'''(k-4)=\frac{1}{16}\cdot(-2)e^{\frac{k-4}{2}}\neq 0$$

$$\Rightarrow \left(k-4 \,\middle|\, 2e^{\frac{k-4}{2}}\right) \text{ ist einziger Wendepunkt.}$$

d)

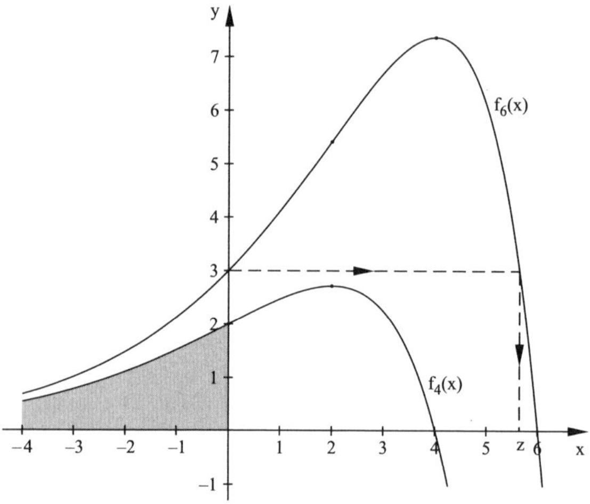

G_4	G_6
$f_4(x)=\frac{1}{2}(4-x)e^{\frac{x}{2}}$	$f_6(x)=\frac{1}{2}(6-x)e^{\frac{x}{2}}$
$(0\|2)$	$(0\|3)$
$(4\|0)$	$(6\|0)$
$HP(2\|e^1)$	$HP(4\|e^2)$
$WP(0\|2)$	$WP(2\|2e)$

e) $A=\lim\limits_{a\to-\infty}\int_a^0 f_4(x)\,dx=\lim\limits_{a\to-\infty}\left[2\cdot f_6(x)\right]_a^0$

$$=\lim_{a\to-\infty} 2\cdot\left[\frac{1}{2}(6-x)e^{\frac{x}{2}}\right]_a^0$$

$$=\lim_{a\to-\infty} 2\cdot\left[\frac{1}{2}\cdot 6-\frac{1}{2}(6-a)e^{\frac{a}{2}}\right]$$

$$=2\cdot(3-0)=6$$

f) $2f_6(x)$ ist Stammfunktion zu $f_4(x)$.

Es gilt:

$$\int_0^z f_4(x)\,dx = 2\cdot f_6(z) - 2\cdot f_6(0)$$
$$= 2\left[f_6(z) - \frac{1}{2}(6-0)e^{\frac{0}{2}}\right]$$
$$= 2[f_6(z) - 3]$$

Somit gilt:

$$\int_0^z f_4(x)\,dx = 0 \Rightarrow f_6(z) = 3$$

In der Zeichnung ergibt sich: $z \approx 5{,}6$

Berechnung: $f_6(5{,}6) = \frac{1}{2}(6-5{,}6)e^{2{,}8} \approx 3{,}29$

$f_6(5{,}5) = \frac{1}{2}(6-5{,}5)e^{2{,}75} \approx 3{,}91$

$f_6(5{,}7) = \frac{1}{2}(6-5{,}7)e^{2{,}85} \approx 2{,}59$

also $z \in]5{,}6; 5{,}7[$

2. a) $V = \frac{3}{2}a\cdot b\cdot a + \frac{1}{2}\cdot\frac{3}{2}a\cdot a\cdot b = \frac{9}{4}a^2b$

$S = 2\cdot a\cdot b + 2\cdot\frac{3}{2}a\cdot a + 2\cdot\frac{1}{2}\cdot\frac{3}{2}a\cdot a + 2\cdot c\cdot b$ (ohne Boden!)

wobei c der Schenkel des Dreiecks ist. Für diesen gilt:

$$c^2 = a^2 + \left(\frac{3}{4}a\right)^2 \Rightarrow c = \frac{5}{4}a$$

Somit:

$$S = 2ab + \frac{9}{2}a^2 + \frac{5}{2}ab = \frac{9}{2}ab + \frac{9}{2}a^2$$

b) $V = 121{,}5 \Rightarrow \frac{9}{4}a^2b = 121{,}5 \Rightarrow b = \frac{54}{a^2}$

Somit:

$$S(a) = \frac{243}{a} + \frac{9}{2}a^2$$

$$S'(a) = -\frac{243}{a^2} + 9a$$

$S'(a) = 0 \Rightarrow -243 + 9a^3 = 0 \Rightarrow a = 3 \Rightarrow b = 6$

Mit den Maßen $a = 3$ m und $b = 6$ m ergeben sich für S 121 m^2.

Leistungskurs Mathematik (Bayern): Abiturprüfung 2003
Wahrscheinlichkeitsrechnung/Statistik III

1. Bei einem Einstellungstermin für den Polizeidienst waren 40 % der Bewerber Frauen, von denen 90 % die Aufnahmeprüfung bestanden. Drei Viertel derjenigen, die scheiterten, waren männlich.

   a) Welcher Anteil der männlichen Teilnehmer hat die Aufnahmeprüfung bestanden? [Ergebnis: 80 %] (4 BE)

   b) Wie viele unter einer größeren Zahl von zufällig ausgewählten Prüfungsarbeiten müssen mindestens korrigiert werden, damit mit einer Wahrscheinlichkeit von mehr als 90 % wenigstens eine darunter ist, welche als nicht bestanden bewertet wird? Rechnen Sie wie bei „Ziehen mit Zurücklegen". (5 BE)

   c) Wie verändert sich das Ergebnis aus Teilaufgabe 1 b, wenn nicht drei Viertel der Teilnehmer, die scheitern, männlich sind, sondern ein deutlich höherer Anteil, und die sonstigen Ausgangsbedingungen unverändert bleiben? Begründen Sie Ihre Antwort. (3 BE)

2. Bei einem Einstellungstermin stehen 750 Polizeianwärterstellen zur Verfügung. Erfahrungsgemäß scheitern 16 % der Bewerber bei der Aufnahmeprüfung. Mit welcher Wahrscheinlichkeit können bei 880 Bewerbern nicht alle, die die Prüfung bestehen, übernommen werden? Verwenden Sie die Normalverteilung als Näherung. (4 BE)

3. Für die EDV-Ausbildung einer Gruppe von 4 weiblichen und 6 männlichen Polizeianwärtern steht ein Schulungsraum mit 12 Computerarbeitsplätzen zur Verfügung.

   a) Auf wie viele verschiedene Arten kann sich die Gruppe auf die Arbeitsplätze verteilen, wenn nur nach dem Geschlecht unterschieden wird? (2 BE)

   b) Die Arbeitsplätze sind in 3 Reihen zu je 4 Plätzen angeordnet. Auf wie viele verschiedene Arten können die Anwärter Platz nehmen, wenn in jeder Reihe mindestens eine Polizeianwärterin sitzen soll und wiederum nur nach dem Geschlecht unterschieden wird? (4 BE)

4 Die Polizeianwärter sollen üben, Nachrichten an andere Dienststellen weiterzuleiten. Dazu soll die Nachricht „Die beiden Fingerabdrücke stimmen überein" von einem Computer zum nächsten und so fort übermittelt werden. Durch einen bewusst eingebauten Übertragungsfehler wird die Meldung bei jeder einzelnen Übermittlung mit einer Wahrscheinlichkeit p in ihr Gegenteil verkehrt; andere Übertragungsfehler treten nicht auf.

   a) Berechnen Sie in Abhängigkeit von p die Wahrscheinlichkeit dafür, dass in einer Kette aus 4 Übermittlungen der Übertragungsfehler genau zweimal auftritt und die Nachricht somit wieder richtig ankommt.
   Berechnen Sie den größten Wert, den diese Wahrscheinlichkeit annehmen kann. (6 BE)

b) Wie groß ist für $p = 0{,}8$ die Wahrscheinlichkeit dafür, dass die Nachricht bei einer Kette von 7 Übertragungen am Ende richtig ankommt? (4 BE)

c) Es gilt die Beziehung:

$$\sum_{i=0}^{k} \binom{n}{2i} = 2^{n-1}$$

wobei k die größte ganze Zahl kleiner oder gleich $\frac{n}{2}$ ist.

Bestätigen Sie die Gültigkeit der Beziehung für $n = 6$ und $n = 7$ durch Einsetzen. (3 BE)

d) Zeigen Sie allgemein, dass die Wahrscheinlichkeit dafür, dass für $p = 0{,}5$ bei einer Kette beliebiger Länge die Nachricht richtig ankommt, stets 0,5 beträgt.
Die allgemein gültige Beziehung aus Aufgabe 4 c darf verwendet werden. (5 BE)

(40 BE)

Lösungen

1. a) $P(♀) = 0{,}4 \quad \Rightarrow \quad P(♂) = 0{,}6$

$P_{♀}(\text{bestanden}) = 0{,}9 \quad \Rightarrow \quad P_{♀}(\text{nicht bestanden}) = 0{,}1$

$P_{\text{nicht bestanden}}(♂) = 0{,}75; \quad P_{♂}(\text{bestanden}) = x$

$$P_{\text{nicht bestanden}}(♂) = \frac{0{,}6 \cdot (1-x)}{0{,}4 \cdot 0{,}1 + 0{,}6 \cdot (1-x)} \overset{!}{=} 0{,}75$$

$$0{,}6 - 0{,}6x = 0{,}03 + 0{,}45 - 0{,}45x$$
$$0{,}12 = 0{,}15x$$
$$x = 0{,}8$$

b) $P(\text{nicht bestanden}) = 0{,}4 \cdot 0{,}1 + 0{,}6 \cdot 0{,}2 = 0{,}16$

$$1 - 0{,}84^n > 0{,}9$$
$$0{,}84^n < 0{,}1$$
$$n > \frac{\ln 0{,}1}{\ln 0{,}84}$$
$$n > 13{,}2$$

Mindestens 14 Arbeiten sind zu korrigieren.

c) $P_{\text{nicht bestanden}}(♂) > 0{,}75 \quad \Rightarrow \quad x < 0{,}8$

$\Rightarrow \quad P(\text{nicht bestanden}) > 0{,}16$

$\Rightarrow \quad P(\text{bestanden}) < 0{,}84$

$\Rightarrow \quad n$ wird kleiner.

(Lösung der Aufgabe auch durch Probieren möglich! Setzt man z. B. für $P_{\text{nicht bestanden}}(♂) = 0{,}9$, ergibt sich für $x = 0{,}4$ und somit die Ungleichung $1 - 0{,}6^n > 0{,}9$ mit der Lösung $n > 4{,}5$)

2. $$P_{0,84}^{880}(Z > 750) = 1 - \Phi\left(\frac{750 - 739{,}2 + 0{,}5}{\sqrt{118{,}27}}\right)$$
$$= 1 - \Phi(1{,}04)$$
$$= 1 - 0{,}85083 = 0{,}14917 \text{ (Tabellenwert)}$$

$\mu = 880 \cdot 0{,}84 = 793{,}2$

$\sigma = \sqrt{880 \cdot 0{,}84 \cdot 0{,}16} = \sqrt{118{,}27}$

3. a) $\binom{12}{4} \cdot \binom{8}{6} = 13860$

$$\underbrace{\binom{4}{1} \cdot \binom{4}{1} \cdot \binom{4}{2}}_{\text{Verteilung der ♀}} \cdot \underset{\substack{\uparrow \\ \text{Möglichkeiten der} \\ \text{Reihe mit 2♀}}}{3} \cdot \underbrace{\binom{8}{6}}_{\text{Verteilung der ♂}} = 8064$$

4. a) $P_p^4(Z=2)=\binom{4}{2}\cdot p^2\cdot(1-p)^2=6p^2\cdot(1-p)^2$

Extremwertbestimmung:

$$\begin{aligned}P(p)&=6p^2(1-p)^2\\ P'(p)&=12p(1-p)^2+12p^2(1-p)(-1)\\ &=12p(1-p)(1-p-p)\\ &=12p(1-p)(1-2p)\\ P'(p)=0\ &\Rightarrow\ p=\tfrac{1}{2}\ \text{[oder } p=0 \text{ bzw. } p=1]\end{aligned}$$

$P_{0,5}^4(z=2)=6\cdot 0{,}5^4=0{,}375$ [für $p=0$ bzw. $p=1$ ergibt sich $P(p)=0$]

b) Die Nachricht kommt bei 7 Übertragungen richtig an, wenn der Übertragungsfehler 0-; 2-; 4- oder 6-mal auftritt.

$$\begin{aligned}P&=P_{0,8}^7(Z=0)+P_{0,8}^7(Z=2)+P_{0,8}^7(Z=4)+P_{0,8}^7(Z=6)\\ &=\binom{7}{0}\cdot 0{,}8^0\cdot 0{,}2^7+\binom{7}{2}\cdot 0{,}8^2\cdot 0{,}2^5+\binom{7}{4}\cdot 0{,}8^4\cdot 0{,}2^3+\binom{7}{6}\cdot 0{,}8^6\cdot 0{,}2\\ &=0{,}486\end{aligned}$$

c) $n=6\ \Rightarrow\ k=3\quad \sum_{i=0}^{3}\binom{6}{2i}=\binom{6}{0}+\binom{6}{2}+\binom{6}{4}+\binom{6}{6}=1+15+15+1=32=2^5$

$n=7\ \Rightarrow\ k=3\quad \sum_{i=0}^{3}\binom{7}{2i}=\binom{7}{0}+\binom{7}{2}+\binom{7}{4}+\binom{7}{6}=1+21+35+7=64=2^6$

b) Die Nachricht kommt bei n Übertragungen richtig an, wenn der Übertragungsfehler 0-; 2-; 4- oder 6- … 2k-mal auftritt, wobei k die größte ganze Zahl kleiner oder gleich $\frac{n}{2}$ ist.

$$\begin{aligned}P=P_{0,5}^n(0;2;4;\ldots 2k)&=\sum_{i=0}^{k}\binom{n}{2i}\cdot 0{,}5^{2i}\cdot(1-0{,}5)^{n-2i}\\ &=\sum_{i=0}^{k}\binom{n}{2i}\cdot 0{,}5^{2i}\cdot 0{,}5^{n-2i}\\ &=2^{n-1}\cdot 0{,}5^n\\ &=2^{n-1}\cdot 2^{-n}\\ &=2^{-1}=0{,}5\end{aligned}$$

Leistungskurs Mathematik (Bayern): Abiturprüfung 2003
Wahrscheinlichkeitsrechnung / Statistik IV

1. Im Januar 2002 war in einer Zeitung zu lesen, dass die neuen Euro-Münzen keine Laplace-Münzen seien. Bei einem Experiment mit einer 2-Euro-Münze, die man 1000-mal auf dem Tisch kreiseln ließ, sei 600-mal Zahl oben liegen geblieben.

   a) Zeigen Sie, dass bereits bei 200 Würfen einer Laplace-Münze die Wahrscheinlichkeit dafür, dass in wenigstens 60 % der Fälle Zahl oben liegen bleibt, kleiner als 0,5 % ist. (3 BE)

   b) Begründen Sie, dass die Stabdiagramme der Binomialverteilungen mit $p = 0{,}5$ achsensymmetrisch sind. Geben Sie die Symmetrieachse an. (4 BE)

   c) Ermitteln Sie mit Hilfe der Ungleichung von TSCHEBYSCHOW eine möglichst kleine obere Schranke für die Wahrscheinlichkeit, bei 1 000 Würfen einer Laplace-Münze wenigstens 600-mal Zahl zu erhalten.
   Vergleichen Sie diesen Wert mit dem Ergebnis aus Teilaufgabe 1 a und nehmen Sie dazu kurz Stellung. (6 BE)

   d) Aufgrund des Zeitungsartikels führte ein Schüler eine eigene Versuchsreihe durch. Er ließ eine 2-Euro-Münze 250-mal auf dem Tisch kreiseln; dabei blieb 139-Mal Zahl oben.
   Stellen Sie durch Näherung mit der Normalverteilung fest, ob dieses Ergebnis auf einem Niveau von 5 % signifikant dafür ist, dass bei dieser Münze häufiger Zahl oben liegen bleibt als bei einer Laplace-Münze. (5 BE)

2. Auf dem Schulfest des Laplace-Gymnasiums wurde untersucht, welchen Einfluss es hat, ob eine 2-Euro-Münze geworfen oder auf dem Tisch gekreiselt wird. Jeder Schüler durfte selbst entscheiden, ob er lieber werfen oder kreiseln wollte. In der Schülerzeitung war anschließend Folgendes zu lesen:
„70 % der Schüler kreiselten die Münze. Insgesamt ist in 56 % aller Fälle Zahl oben liegen geblieben, wobei davon 72,5 % durch Kreiseln erzielt worden sind."
Wie groß ist die relative Häufigkeit des Ereignisses „Zahl liegt oben" beim Werfen und wie groß ist sie beim Kreiseln? (6 BE)

3. Eine Laplace-Münze wird so oft geworfen, bis zweimal hintereinander die gleiche Seite oben liegen bleibt. Insgesamt wird aber höchstens n-mal geworfen. Die Zufallsgröße X sei die Anzahl der Würfe, $E_n(X)$ sei ihr Erwartungswert.

   a) Wie groß ist die Wahrscheinlichkeit, bei n-maligem Werfen immer abwechselnd beide Seiten zu erhalten? (2 BE)

   b) Bestimmen Sie $E_2(X)$, $E_3(X)$ und $E_4(X)$. (6 BE)

   c) Zeigen Sie, dass gilt: $E_{n+1}(X) - E_n(X) = \left(\frac{1}{2}\right)^{n-1}$ (4 BE)

   d) Erläutern Sie, warum $E_n(X)$ für $n \to +\infty$ nicht größer als 3 wird, und interpretieren Sie diese Tatsache im vorliegenden Zufallsexperiment. (4 BE)

(40 BE)

Lösungen

1. a) $P_{0,5}^{200}(Z \geq 0,6 \cdot 200) = P_{0,5}^{200}(Z \geq 120)$

$$= 1 - P_{0,5}^{200}(Z \leq 119)$$
$$= 1 - 0,99716$$
$$= 0,0284 = 0,284\,\% < 0,5\,\%$$

b) $B(n; 0,5; k) = B(n; 0,5; n-k)$

da $\binom{n}{k} \cdot 0,5^k \cdot 0,5^{n-k} = \binom{n}{n-k} \cdot 0,5^{n-k} \cdot 0,5^k$

k und $n-k$ liegen symmetrisch bzgl. $k = \frac{n}{2}$

$\Rightarrow$ Stabdiagramme sind achsensymmetrisch bezüglich $k = \frac{n}{2}$

c) $P_{0,5}^{1000}(Z \geq 600) = \frac{1}{2} \cdot P_{0,5}^{1000}(|Z-500| \geq 100)$ (siehe Symmetrie!)

$$\frac{1}{2} P_{0,5}^{1000}(|Z-500| \geq 100) \leq \frac{1}{2} \cdot \frac{1000 \cdot 0,5 \cdot 0,5}{100^2} = 0,0125$$
$$= 1,25\,\% > 0,284\,\% \text{ (siehe Teilaufgabe a)}$$

Die Tschebyschow-Ungleichung liefert nur eine grobe Abschätzung.

d) Nullhypothese $p_0 \leq 0,5$ wird abgelehnt, falls $Z > k$

$$P_{0,5}^{250}(Z > k) \leq 0,05$$
$$1 - \Phi\left(\frac{k - 125 + 0,5}{\sqrt{62,5}}\right) \leq 0,05$$
$$\Phi\left(\frac{k - 125 + 0,5}{\sqrt{62,5}}\right) \geq 0,95$$
$$\frac{k - 125 + 0,5}{\sqrt{62,5}} \geq 1,6449$$
$$k \geq 137,5$$

Für $Z = 139$ wird die Nullhypothese auf dem 5 %-Niveau abgelehnt.

2. $P(\text{kreiseln}) = 0,7 \Rightarrow P(\text{werfen}) = 0,3$
$P(\text{Zahl}) = 0,56$
$P(\text{Zahl} \cap \text{kreiseln}) = 0,56 \cdot 0,725 = 0,406$
$\Rightarrow P(\text{Zahl} \cap \text{werfen}) = 0,56 - 0,406 = 0,154$
$P_{\text{kreiseln}}(\text{Zahl}) = 0,406 : 0,7 = 0,58$
$P_{\text{werfen}}(\text{Zahl}) = 0,154 : 0,3 = 0,51\overline{3}$

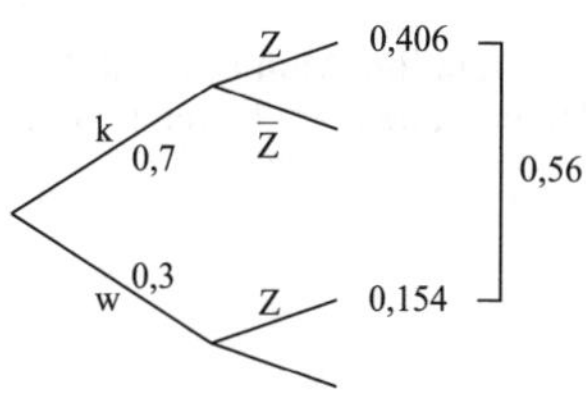

3. a) $P(ZKZK...) + P(KZKZ...) = 2 \cdot 0{,}5^n = 0{,}5^{n-1}$

b) $n = 2$ $\quad \Omega = \{ZZ; KK; ZK; KZ\}$
$E_2(X) = 4 \cdot 2 \cdot 0{,}5^2 = 2$
$n = 3$ $\quad \Omega = \{ZZ; KK; ZKK; KZZ; ZKZ; KZK\}$
$E_3(X) = 2 \cdot 2 \cdot 0{,}5^2 + 4 \cdot 3 \cdot 0{,}5^3 = 2{,}5$
$n = 4$ $\quad \Omega = \{ZZ; KK; ZKK; KZZ; ZKZZ; KZKK; ZKZK; KZKZ\}$
$E_4(X) = 2 \cdot 2 \cdot 0{,}5^2 + 2 \cdot 3 \cdot 0{,}5^3 + 4 \cdot 4 \cdot 0{,}5^4 = 2{,}75$

c) aus Teilaufgabe b ergibt sich
$E_n(X) = 2 \cdot 2 \cdot 0{,}5^2 + 2 \cdot 3 \cdot 0{,}5^3 + 2 \cdot 4 \cdot 0{,}5^4 + ... + 4 \cdot n \cdot 0{,}5^n$
und somit
$E_{n+1}(X) = 2 \cdot 2 \cdot 0{,}5^2 + 2 \cdot 3 \cdot 0{,}5^3 + 2 \cdot 4 \cdot 0{,}5^4 + ... + 2 \cdot n \cdot 0{,}5^n + 4 \cdot (n+1) \cdot 0{,}5^{n+1}$
Daraus folgt:

$$\begin{aligned} E_{n+1}(X) - E_n(X) &= 2 \cdot n \cdot 0{,}5^n + 4 \cdot (n+1) \cdot 0{,}5^{n+1} - 4 \cdot n \cdot 0{,}5^n \\ &= 2n \cdot 0{,}5^n + 4n \cdot 0{,}5^{n+1} + 4 \cdot 0{,}5^{n+1} - 4n \cdot 0{,}5^n \\ &= 2n \cdot 0{,}5^n + 2n \cdot 0{,}5^n + 4 \cdot 0{,}5^{n+1} - 4n \cdot 0{,}5^n \\ &= 4 \cdot 0{,}5^{n+1} \\ &= 0{,}5^{n-1} \end{aligned}$$

d) $E_2(X) = 2$

$$E_3(X) = 2 + \left(\frac{1}{2}\right)^1$$

$$E_4(X) = 2 + \left(\frac{1}{2}\right)^1 + \left(\frac{1}{2}\right)^1$$

$\vdots$

$$E_n(X) = 2 + \sum_{i=1}^{n-2} \left(\frac{1}{2}\right)^i$$

da $\lim\limits_{x \to \infty} \sum\limits_{i=1}^{n-2} \left(\frac{1}{2}\right)^i = 1$ $\quad \left(\text{siehe Formelsammlung „geometrische Reihe“ } s_n = \frac{1}{2} \cdot \frac{\frac{1}{2}^n - 1}{\frac{1}{2} - 1}\right)$

folgt $\lim\limits_{x \to \infty} E_n(X) = 3$

Interpretation: Man muss im Mittel dreimal werfen, bis zweimal hintereinander die gleiche Seite oben liegen bleibt.

Leistungskurs Mathematik (Bayern): Abiturprüfung 2003
Analytische Geometrie V

1. In einem kartesischen Koordinatensystem des $\mathbb{R}^3$ ist die Ebene
   H: $x_1 + x_2 + x_3 - 8 = 0$
   sowie die Schar von Geraden
   $g_a\colon\ \vec{x} = \begin{pmatrix} a^2 \\ 0 \\ -a^2 \end{pmatrix} + \lambda \begin{pmatrix} 3a \\ -3a \\ 8 \end{pmatrix}$, $\lambda \in \mathbb{R}$, $a \in \mathbb{R}$ gegeben.

   a) Zeigen Sie, dass keine der Geraden g_a parallel und keine senkrecht zur Ebene H verläuft. (3 BE)

   b) Welche dieser Geraden schneidet H unter dem größten Winkel? Berechnen Sie diesen maximalen Winkel auf eine Dezimale genau. (6 BE)

   c) Berechnen Sie die Koordinaten des Schnittpunkts S_a von g_a mit H. [Zur Kontrolle: $S_a(a^2 + 3a \mid -3a \mid 8 - a^2)$] (3 BE)

   d) Zeigen Sie, dass der Punkt $S(-2 \mid 6 \mid 4)$ derjenige Punkt aus der Schar der Schnittpunkte S_a ist, der die geringste Entfernung vorn Ursprung hat. Geben Sie diese Entfernung an. (9 BE)

   e) Die Punkte S_a bilden in H eine Kurve. Diese wird parallel zur x_3-Achse in die x_1x_2-Ebene projiziert, die Projektion heißt P.
   Fertigen Sie eine Zeichnung von P in der x_1x_2-Ebene an.
   Um welchen Kurventyp handelt es sich bei P vermutlich?
   Überprüfen Sie Ihre Vermutung, indem Sie eine Koordinatengleichung von P aufstellen. (8 BE)

2. Ferner sind die Punkte $A(1 \mid 6 \mid 1)$ und $B(-2 \mid 9 \mid 1)$ gegeben.

   a) Weisen Sie nach, dass sich die Punkte A und B zu einem regulären Sechseck ABCDEF mit dem Mittelpunkt $S(-2 \mid 6 \mid 4)$ ergänzen lassen.
   Ermitteln Sie die Koordinaten der Ergänzungspunkte C und D. (5 BE)

   b) Das Sechseck ABCDEF rotiert nun um die Achse AD.
   Beschreiben Sie das Aussehen des dabei entstehenden Rotationskörpers.
   Ermitteln Sie eine Gleichung der kleinsten Kugel, die den Rotationskörper enthält.
   Liegt der Ursprung des Koordinatensystems innerhalb oder außerhalb dieses Rotationskörpers? Begründen Sie Ihre Antwort. (6 BE)

(40 BE)

Lösungen

1. a) $\vec{n}_H = \begin{pmatrix} 1 \\ 1 \\ 1 \end{pmatrix}$ $\quad \vec{u}_{g_a} \parallel \vec{n}_H \;?\quad \begin{array}{r} 3a = m \\ -3a = m \\ 8 = m \end{array} \quad \begin{array}{r} 3a = 8 \\ -3a = 8 \end{array}$ ↯

$\vec{u}_{g_a} \nparallel \vec{n}_H \Rightarrow$ keine der Geraden g_a verläuft senkrecht zu H

$\vec{u}_{g_a} \perp \vec{n}_H \quad ? \quad \vec{u}_{g_a} \circ \vec{n}_H = 3a - 3a + 8 \overset{!}{=} 0$ ↯

$\Rightarrow$ keine der Geraden g_a verläuft parallel zu H

b) $\sin\varepsilon = \left| \dfrac{\begin{pmatrix} 3a \\ -3a \\ 8 \end{pmatrix} \circ \begin{pmatrix} 1 \\ 1 \\ 1 \end{pmatrix}}{\sqrt{18a^2 + 64} \cdot \sqrt{3}} \right| = \dfrac{8}{\sqrt{18a^2 + 64} \cdot \sqrt{3}}$

ε maximal, wenn $\sin\varepsilon$ maximal (da $0 \le \varepsilon \le 90°$), also wenn $\sqrt{18a^2 + 64}$ und damit $18a^2 + 64$ minimal. Das ist der Fall, wenn $a = 0$.

$g_0\colon \; \vec{x} = \begin{pmatrix} 0 \\ 0 \\ 0 \end{pmatrix} + \lambda \begin{pmatrix} 0 \\ 0 \\ 8 \end{pmatrix}$

Also: die x_3-Achse schneidet H unter dem größten Winkel

$\sin\varepsilon_{max} = \dfrac{8}{8 \cdot \sqrt{3}} = \dfrac{1}{\sqrt{3}} \Rightarrow \varepsilon_{max} = 35{,}3°$

c) $a^2 + 3a\lambda - 3a\lambda - a^2 + 8\lambda - 8 = 0 \Rightarrow \lambda = 1 \Rightarrow S_a(a^2 + 3a \,|\, -3a \,|\, -a^2 + 8)$

d) $|\overrightarrow{OS_a}| = \sqrt{(a^2 + 3a)^2 + 9a^2 + (-a^2 + 8)^2}$

$= \sqrt{a^4 + 6a^3 + 9a^2 + 9a^2 + a^4 - 16a^2 + 64}$

$= \sqrt{2a^4 + 6a^3 + 2a^2 + 64}$

$f(a) = 2a^4 + 6a^3 + 2a^2 + 64$

$f'(a) = 8a^3 + 18a^2 + 4a$

$f''(a) = 24a^2 + 36a + 4$

$f'(a) \overset{!}{=} 0 \qquad a_1 = 0 \qquad f''(0) = 4 > 0$

$8a^2 + 18a + 4 = 0 \qquad a_{2,3} = \dfrac{-18 \pm \sqrt{324 - 128}}{16}$

$a_2 = -2 \qquad f''(-2) = 28 > 0$

$a_3 = -\dfrac{1}{4} \qquad f''\left(-\dfrac{1}{4}\right) = -6{,}5 < 0$

f(a) besitzt für $a_1 = 0$ und $a_2 = -2$ Minima. Wegen $f(0) = 64$ und $f(-2) = 56$ ist $a = -2$ der hier gesuchte Wert von a.

$S_{-2}(-2 \mid 6 \mid 4)$

$|\overrightarrow{OS_{-2}}| = \sqrt{4+36+16} = \sqrt{56} = 2\sqrt{14}$

e) Für die Punkte von P gilt $x_1 = a^2 + 3a$; $x_2 = -3a$

Um die Kurvengleichung zu erhalten, muss a eliminiert werden.

$$x_2 = -3a \;\Rightarrow\; a = \frac{x_2}{-3}$$

$$\Rightarrow\; x_1 = \frac{x_2^2}{9} - x_2$$

Das ist die Gleichung einer Parabel.

Die Zeichnung ergibt sich durch Berechnung einiger Punkte:

a	0	1	–1	2	–2	3	–3
P	(0|0)	(4|–3)	(–2|3)	(10|–6)	(–2|6)	(18|–9)	(0|9)

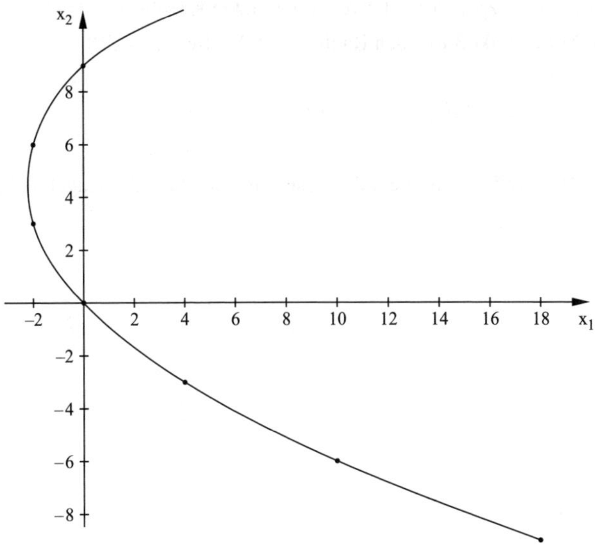

2. a) Die Ergänzung zum Sechseck ist möglich, wenn ABS ein gleichseitiges Dreieck bildet.

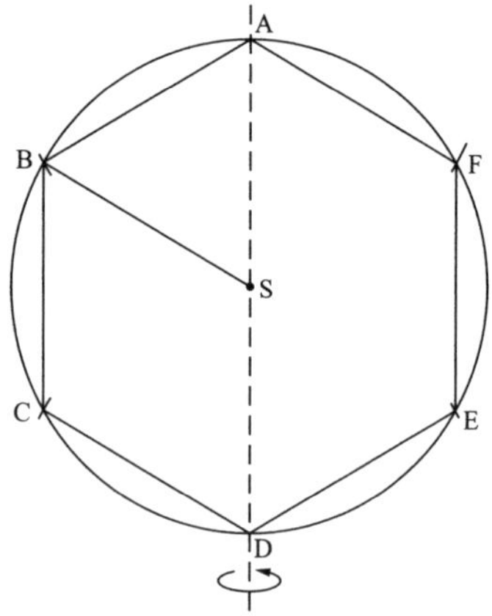

$$|\overrightarrow{AS}| = \left| \begin{pmatrix} -2-1 \\ 6-6 \\ 4-1 \end{pmatrix} \right| = \left| \begin{pmatrix} -3 \\ 0 \\ 3 \end{pmatrix} \right| = \sqrt{18}$$

$$|\overrightarrow{BS}| = \left| \begin{pmatrix} -2+2 \\ 6-9 \\ 4-1 \end{pmatrix} \right| = \left| \begin{pmatrix} 0 \\ -3 \\ 3 \end{pmatrix} \right| = \sqrt{18}$$

$$|\overrightarrow{AB}| = \left| \begin{pmatrix} -2-1 \\ 9-6 \\ 1-1 \end{pmatrix} \right| = \left| \begin{pmatrix} -3 \\ 3 \\ 0 \end{pmatrix} \right| = \sqrt{18}$$

$$\vec{C} = \vec{B} + \overrightarrow{AS} = \begin{pmatrix} -2 \\ 9 \\ 1 \end{pmatrix} + \begin{pmatrix} -3 \\ 0 \\ 3 \end{pmatrix} = \begin{pmatrix} -5 \\ 9 \\ 4 \end{pmatrix}$$

$$\vec{D} = \vec{S} + \overrightarrow{AS} = \begin{pmatrix} -2 \\ 6 \\ 4 \end{pmatrix} + \begin{pmatrix} -3 \\ 0 \\ 3 \end{pmatrix} = \begin{pmatrix} -5 \\ 6 \\ 7 \end{pmatrix}$$

b) Der Rotationskörper ist ein Zylinder mit zwei aufgesetzten Kegeln.
Die Kugel hat den Mittelpunkt S und den Radius $r = \overline{SA} = \overline{SB} = ... = \sqrt{18}$

$$\left[\vec{x} - \begin{pmatrix} -2 \\ 6 \\ 4 \end{pmatrix} \right]^2 = 18 \quad \text{also} \quad (x_1 + 2)^2 + (x_2 - 6)^2 + (x_3 - 4)^2 = 18$$

Da $\overline{OS} = \sqrt{4 + 36 + 16} = \sqrt{56} > \sqrt{18}$, liegt der Ursprung außerhalb der Kugel und damit außerhalb des Rotationskörpers.

Leistungskurs Mathematik (Bayern): Abiturprüfung 2003
Analytische Geometrie VI

1 In einem kartesischen Koordinatensystem sind die Punkte $A(5|0|1)$, $B(0|4|2)$ und $C(0|0|t)$ mit $0 < t < 6$ gegeben.

a) Berechnen Sie für die Gerade AB den Schnittpunkt mit der x_1x_2-Ebene sowie ihren Abstand d zur x_3-Achse.
$\left[\text{Teilergebnis: } d = \frac{20}{\sqrt{41}}\right]$ (7 BE)

b) Zeigen Sie, dass der Flächeninhalt des Dreiecks ABC nicht kleiner als 10 ist. (3 BE)

c) Untersuchen Sie, für welche der zulässigen Werte von t das Dreieck ABC rechtwinklig ist. (5 BE)

2. Ferner ist der Punkt $S(0|0|6)$ gegeben. A', B', C' sind die Spurpunkte der Geraden SA, SB, SC in der Koordinatenebene $x_3 = 0$.

a) Bestimmen Sie die Koordinaten der Punkte A', B', C'.
[Teilergebnis: $A'(6|0|0)$, $B'(0|6|0)$] (4 BE)

b) Legen Sie ein Koordinatensystem an (ganze Seite; Querformat; Koordinatenursprung in der Blattmitte). Tragen Sie darin die Pyramide A'B'C'S und das Dreieck ABC für $t = 3$ ein. (3 BE)

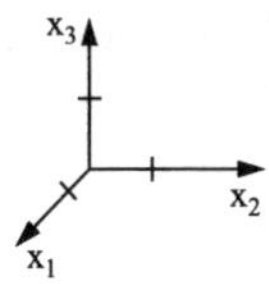

c) Berechnen Sie den Winkel, den die Ebene ABC für $t = 3$ mit der x_1x_2-Ebene bildet. (4 BE)

d) Ermitteln Sie den Wert von t, für den das Dreieck ABC die Pyramide A'B'C'S in zwei volumengleiche Teile zerlegt. (6 BE)

3. Der Schnittpunkt von AB mit A'B' heißt P, der von AC mit A'C' bzw. BC mit B'C' heißt Q_t bzw. R_t ($t \neq 1$ und $t \neq 2$).

a) Bringen Sie für $t = 3$ die genannten Geraden in Ihrer Zeichnung zum Schnitt. (2 BE)

b) In Ihrer Zeichnung sollten P, Q_3, R_3 auf einer Geraden liegen. Warum liegen die Punkte P, Q_t, R_t stets auf einer Geraden s_t? (Begründung ohne Rechnung genügt.)
Beschreiben Sie, welcher besonderen Lage sich die Geraden s_t für $t \to 1$ bzw. für $t \to 2$ nähern und geben Sie jeweils eine Gleichung der zugehörigen Grenzgeraden an. (6 BE)

(40 BE)

Lösungen

1. a) g_{AB}: $\vec{x} = \begin{pmatrix} 5 \\ 0 \\ 1 \end{pmatrix} + k \begin{pmatrix} -5 \\ 4 \\ 1 \end{pmatrix} \quad k \in \mathbb{R}$

$g_{AB} \cap x_3 = 0$: $1 + k = 0 \Rightarrow k = -1$

$\Rightarrow P(10 \mid -4 \mid 0)$

F sei die Ebene durch g_{AB} parallel zur x_3-Achse. Dann ist der Abstand des Ursprungs von F gleich dem Abstand von g_{AB} zur x_3-Achse.

$$F: \vec{x} = \begin{pmatrix} 5 \\ 0 \\ 1 \end{pmatrix} + k \begin{pmatrix} -5 \\ 4 \\ 1 \end{pmatrix} + \ell \begin{pmatrix} 0 \\ 0 \\ 1 \end{pmatrix} \qquad \vec{n}_F = \begin{pmatrix} -5 \\ 4 \\ 1 \end{pmatrix} \times \begin{pmatrix} 0 \\ 0 \\ 1 \end{pmatrix} = \begin{pmatrix} 4 \\ 5 \\ 0 \end{pmatrix}$$

$$F: \quad 4x_1 + 5x_2 - \begin{pmatrix} 4 \\ 5 \\ 0 \end{pmatrix} \circ \begin{pmatrix} 5 \\ 0 \\ 1 \end{pmatrix} = 0$$

$$4x_1 + 5x_2 - 20 = 0$$

$$F_{HNF}: \frac{1}{\sqrt{41}}(4x_1 + 5x_2 - 20) = 0 \Rightarrow d(F; 0) = d(g_{AB}; x_3\text{-Achse}) = \frac{20}{\sqrt{41}}$$

b) Da $C \in x_3$-Achse, ist die Höhe des Dreiecks ABC mit der Grundlinie AB mindestens so groß wie der Abstand der Geraden g_{AB} zur x_3-Achse.

$$A_\Delta \geq \frac{1}{2} \cdot \overline{AB} \cdot d(g_{AB}; x_3\text{-Achse}) = \frac{1}{2} \cdot \sqrt{25+16+1} \cdot \frac{20}{\sqrt{41}}$$

$$= 10 \cdot \frac{\sqrt{42}}{\sqrt{41}} > 10$$

c) rechter Winkel bei A $\Rightarrow \overrightarrow{AB} \circ \overrightarrow{AC} = 0$

$$\begin{pmatrix} -5 \\ 4 \\ 1 \end{pmatrix} \circ \begin{pmatrix} -5 \\ 0 \\ t-1 \end{pmatrix} = 0 \Rightarrow 25 + t - 1 = 0 \Rightarrow t = -24 < 0 \quad ϟ$$

rechter Winkel bei B $\Rightarrow \overrightarrow{BA} \circ \overrightarrow{BC} = 0$

$$\begin{pmatrix} 5 \\ -4 \\ -1 \end{pmatrix} \circ \begin{pmatrix} 0 \\ 4 \\ t-2 \end{pmatrix} = 0 \Rightarrow 16 - t + 2 = 0 \Rightarrow t = 18 > 6 \quad ϟ$$

rechter Winkel bei C $\Rightarrow \overrightarrow{CA} \circ \overrightarrow{CB} = 0$

$$\begin{pmatrix} 5 \\ 0 \\ 1-t \end{pmatrix} \circ \begin{pmatrix} 0 \\ 4 \\ 2-t \end{pmatrix} = 0 \Rightarrow (1-t)(2-t) = 0 \Rightarrow t_1 = 1; \quad t_2 = 2$$

2\. a) g_{SA}: $\vec{x} = \begin{pmatrix}0\\0\\6\end{pmatrix} + k \cdot \begin{pmatrix}5\\0\\-5\end{pmatrix}$ $\quad k \in \mathbb{R} \quad x_3 = 0 \Rightarrow k = \frac{6}{5} \Rightarrow A'(6|0|0)$

g_{SB}: $\vec{x} = \begin{pmatrix}0\\0\\6\end{pmatrix} + k \cdot \begin{pmatrix}0\\4\\-4\end{pmatrix}$ $\quad k \in \mathbb{R} \quad x_3 = 0 \Rightarrow k = \frac{6}{4} \Rightarrow B'(0|6|0)$

g_{SC} ist die x_3-Achse $\Rightarrow C'(0|0|0)$

b)

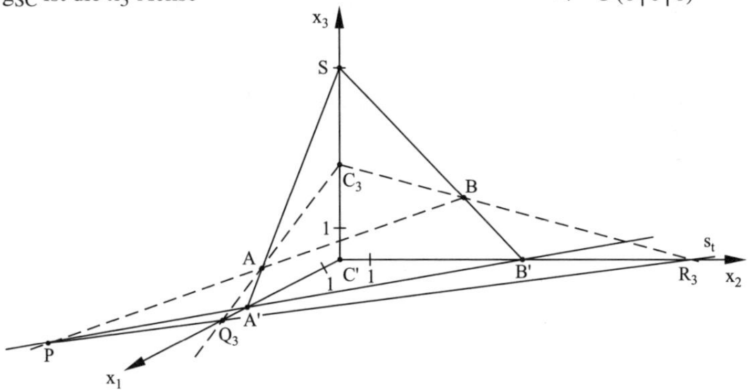

c) E_{ABC}: $\vec{x} = \begin{pmatrix}5\\0\\1\end{pmatrix} + k \cdot \begin{pmatrix}-5\\4\\1\end{pmatrix} + \ell \cdot \begin{pmatrix}-5\\0\\2\end{pmatrix}$ $\quad k; \ell \in \mathbb{R}$ $\qquad \vec{n}_E = \begin{pmatrix}-5\\4\\1\end{pmatrix} \times \begin{pmatrix}-5\\0\\2\end{pmatrix} = \begin{pmatrix}8\\5\\20\end{pmatrix}$

$$\cos\varepsilon = \left| \frac{\begin{pmatrix}8\\5\\20\end{pmatrix} \circ \begin{pmatrix}0\\0\\1\end{pmatrix}}{\sqrt{489} \cdot \sqrt{1}} \right| = \frac{20}{\sqrt{489}} \Rightarrow \varepsilon = 25{,}25°$$

d) $V_{A'B'C'S} = \frac{1}{3} \cdot \left(\frac{1}{2} \cdot \overline{A'C'} \cdot \overline{B'C'} \right) \cdot \overline{SC'} = \frac{1}{3} \cdot \frac{1}{2} \cdot 6 \cdot 6 \cdot 6 = 36$

$$V_{ABCS} = \frac{1}{6} \cdot |\overrightarrow{AB}; \overrightarrow{AC}; \overrightarrow{AS}| = \frac{1}{6} \begin{vmatrix} -5 & -5 & -5 \\ 4 & 0 & 0 \\ 1 & t-1 & 5 \end{vmatrix}$$

$$= \frac{1}{6}[-20(t-1) + 100] = \frac{1}{6}(120 - 20t)$$

$$\frac{1}{6}(120 - 20t) = 18 \Rightarrow 12 = 20t \Rightarrow t = 0{,}6$$

3\. a) siehe Zeichnung (Teilaufgabe 2 b)

b) Da A' B' und C' in der x_1-x_2-Ebene liegen, liegen auch P, Q_t und R_t in x_1-x_2-Ebene. Da A, B und C in der Ebene E_{ABC} liegen, liegen auch P, Q_t und R_t in E_{ABC}. Alle drei Punkte müssen also auf der Schnittgeraden der x_1-x_2-Ebene mit der Ebene E_{ABC} liegen. $P(10|-4|0)$ ist der Punkt aus Teilaufgabe 1 a.

Für $t = 3$ gilt: $Q_3(0|12|0)$ und $R_3(7{,}5|0|0)$ [Rechnung nicht nötig!]

Für t = 1 und t = 2 ist das Dreieck ABC rechtwinklig bei C (siehe Teilaufgabe 1 c)).
Für t = 1 ist AC_1 eine Parallele zu A'C' (= x_1-Achse) und $R_1(0|-4|0)$
Somit

s_1: $\vec{x} = \begin{pmatrix} 10 \\ -4 \\ 0 \end{pmatrix} + k \begin{pmatrix} 1 \\ 0 \\ 0 \end{pmatrix}$ $k \in \mathbb{R}$ Parallele zur x_1-Achse

Für t = 2 ist BC_2 eine Parallele zu B'C' (= x_2-Achse) und $Q_2(10|0|0)$
Somit

s_2: $\vec{x} = \begin{pmatrix} 10 \\ -4 \\ 0 \end{pmatrix} + k \begin{pmatrix} 0 \\ 1 \\ 0 \end{pmatrix}$ $k \in \mathbb{R}$ Parallele zur x_2-Achse

Leistungskurs Mathematik (Bayern): Abiturprüfung 2004
Infinitesimalrechnung I

Gegeben ist die in $\mathbb{R}$ definierte Funktion f mit

$$f(x) = 10(e^{-\frac{x}{2}} - e^{-x}).$$

Der zugehörige Graph ist nebenstehend skizziert.

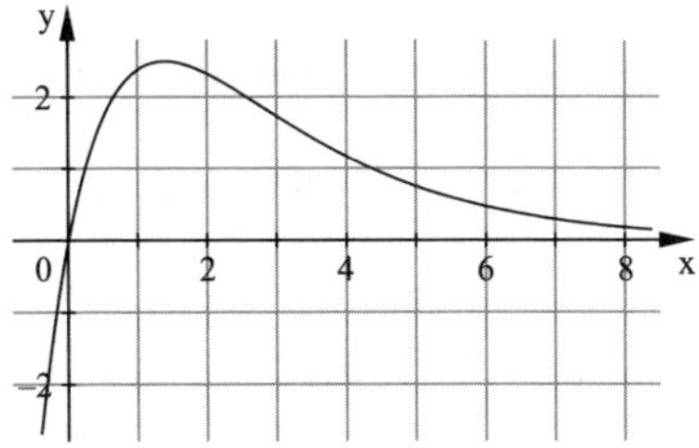

1. Untersuchen Sie durch Rechnung
   a) das Verhalten von f für $x \to +\infty$ und $x \to -\infty$, (3 BE)
   b) in welchen Intervallen die Funktionswerte von f positiv bzw. negativ sind, (4 BE)
   c) Lage und Art des Extrempunkts des Graphen von f.
   [Zur Kontrolle: $H(2\ln 2 \mid 2{,}5)$] (6 BE)

2. Einem Patienten wird zum Zeitpunkt $x = 0$ eine bestimmte Menge eines Medikaments verabreicht. Der obige Term f(x) beschreibt die Konzentration dieses Medikaments (Anzahl der Milliliter pro Liter Blut) nach x Stunden.
   Berechnen Sie den Zeitpunkt, zu dem die Konzentration auf 75 % ihres Höchstwerts abgesunken ist. (7 BE)

3. Nun werden die in $\mathbb{R}$ definierten Integralfunktionen $F_a\colon x \mapsto \int_a^x f(t)\,dt$ betrachtet ($a \in \mathbb{R}$). Der Graph von F_a wird mit G_a bezeichnet.
   a) Bestimmen Sie das Monotonie- und das Krümmungsverhalten von G_a ohne Ausführung der Integration (kurze Begründung). (4 BE)
   b) Bestimmen Sie eine integralfreie Darstellung von $F_0(x)$ und zeigen Sie, dass gilt:
   $$\lim_{x \to +\infty} F_0(x) = 10.$$
   Berechnen Sie die Koordinaten des Wendepunkts von G_0.
   Skizzieren Sie G_0 unter Verwendung der bisherigen Ergebnisse. (9 BE)
   c) Erklären Sie, warum jede Funktion F_a mit $a > 0$ genau zwei Nullstellen hat (explizite Berechnung der Nullstellen nicht verlangt).
   Erläutern Sie, warum es Funktionen F_a mit $a < 0$ gibt, die genau eine Nullstelle haben. (7 BE)

(40 BE)

Lösungen

$$f(x) = 10(e^{-\frac{x}{2}} - e^{-x}) = 10\,e^{-x}(e^{\frac{x}{2}} - 1) = 10\,e^{-\frac{x}{2}}(1 - e^{-\frac{x}{2}})$$

1. a) $$\lim_{x \to +\infty} f(x) = \lim_{x \to +\infty} 10\,e^{-\frac{x}{2}}(1 - e^{-\frac{x}{2}}) = "10 \cdot 0^{+}(1 - 0^{+})" = 0^{+}$$

$$\lim_{x \to -\infty} f(x) = \lim_{x \to -\infty} 10\,e^{-\frac{x}{2}}(1 - e^{-\frac{x}{2}}) = "10 \cdot \infty \cdot (1 - \infty)" = -\infty$$

b) $$f(x) = 0: \quad 10\,e^{-\frac{x}{2}}(1 - e^{-\frac{x}{2}}) = 0$$

$$1 - e^{-\frac{x}{2}} = 0$$

$$e^{-\frac{x}{2}} = 1$$

$$x = 0 \qquad \text{Nst: } (0|0)$$

$f(x) > 0$ in $]0; \infty[$, da $10\,e^{-\frac{x}{2}} > 0$ und $e^{-\frac{x}{2}} < 1$ für $x > 0$

$f(x) < 0$ in $]-\infty; 0[$, da $10\,e^{-\frac{x}{2}} > 0$ und $e^{-\frac{x}{2}} > 1$ für $x < 0$

c) $$f(x) = 10(e^{-\frac{x}{2}} - e^{-x})$$

$$f'(x) = 10\left(e^{-\frac{x}{2}} \cdot \left(-\frac{1}{2}\right) - e^{-x}(-1)\right) = 10\left(e^{-x} - \frac{1}{2}e^{-\frac{x}{2}}\right) = 10\,e^{-\frac{x}{2}}\left(e^{-\frac{x}{2}} - \frac{1}{2}\right)$$

$$f'(x) = 0: \quad 10\,e^{-\frac{x}{2}}\left(e^{-\frac{x}{2}} - \frac{1}{2}\right) = 0$$

$$e^{-\frac{x}{2}} - \frac{1}{2} = 0$$

$$e^{-\frac{x}{2}} = \frac{1}{2}$$

$$-\frac{x}{2} = \ln\frac{1}{2}$$

$$x = -2\ln\frac{1}{2}$$

$$x = -2\ln 2^{-1}$$

$$x = 2\ln 2$$

$$f(2\ln 2) = 10(e^{-\ln 2} - e^{-2\ln 2}) = 10(2^{-1} - 2^{-2})$$

$$= 10\left(\frac{1}{2} - \frac{1}{4}\right) = 2{,}5$$

$$f'(x) = 10\left(e^{-x} - \frac{1}{2}e^{-\frac{x}{2}}\right)$$

$$f''(x) = 10\left(e^{-x}(-1) - \frac{1}{2}e^{-\frac{x}{2}} \cdot \left(-\frac{1}{2}\right)\right) = 10\left(\frac{1}{4}e^{-\frac{x}{2}} - e^{-x}\right)$$

$$f''(2\ln 2) = 10\left(\frac{1}{4}e^{-\ln 2} - e^{-2\ln 2}\right) = 10\left(\frac{1}{4} \cdot \frac{1}{2} - \frac{1}{4}\right) = -1{,}25 \; < \; 0$$

oder

$f'(x)>0$ in $]-\infty; 2\ln 2[$, da $10\,e^{-\frac{x}{2}}>0$ und $e^{-\frac{x}{2}}>\frac{1}{2}$ für $x<2\ln 2$

$f'(x)<0$ in $]2\ln 2; +\infty[$, da $10\,e^{-\frac{x}{2}}>0$ und $e^{-\frac{x}{2}}<\frac{1}{2}$ für $x>2\ln 2$

Hochpunkt: $(2\ln 2 \mid 2{,}5)$

2. Höchstwert: 2,5
   75 % des Höchstwerts: 1,875

$$f(x)=1{,}875$$
$$10(e^{-\frac{x}{2}}-e^{-x})=1{,}875$$
$$e^{-\frac{x}{2}}-(e^{-\frac{x}{2}})^2=0{,}1875$$
$$(e^{-\frac{x}{2}})^2-e^{-\frac{x}{2}}+0{,}1875=0 \qquad \text{quadratische Gleichung!}$$
$$e^{-\frac{x}{2}}=\frac{1\pm\sqrt{1-4\cdot 0{,}1875}}{2}$$
$$e^{-\frac{x}{2}}=\frac{1\pm\frac{1}{2}}{2}$$
$$e_1^{-\frac{x}{2}}=\frac{3}{4} \qquad -\frac{x}{2}=\ln\frac{3}{4} \qquad x=-2\ln\frac{3}{4}=\ln\left(\frac{3}{4}\right)^{-2}=\ln\frac{16}{9}\approx 0{,}58$$
$$e_2^{-\frac{x}{2}}=\frac{1}{4} \qquad -\frac{x}{2}=\ln\frac{1}{4} \qquad x=-2\ln\frac{1}{4}=\ln\left(\frac{1}{4}\right)^{-2}=\ln 16\approx 2{,}77$$

Gesuchter Zeitpunkt ≈ 2,77 (da „abgesunken", also muss der gesuchte Zeitpunkt größer als $2\ln 2\approx 1{,}39$ sein).

3. a) Wegen $F_a'(x)=f(x)$ und $F_a''(x)=f'(x)$ muss gelten:

G_a steigt in $]0; \infty[$, G_a fällt in $]-\infty; 0[$ $\Rightarrow$ Tiefpunkt für $x=0$

G_a linksgekrümmt in $]-\infty; 2\ln 2[$, G_a rechtsgekrümmt in $]2\ln 2; +\infty[$ $\Rightarrow$ Wendepunkt für $x = 2\ln 2$

b)
$$F_0(x)=\int_0^x 10(e^{-\frac{t}{2}}-e^{-t})\,dt=10\Big[-2e^{-\frac{t}{2}}+e^{-t}\Big]_0^x$$
$$=10(-2e^{-\frac{x}{2}}+e^{-x}+2-1)$$
$$=10(e^{-x}-2e^{-\frac{x}{2}}+1)$$
$$\lim_{x\to+\infty}F_0(x)=\text{"}10(0-2\cdot 0+1)\text{"}=10$$
$$F_0(2\ln 2)=10(e^{-2\ln 2}-2e^{-\ln 2}+1)=10\left(\frac{1}{4}-2\cdot\frac{1}{2}+1\right)=2{,}5 \;\Rightarrow\; W(2\ln 2 \mid 2{,}5)$$

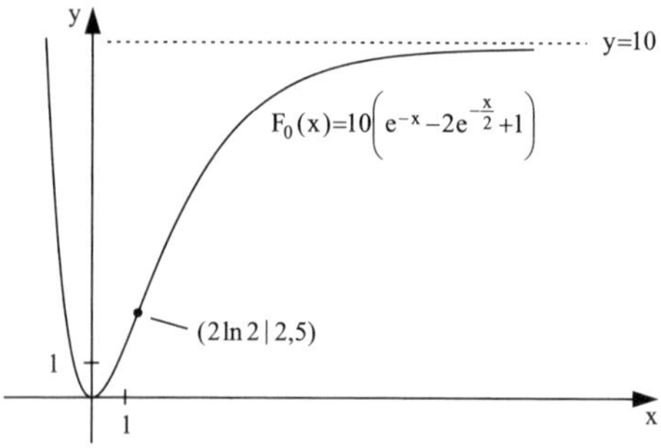

TP(0 | 0) siehe Teilaufgabe 3a
WP(2 ln 2 | 2,5) s. o.

c) $F_a(x) = \int_a^x 10(e^{-\frac{t}{2}} - e^{-t})dt = 10\left[-2e^{-\frac{t}{2}} + e^{-t}\right]_a^x$

$$= 10(-2e^{-\frac{x}{2}} + e^{-x} + 2e^{-\frac{a}{2}} - e^{-a})$$

$$= 10(e^{-x} - 2e^{-\frac{x}{2}} + 1 - e^{-a} + 2e^{-\frac{a}{2}} - 1)$$

$$= 10(e^{-x} - 2e^{-\frac{x}{2}} + 1) - 10(e^{-a} - 2e^{-\frac{a}{2}} + 1)$$

$$= F_0(x) - 10(e^{-\frac{a}{2}} - 1)^2$$

Der Term $-10(e^{-\frac{a}{2}} - 1)^2$ verschiebt den Graphen von $F_0(x)$ wegen $-10(e^{-\frac{a}{2}} - 1)^2 < 0$ für alle $a \neq 0$ nach unten.

Für $a > 0$ gilt: $0 < e^{-\frac{a}{2}} < 1$

$$-1 < e^{-\frac{a}{2}} - 1 < 0$$

$$0 < (e^{-\frac{a}{2}} - 1)^2 < 1$$

$$0 > -10(e^{-\frac{a}{2}} - 1)^2 > 10$$

Für alle $a > 0$ wird der Graph von $F_0(x)$ also um weniger als 10 Einheiten nach unten verschoben. Wegen der Asymptote $y = 10$ (siehe Teilaufgabe 3 b) ergeben sich also stets zwei Nullstellen.

Um nur eine Nullstelle zu erhalten, muss der Graph von $F_0(x)$ um wenigstens 10 Einheiten nach unten verschoben werden.

Also: $-10(e^{-\frac{a}{2}} - 1)^2 \leq -10$

$$(e^{-\frac{a}{2}} - 1)^2 \geq 1$$

$$e^{-\frac{a}{2}} - 1 \geq 1 \qquad \text{bzw.} \quad e^{-\frac{a}{2}} - 1 \leq -1 \Rightarrow e^{-\frac{a}{2}} \leq 0 \ ↯$$

$$e^{-\frac{a}{2}} \geq 2$$

$$-\frac{a}{2} \geq \ln 2$$

$$a \leq -2\ln 2$$

Für $a \leq -2 \ln 2$ besitzt $F_a(x)$ nur eine Nullstelle.

Anmerkung: Die Fläche, die der Graph der Funktion f(x) zwischen $x = -2 \ln 2$ und $x = 0$ unterhalb der x-Achse einschließt, ist genauso groß wie die Fläche, die dieser Graph zwischen $x = 0$ und $x = +\infty$ oberhalb der x-Achse einschließt (nämlich 10 FE).

Andere Lösungsmöglichkeit über Flächenbilanzen (siehe gegebenen Graphen von f(x))

$$F_a(x) = \int_a^x f(t)dt$$

Für $a > 0$ gilt: 1. Nullstelle für $x = a > 0$
2. Nullstelle für $x = b < 0$

$$\text{wenn} \int_b^0 f(t)dt = -\int_0^a f(t)dt$$

Ein solches b existiert immer!
Begründung:

$$\text{Mit } 0 \leq \int_0^{\infty} f(t)dt < 10 \text{ (siehe Teilaufgabe 3 a und b)}$$

$$\text{gilt} \quad 0 \geq -\int_0^a f(t)dt > -10 \qquad (a > 0)$$

$$\text{Also} \quad 0 \leq \int_0^b f(t)dt < 10 \qquad (b < 0)$$

Dass ein derartiges b stets existiert, lässt sich entweder aus der Skizze des Graphen von $F_0(x)$ ablesen (siehe Teilaufgabe 3 b) oder nochmals begründen mit dem TP(0 | 0) und

$$\lim_{x \to -\infty} F_0(x) = \lim_{x \to -\infty} 10\left(e^{-\frac{x}{2}} - 1\right)^2 = \text{"}10(\infty - 1)^2\text{"} = \infty$$

$$\text{Also ist } \int_0^b f(t)dt \in [0; \infty[\text{ für } b < 0.$$

Für $a < 0$ gilt: 1. Nullstelle für $x = a < 0$
2. Nullstelle für $x = b > 0$

$$\text{wenn} \int_a^0 f(t)dt = -\int_0^b f(t)dt$$

Ein solches b kann nur existieren, wenn $\int_a^0 f(t)dt > -10$, da $\int_0^b f(t)dt < 10$

(siehe Teilaufgabe 3 b, siehe auch Anmerkung).

Leistungskurs Mathematik (Bayern): Abiturprüfung 2004
Infinitesimalrechnung II

1. Gegeben ist die Schar der Funktionen

$$f_k\colon\ x \to \frac{x^2}{1-kx^2}$$

mit der maximalen Definitionsmenge D_k und $k \in \mathbb{R}$. G_k bezeichnet den Graphen von f_k.

a) Bestimmen Sie für $k<0$ und $k>0$ jeweils die Definitionsmenge D_k. Untersuchen Sie für $k \neq 0$ das Verhalten von f_k für $x \to +\infty$ und $x \to -\infty$. Geben Sie die Gleichung aller Asymptoten an. (6 BE)

b) Zeigen Sie, dass gilt:

$$f_k'(x) = \frac{2x}{(1-kx^2)^2}.$$

Begründen Sie, dass alle Graphen G_k einen gemeinsamen Tiefpunkt besitzen. (5 BE)

c) Skizzieren Sie G_{-1}, G_0 und G_1 in ein gemeinsames Koordinatensystem. Zeichnen Sie auch alle vorhandenen Asymptoten ein. (7 BE)

d) Beschreiben Sie für den Fall $k<0$, wie sich die Lage der waagrechten Asymptote von G_k für $k \to -\infty$ und $k \to 0$ jeweils verändert. (3 BE)

e) Bestimmen Sie k zunächst so, dass G_k durch den Punkt $P(1 \mid 2)$ verläuft. Zeigen Sie dann, dass durch jeden beliebigen Punkt, der nicht auf einer der Koordinatenachsen liegt, genau ein Graph G_k verläuft. (6 BE)

2. Das nebenstehende Diagramm zeigt, wie die Geschwindigkeit eines Fahrzeugs von der Zeit abhängt; der zugehörige Funktionsterm für $0 \le t \le 10$ ist $v(t) = 7t \cdot e^{-0,1t}$. Dabei bezeichnet v die Maßzahl der in Meter pro Sekunde gemessenen Geschwindigkeit, t die Maßzahl der in Sekunden gemessenen Zeit. Der Inhalt der Fläche zwischen dem Graphen, der t-Achse und der Geraden $t = t_0$ entspricht dem während der ersten t_0 Sekunden zurückgelegten Weg (in Metern).

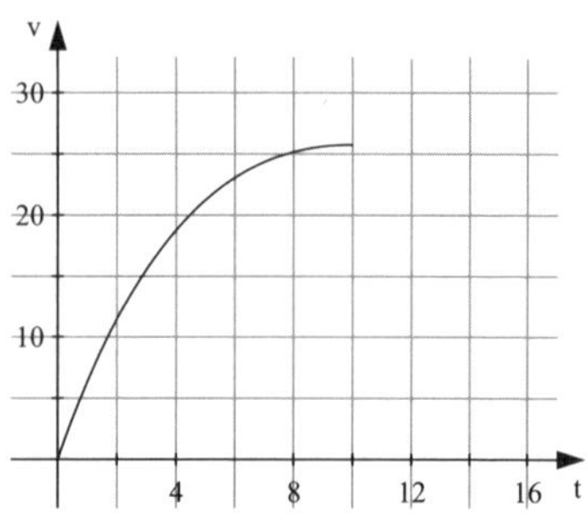

a) Berechnen Sie den Weg, den das Fahrzeug in den ersten 10 Sekunden zurücklegt. (8 BE)

Ab dem Zeitpunkt $t = 10$ wird das Fahrzeug bis zum Stillstand abgebremst. Dabei wird die Abhängigkeit der Geschwindigkeit von der Zeit durch eine lineare Funktion beschrieben.

b) Ermitteln Sie die Steigung dieser Funktion, wenn der Bremsweg 122,5 Meter beträgt. (5 BE)

(40 BE)

Lösungen

$$f_k(x) = \frac{x^2}{1-kx^2};\quad k \in \mathbb{R}$$

1. a) $1-kx^2=0 \;\Rightarrow\; x^2 = \frac{1}{k} \;\Rightarrow\; x = \pm\sqrt{\frac{1}{k}}$

$D_k = \mathbb{R}$ für $k<0$

$D_k = \mathbb{R} \setminus \left\{\pm\sqrt{\frac{1}{k}}\right\}$ für $k>0$

$\lim\limits_{x \to \pm\infty} f_k(x) = -\frac{1}{k}$ (Grad Zähler = Grad Nenner)

Waagrechte Asymptote: $y = -\frac{1}{k}$ für $k \neq 0$

Senkrechte Asymptoten: $x = \pm\sqrt{\frac{1}{k}}$ für $k>0$

b) $f_k'(x) = \frac{2x(1-kx^2) - x^2\cdot(-2kx)}{(1-kx^2)^2} = \frac{2x - 2kx^3 + 2kx^3}{(1-kx^2)^2} = \frac{2x}{(1-kx^2)^2}$

$\left.\begin{array}{l} f_k'(x) > 0 \text{ für } x>0 \\ f_k'(x) < 0 \text{ für } x<0 \end{array}\right\} \Rightarrow$ in (0|0) Tiefpunkt für alle k

c)

$f_0(x) = x^2$	$f_{-1}(x) = \frac{x^2}{1+x^2}$	$f_1(x) = \frac{x^2}{1-x^2}$
$D_0 = \mathbb{R}$	$D_{-1} = \mathbb{R}$	$D_1 = \mathbb{R} \setminus \{\pm 1\}$
Normalparabel	waagrechte Asymptote: $y = 1$	waagrechte Asymptote: $y = -1$
	TP(0 | 0)	senkrechte Asymptoten: $x = \pm 1$
		TP(0 | 0)

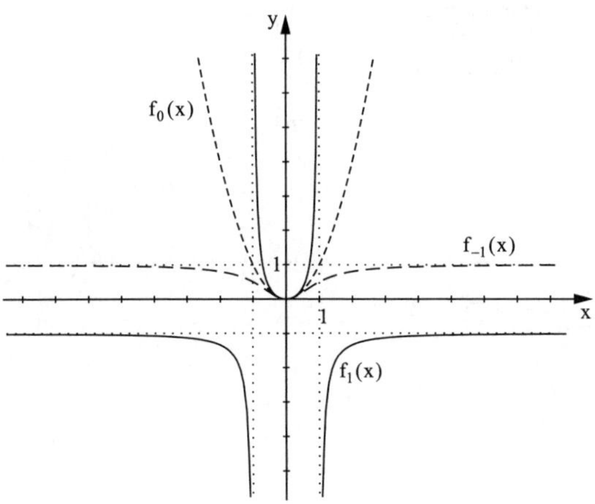

d) Für $k<0$ liegt die waagrechte Asymptote $y=-\frac{1}{k}$ oberhalb der x-Achse.

Für $k \to -\infty$ wandert die Asymptote immer weiter von oben gegen die x-Achse:

$$\lim_{k \to -\infty} -\frac{1}{k} = 0^+$$

Für $k \to 0^-$ wandert die Asymptote immer weiter nach oben:

$$\lim_{k \to 0^-} -\frac{1}{k} = +\infty$$

e) P(1 | 2): $\quad 2=\frac{1^2}{1-k\cdot 1^2} \quad \Rightarrow \quad 1-k=\frac{1}{2} \quad \Rightarrow \quad k=\frac{1}{2}$

P(p | q):

$$q=\frac{p^2}{1-k\cdot p^2}$$

$$1-k\cdot p^2=\frac{p^2}{q}$$

$$k\cdot p^2=1-\frac{p^2}{q}$$

$$k=\frac{1}{p^2}-\frac{1}{q}$$ eindeutige Lösung für $p\neq 0;\ q\neq 0$

2\. a) $s=\int_0^{10} 7t\cdot e^{-0,1t}dt=\left[-70t\cdot e^{-0,1t}-700\cdot e^{-0,1t}\right]_0^{10}$

$=-700e^{-1}-700e^{-1}+0+700$

$\approx 184,97$

Wegen $\int 7t\cdot e^{-0,1t}dt=7t\cdot(-10e^{-0,1t})-\int -70e^{-0,1t}dt=-70t\cdot e^{-0,1t}-700\cdot e^{-0,1t}+C$

mit $u=7t \quad u'=7$ und $v'=e^{-0,1t} \quad v=10e^{-0,1t}$

b) Da der Flächeninhalt zwischen Graph und t-Achse dem Weg entspricht (siehe Teilaufgabe 2 a) muss die Dreiecksfläche dem Bremsweg entsprechen.

$122,5=\frac{1}{2}\cdot v(10)\cdot \Delta t$

$122,5=\frac{1}{2}\cdot 70e^{-1}\cdot \Delta t$

$\Delta t=3,5e\approx 9,51$

Steigung $=\frac{v(10)}{-\Delta t}=-\frac{70e^{-1}}{3,5e}=-20e^{-2}\approx -2,71$

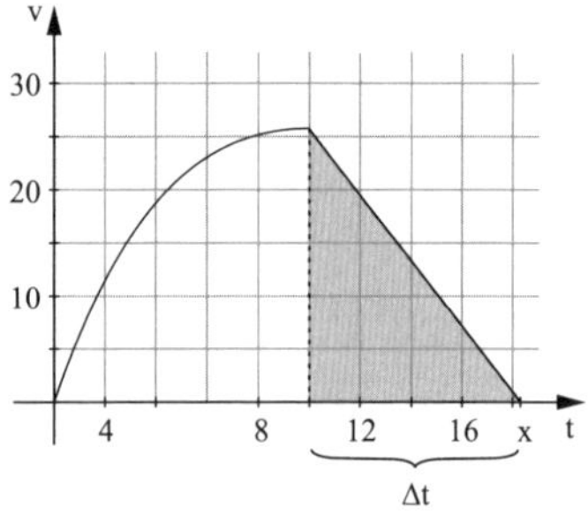

oder

$$122{,}5 = \int_{10}^{x} (mt + b)dt$$

Für die lineare Funktion $y = mt + b$ gilt:
$y(10) = v(10)$
Also $m \cdot 10 + b = 70e^{-1} \Rightarrow b = 70e^{-1} - 10m$
Außerdem: $y(x) = 0$, also $m \cdot x + b = 0$

$$x = -\frac{b}{m} = -\frac{70}{em} + 10$$

Somit:

$$122{,}5 = \int_{10}^{-\frac{70}{em}+10} (mt + 70e^{-1} - 10m)dt$$

$$122{,}5 = \left[\frac{m}{2}t^2 + 70e^{-1}t - 10mt\right]_{10}^{10-\frac{70}{em}}$$

$$122{,}5 = \frac{m}{2}\left(10 - \frac{70}{em}\right)^2 + \frac{70}{e}\left(10 - \frac{70}{em}\right) - 10m\left(10 - \frac{70}{em}\right) - \frac{m}{2} \cdot 100 - \frac{70}{e} \cdot 10 + 10m \cdot 10$$

$$122{,}5 = 50m - \frac{700}{e} + \frac{2450}{e^2m} + \frac{700}{e} - \frac{4900}{e^2m} - 100m + \frac{700}{e} - 50m - \frac{700}{e} + 100m$$

$$122{,}5 = -\frac{2450}{e^2m}$$

$$m = -\frac{2450}{122{,}5e^2}$$

$$m = -\frac{20}{e^2} \approx -2{,}71$$

Leistungskurs Mathematik (Bayern): Abiturprüfung 2004
Wahrscheinlichkeitsrechnung/Statistik III

1. Im Mittel wollen 55 % der Anrufer des Callcenters eines großen Touristikunternehmens eine Reise buchen, während 27 % Fragen zu bereits gebuchten Reisen haben. Die restlichen Anrufer haben verschiedene andere Anliegen.

   a) Wie groß ist die Wahrscheinlichkeit dafür, dass unter 25 Anrufern mehr als die Hälfte eine Reise buchen wollen? (3 BE)

   b) Wie groß ist die Wahrscheinlichkeit dafür, dass an einem Arbeitstag spätestens der zehnte Anrufer eine Frage zu einer gebuchten Reise hat? (3 BE)

   c) Am Ende eines Arbeitstags befinden sich noch 12 Anrufer in der Warteschleife der Telefonzentrale, von denen 6 eine Reise buchen wollen und 4 eine Frage zu einer gebuchten Reise haben; die übrigen Anrufer haben eine Reklamation. Die Anrufer werden in zufälliger Reihenfolge bearbeitet.
   Wie groß ist die Wahrscheinlichkeit dafür, dass mindestens eine der Reklamationen unter den letzten 3 bearbeiteten Anrufen ist? (5 BE)

   d) Wie groß muss der Anteil der Anrufer mit einer Reklamation mindestens sein, damit unter 50 Anrufern mit einer Wahrscheinlichkeit von mindestens 90 % wenigstens einer eine Reklamation hat? (5 BE)

2. Der Vorstand des Touristikunternehmens beabsichtigt, eine Buchungsmöglichkeit über das Internet einzurichten. Die Geschäftsführung vertritt jedoch die Meinung, dass sich diese Investition nicht lohnt. Um zu testen, ob die Vermutung der Geschäftsführung zutrifft, werden 500 zufällig ausgewählte Kunden bei der Buchung einer Reise befragt.
   Bestimmen Sie mithilfe der Normalverteilung die Entscheidungsregel für die Nullhypothese „Mindestens 65 % der Kunden ziehen die herkömmlichen Buchungsmöglichkeiten einer Buchung über das Internet vor" auf dem Signifikanzniveau von 5 %. (7 BE)

3. In einem Urlaubsland werden erste Fälle einer gefährlichen Infektionskrankheit festgestellt, während sich ein Flugzeug mit 120 Reisenden von dort auf dem Heimflug befindet.
   Es wird angenommen, dass sich die Passagiere unabhängig voneinander mit der gleichen Wahrscheinlichkeit p mit dem Erreger der Krankheit infiziert haben. (Eine gegenseitige Ansteckung während des Flugs wird ausgeschlossen.)

   a) Berechnen Sie mit Mitteln der Differentialrechnung, welchen Wert die Wahrscheinlichkeit dafür, dass von den 120 Reisenden genau 3 infiziert sind, maximal annehmen kann. (7 BE)

   Seit kurzem steht ein Bluttest zur Verfügung, mit dem der Erreger bereits vor Ausbruch der Krankheit sicher erkannt werden kann. Da dieser Test sehr kostspielig ist, werden die Reisenden nach ihrer Rückkehr in Gruppen von je 6 Personen eingeteilt. Dann wird zunächst jeweils ein Gemisch aus dem Blut der Personen einer Gruppe hergestellt; anschließend werden diese Gemische untersucht. Nur bei denjenigen Gruppen, bei denen der Erreger gefunden wird, wird anschließend das Blut jeder Einzelperson getestet.
   Im Folgenden soll der Erwartungswert für die Anzahl der benötigten Bluttests exemplarisch für den Fall berechnet werden, dass genau 3 der Reisenden in dem Flugzeug infiziert sind.

b) Die Zufallsgröße X bezeichne die Anzahl der Gruppen, bei denen der Erreger bei der Untersuchung der Blutgemische gefunden wird. Sie hat folgende Verteilung:

x	1	2	3
P(X = x)	0,0014	?	0,8768

Weisen Sie nach, dass die beiden angegebenen (gerundeten) Wahrscheinlichkeiten richtig sind, und berechnen Sie den dritten Wert. (6 BE)

c) Berechnen Sie den Erwartungswert für die Gesamtzahl der benötigten Bluttests. (4 BE)

(40 BE)

Lösungen

1. a) $P_{0,55}^{25}(Z \geq 13) = 1 - P_{0,55}^{25}(Z \leq 12) = 1 - 0,30632 = 0,69368$

b) $P = 1 - (1 - 0,27)^{10} = 1 - 0,73^{10} = 0,95702$

c) 2 Anrufer mit Reklamation

$$P = \frac{\binom{2}{1}\binom{10}{2} + \binom{2}{2}\binom{10}{1}}{\binom{12}{3}} = 1 - \frac{\binom{2}{0}\binom{10}{3}}{\binom{12}{3}} = 0,45455$$ Auswahl über Anrufe

oder

$$P = \frac{\binom{3}{1}\binom{9}{1} + \binom{3}{2}\binom{9}{0}}{\binom{12}{2}} = 1 - \frac{\binom{3}{0}\binom{9}{2}}{\binom{12}{2}} = 0,45455$$ Auswahl über Reklamationen

d)
$$\begin{aligned}
1 - P(\text{keine Reklamation bei 50 Anrufen}) &\geq 0,9\\
1 - (1-p)^{50} &\geq 0,9\\
(1-p)^{50} &\leq 0,1\\
1 - p &\leq \sqrt[50]{0,1}\\
p &\geq 1 - \sqrt[50]{0,1}\\
p &\geq 0,04501
\end{aligned}$$

2.

	gegen p_0 0 … k	für p_0 k + 1 … 500
$p_0 \geq 0,65$	$\leq 0,05$	

$$\begin{aligned}
P_{0,65}^{500}(Z \leq k) &\leq 0,05\\
\Phi\left(\frac{k - 325 + 0,5}{\sqrt{113,75}}\right) &\leq 0,05\\
\frac{k - 325 + 0,5}{\sqrt{113,75}} &\leq -1,645\\
k &\leq 306,9 \quad \Rightarrow \quad \overline{A} = [0; 306]
\end{aligned}$$

$\mu = 325$
$\sigma = \sqrt{113,75}$

3. a) $P(p) = P_p^{120}(Z=3) = \binom{120}{3} p^3 \cdot (1-p)^{117}$

$$P'(p) = \binom{120}{3}[3p^2 \cdot (1-p)^{117} + p^3 \cdot 117(1-p)^{116} \cdot (-1)]$$

$$= \binom{120}{3} p^2 (1-p)^{116} \cdot [3(1-p) + p \cdot 117(-1)]$$

$$= \binom{120}{3} p^2 (1-p)^{116} \cdot (3 - 3p - 117p)$$

$$= \binom{120}{3} p^2 (1-p)^{116} (3 - 120p)$$

$P'(p) = 0 \;\Rightarrow\; p_1 = 0;\;\; p_2 = 1;\;\; p_3 = \frac{1}{40}$

$P(p_1) = 0$

$P(p_2) = 0$

$P(p_3) = \binom{120}{3} \cdot \left(\frac{1}{40}\right)^3 \cdot \left(\frac{39}{40}\right)^{117} = 0{,}22689$ maximale Wahrscheinlichkeit

b) Aus den Reisenden werden 20 Gruppen zu je 6 Personen gebildet. Jede Gruppe wird getestet; also 20 Tests.

$x = 1$: Alle 3 Infizierten befinden sich in einer der 20 Gruppen.
Also sind noch 6 weitere Tests nötig.

$x = 2$: Die 3 Infizierten befinden sich in zwei der 20 Gruppen.
Also sind noch 12 weitere Tests nötig.

$x = 3$: Jeder Infizierte befindet sich in einer anderen der 20 Gruppen.
Also sind noch 18 weitere Tests nötig.

$$P(x=1) = \binom{20}{1} \cdot \frac{\binom{6}{3}}{\binom{120}{3}} = 20 \cdot \frac{20}{280840} = 0{,}0014$$

$$P(x=3) = \binom{20}{3} \cdot \frac{\binom{6}{1}\binom{6}{1}\binom{6}{1}}{\binom{120}{3}} = 1140 \cdot \frac{216}{280840} = 0{,}8768$$

$P(x=2) = 1 - P(x=1) - P(x=3) = 0{,}1218$
oder

$$P(x=2) = \binom{20}{2} \cdot \frac{\binom{2}{1}\binom{6}{2}\binom{6}{1}}{\binom{120}{3}} = 190 \cdot \frac{2 \cdot 15 \cdot 6}{280840} = 0{,}1218$$

c) $E = 0{,}0014 \cdot (20+6) + 0{,}1218 \cdot (20+12) + 0{,}8768 \cdot (20+18) \approx 37{,}25$

Leistungskurs Mathematik (Bayern): Abiturprüfung 2004
Wahrscheinlichkeitsrechnung / Statistik IV

Auf dem Gebiet der Gemeinde Windstätt soll ein Windpark zur Stromerzeugung errichtet werden. Die Gegner des Projekts befürchten eine Beeinträchtigung des Fremdenverkehrs und sammeln Unterschriften für ein Bürgerbegehren. Das Windstätter Tagblatt veranstaltet eine Podiumsdiskussion zum Thema Windpark.

1. An der Podiumsdiskussion nehmen neben dem Chefredakteur 5 Gegner und 4 Befürworter des Projekts teil. Die 10 Plätze auf dem Podium sind in einer Reihe nebeneinander angeordnet. Der Chefredakteur setzt sich auf den 5. Platz von links. Die beiden Gruppen haben jeweils einen Sprecher.

   a) Wie viele verschiedene Sitzordnungen gibt es, bei denen die beiden Sprecher höchstens 2 Plätze vom Chefredakteur entfernt sitzen und sich die übrigen Teilnehmer beliebig auf die restlichen Plätze verteilen? (3 BE)

   b) Bei wie vielen Sitzordnungen, die die Bedingung aus Teilaufgabe 1 a erfüllen, nehmen die Gruppen geschlossen links bzw. rechts vom Chefredakteur Platz? (3 BE)

   c) Zu Beginn der Diskussion werden die Teilnehmer vom Chefredakteur um eine kurze Stellungnahme gebeten. Die Reihenfolge der Redner wird ausgelost. Mit welcher Wahrscheinlichkeit befinden sich unter den ersten 6 Rednern genau zwei Gegner des Projekts? (4 BE)

2. Im Verlauf der Podiumsdiskussion, zu der 178 Windstätter Bürger erschienen sind, behauptet der Sprecher der Windparkgegner, dass wenigstens 55 % der mehr als 10 000 wahlberechtigten Gemeindemitglieder gegen das geplante Projekt sind.

   a) Die Behauptung des Sprechers (Nullhypothese) soll auf dem Signifikanzniveau von 5 % getestet werden. Bestimmen Sie mithilfe der Normalverteilung die zugehörige Entscheidungsregel bei einer Befragung von 178 Bürgern. (6 BE)

   b) Um eine Entscheidung im Sinne des Tests aus Teilaufgabe 2 a zu treffen, sollen die bei der Podiumsdiskussion anwesenden 178 wahlberechtigten Gemeindemitglieder befragt werden. Nehmen Sie zu diesem Vorschlag Stellung. (2 BE)

3. Um den Ausgang des beantragten Bürgerentscheids zu prognostizieren, führte das Windstätter Tagblatt eine Umfrage unter 1200 wahlberechtigten Bürgern durch. Dabei sprachen sich 504 gegen das Projekt aus, während die übrigen 696 für die Errichtung des Windparks waren.

   a) Bestimmen Sie mithilfe der Ungleichung von Tschebyschow ein möglichst kleines Intervall, in dem der Anteil p der Windparkgegner unter allen Gemeindemitgliedern mit einer Wahrscheinlichkeit von wenigstens 75 % liegt.

      Verwenden Sie $p(1-p) \leq \frac{1}{4}$. (5 BE)

b) Beim schließlich durchgeführten Bürgerentscheid lag die Wahlbeteiligung bei 35 %. Es stimmten 51 % gegen das Windparkprojekt; ungültige Stimmen gab es nicht. Wenn man davon ausgeht, dass die Umfrage die Mehrheitsverhältnisse in Windstätt exakt wiedergibt, kann dieses Ergebnis durch einen unterschiedlichen Mobilisierungsgrad der Gegner und Befürworter erklärt werden. Welcher Prozentsatz der Gegner und welcher Prozentsatz der Befürworter ist demnach zur Abstimmung gegangen? (6 BE)

4. Ein großes Windparkunternehmen will sich durch Ausgabe von Aktien Kapital an der Börse verschaffen. Die Nachfrage ist erheblich; es werden wesentlich mehr Aktien geordert, als ausgegeben werden sollen. Daher erfolgt die Zuteilung im Losverfahren unter den Anlegern, die mindestens 200 Aktien geordert haben. Es werden nur Aktienpakete zu 50, 100 oder 200 Stück verlost.
Die Zufallsgröße X, die die Anzahl der einem dieser Anleger zugeteilten Aktien beschreibt, hat die folgende Verteilung:

x	0	50	100	200
P(X = x)	0,30	0,40	0,20	0,10

a) Berechnen Sie Erwartungswert und Standardabweichung von X.
[Zur Kontrolle: $\mu = 60$, $\sigma \approx 58{,}3$] (4 BE)

b) Es nehmen auch 100 Windstätter Bürger am Losverfahren teil. Nach dem zentralen Grenzwertsatz ist die voraussichtliche Gesamtzahl der ihnen dabei zugeteilten Aktien näherungsweise normalverteilt.
Berechnen Sie unter Annahme der Normalverteilung die Wahrscheinlichkeit, dass diese Gesamtzahl höchstens 10 % vom Erwartungswert abweicht. (7 BE)

(40 BE)

Lösungen

1. _ _ _ _ c _ _ _ _ _

a) $4 \cdot 3 \cdot 7! = 60480$ Es gibt auf beiden Seiten des Chefredakteurs zwei, also insgesamt 4 mögliche Plätze für die Sprecher.

b) $2 \cdot 3! \cdot 2 \cdot 4! = 576$ Die Befürworter müssen links sitzen, da sonst die Gegner nicht auf einer Seite Platz finden.

c) $P = \dfrac{\binom{5}{2}\binom{4}{4}}{\binom{9}{6}} = \dfrac{10}{84} = 0{,}11905$

2. a)

	gegen p_0 $0 \ldots k$	für p_0 $k+1 \ldots 178$
$p_0 \geq 0{,}55$	$\leq 0{,}05$	

$$P_{0,55}^{178}(Z \leq k) \leq 0{,}05$$

$$\Phi\left(\frac{k-97{,}9+0{,}5}{\sqrt{44{,}055}}\right) \leq 0{,}05$$

$$\frac{k-97{,}9+0{,}5}{\sqrt{44{,}055}} \leq -1{,}645$$

$$k \leq 86{,}5 \quad \Rightarrow \quad \overline{A} = [0; 86]$$

$\mu = 97{,}9$
$\sigma = \sqrt{44{,}055}$

b) Der Vorschlag ist zu verwerfen, da die 178 Anwesenden keineswegs repräsentativ für die 10 000 Wahlberechtigten sein müssen.

3. $p(\text{gegen}) = \dfrac{504}{1200} = 0{,}42$; $\quad p(\text{für}) = \dfrac{696}{1200} = 0{,}58$

a) $P(|0{,}42 - p| < \varepsilon) \geq 0{,}75$

$$1 - \frac{1}{4\varepsilon^2 \cdot 1200} \geq 0{,}75$$

$$\varepsilon^2 \geq \frac{1}{4 \cdot 0{,}25 \cdot 1200}$$

$$\varepsilon \geq 0{,}0289$$

Also:

$$0{,}42 - 0{,}0289 < p < 0{,}42 + 0{,}0289$$

$$0{,}3911 < p < 0{,}4489$$

b) Aus nebenstehendem Baumdiagramm entnimmt man:

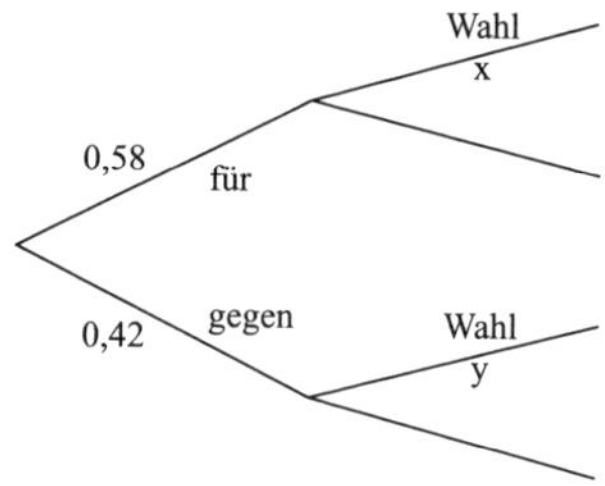

$$\text{(I)} \quad 0{,}58x + 0{,}42y = 0{,}35$$
$$\text{(II)} \quad 0{,}42y = 0{,}51 \cdot 0{,}35 \Rightarrow y = 0{,}425$$
$$\text{(II) in (I)} \quad 0{,}58x = 0{,}35 - 0{,}42 \cdot 0{,}425$$
$$\Rightarrow x \approx 0{,}296$$

Es gingen 42,5 % der Gegner und nur 29,6 % der Befürworter zur Abstimmung.

4. a) $\mu = 0 \cdot 0{,}3 + 50 \cdot 0{,}4 + 100 \cdot 0{,}2 + 200 \cdot 0{,}1 = 60$
$\mathrm{Var}(X) = 0^2 \cdot 0{,}3 + 50^2 \cdot 0{,}4 + 100^2 \cdot 0{,}2 + 200^2 \cdot 0{,}1 - 60^2 = 3400$
$\sigma = \sqrt{3400} \approx 58{,}31$

b) Bei 100 Leuten gilt: $\mu = 100 \cdot 60 = 6000$ und $\sigma = \sqrt{100}\sqrt{3400} = 10 \cdot \sqrt{3400}$
Abweichung um 10 %: [5400; 6600] also um 600 symmetrisch zu μ.

$$P = 2\Phi\left(\frac{600 + 0{,}5}{10\sqrt{3400}}\right) - 1 = 2\Phi(1{,}03) - 1 = 0{,}69698$$

Anmerkung: Der Summand 0,5 kann auch entfallen.

Leistungskurs Mathematik (Bayern): Abiturprüfung 2004
Analytische Geometrie V

In einem kartesischen Koordinatensystem des $\mathbb{R}^3$ sind die Punkte A(–2 | 5 | –2), B(1 | 2 | –2), C(10 | 5 | 1) sowie die Ebene E: $x_1 + x_2 - 4x_3 + 7 = 0$ gegeben.

1. a) Bestimmen Sie die Koordinaten des Punktes D so, dass das Viereck ABCD ein Parallelogramm ist, und berechnen Sie die Koordinaten des Diagonalenschnittpunkts M.
   Legen Sie ein Koordinatensystem an (Querformat, Ursprung in Seitenmitte) und tragen Sie das Parallelogramm ABCD sowie den Punkt M ein.
   [Zur Kontrolle: M(4 | 5 | –0,5)] (6 BE)

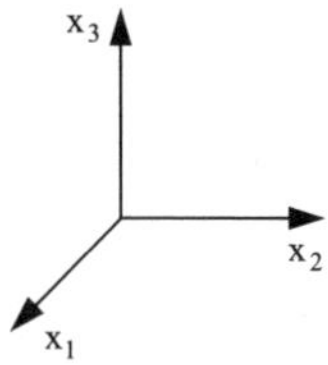

   b) Zeigen Sie, dass das Parallelogramm ABCD in einer Parallelebene zur Ebene E liegt, die nicht mit E identisch ist. (4 BE)

   c) Die Parallelogrammfläche schneidet die x_1x_2-Ebene in der Strecke [GH]. Berechnen Sie die Koordinaten der Punkte G und H und tragen Sie die Strecke [GH] in die angelegte Zeichnung ein.
   [Zur Kontrolle: (4 | 7 | 0) und (7 | 4 | 0)] (7 BE)

   d) In welchem Verhältnis wird die Fläche des Parallelogramms durch die x_1x_2-Ebene geteilt? Begründen Sie Ihre Antwort. (5 BE)

2. a) S ist der Punkt in E, der vom Diagonalenschnittpunkt M den geringsten Abstand hat. Berechnen Sie die Koordinaten von S und zeichnen Sie die Pyramide ABCDS in Ihre Zeichnung ein.
   [Zur Kontrolle: S(3 | 4 | 3,5)] (5 BE)

   b) Berechnen Sie das Volumen der Pyramide ABCDS. (4 BE)

3. S' sei der Spiegelpunkt von S bezüglich der Ebene, in der das Parallelogramm ABCD liegt.

   a) Berechnen Sie die Koordinaten von S' und tragen Sie S' in die Zeichnung ein. (3 BE)

   In S' sei eine punktförmige Lichtquelle angebracht. Die Parallelogrammfläche sei lichtundurchlässig. Die Lichtquelle erzeugt von diesem Parallelogramm in der Ebene E das Schattenbild A'B'C'D'.

   b) Berechnen Sie die Koordinaten des Bildpunktes A' von A.
   Tragen Sie ohne weitere Rechnung das Bildviereck A'B'C'D' in die Zeichnung ein. (6 BE)

(40 BE)

Lösungen

1. a) $\vec{D} = \vec{A} + \overrightarrow{BC} = \begin{pmatrix} -2 \\ 5 \\ -2 \end{pmatrix} + \begin{pmatrix} 10-1 \\ 5-2 \\ 1+2 \end{pmatrix} = \begin{pmatrix} 7 \\ 8 \\ 1 \end{pmatrix}$

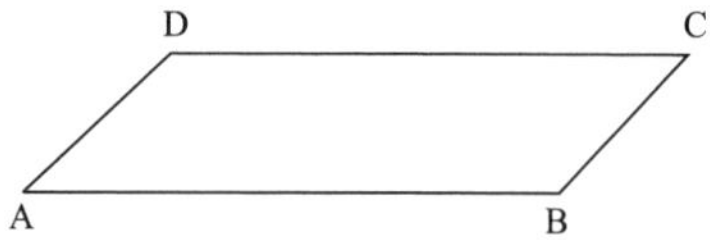

D(7 | 8 | 1)

$\vec{M} = \vec{A} + \frac{1}{2}\overrightarrow{AC} = \begin{pmatrix} -2 \\ 5 \\ -2 \end{pmatrix} + \begin{pmatrix} 10+2 \\ 5-5 \\ 1+2 \end{pmatrix} = \begin{pmatrix} 4 \\ 5 \\ -0{,}5 \end{pmatrix}$

A(–2 | 5 | –2)
B(1 | 2 | –2)
C(10 | 5 | 1)
D(7 | 8 | 1)
M(4 | 5 | –0,5)
G(7 | 4 | 0)
H(4 | 7 | 0)
S(3 | 4 | 3,5)
S'(5 | 6 | –4,5)
A'(–9 | 4 | 0,5)

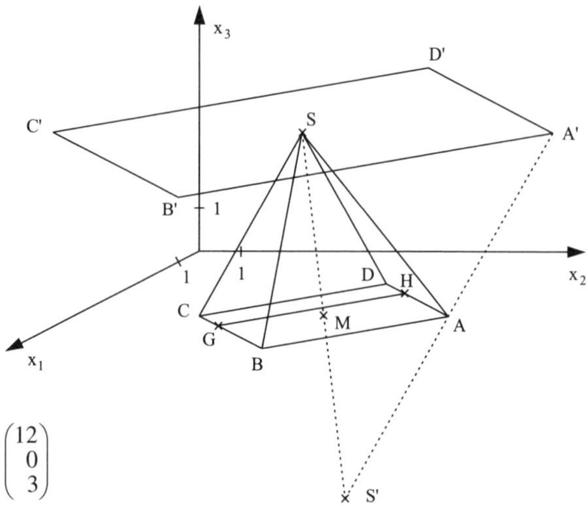

b) Parallelogrammebene F

F: $\vec{X} = \begin{pmatrix} -2 \\ 5 \\ -2 \end{pmatrix} + k \cdot \begin{pmatrix} 9 \\ 3 \\ 3 \end{pmatrix} + \ell \cdot \begin{pmatrix} 12 \\ 0 \\ 3 \end{pmatrix}$

$\vec{X} = \begin{pmatrix} -2 \\ 5 \\ -2 \end{pmatrix} + k \cdot \begin{pmatrix} 3 \\ 1 \\ 1 \end{pmatrix} + \ell \cdot \begin{pmatrix} 4 \\ 0 \\ 1 \end{pmatrix}; \quad k, \ell \in \mathbb{R}$

$\vec{n}_F = \begin{pmatrix} 3 \\ 1 \\ 1 \end{pmatrix} \times \begin{pmatrix} 4 \\ 0 \\ 1 \end{pmatrix} = \begin{pmatrix} 1-0 \\ 4-3 \\ 0-4 \end{pmatrix} = \begin{pmatrix} 1 \\ 1 \\ -4 \end{pmatrix}$ $\qquad \begin{pmatrix} 1 \\ 1 \\ -4 \end{pmatrix} \circ \begin{pmatrix} -2 \\ 5 \\ -2 \end{pmatrix} = -2+5+8 = 11$

F: $x_1 + x_2 - 4x_3 - 11 = 0$

Da $\vec{n}_F = \vec{n}_E$, aber $7 \neq -11$, sind E und F parallel, aber nicht identisch.

c) $F \cap x_1x_2$-Ebene $(x_3 = 0)$

Parameterform von F ergibt $-2 + k + \ell = 0 \;\Rightarrow\; \ell = 2 - k$

Schnittgerade s: $\vec{X} = \begin{pmatrix} -2 \\ 5 \\ -2 \end{pmatrix} + k \cdot \begin{pmatrix} 3 \\ 1 \\ 1 \end{pmatrix} + (2-k)\begin{pmatrix} 4 \\ 0 \\ 1 \end{pmatrix} = \begin{pmatrix} -2 \\ 5 \\ -2 \end{pmatrix} + \begin{pmatrix} 8 \\ 0 \\ 2 \end{pmatrix} + k \cdot \begin{pmatrix} 3 \\ 1 \\ 1 \end{pmatrix} + k \cdot \begin{pmatrix} -4 \\ 0 \\ -1 \end{pmatrix}$

$\vec{X} = \begin{pmatrix} 6 \\ 5 \\ 0 \end{pmatrix} + k \cdot \begin{pmatrix} -1 \\ 1 \\ 0 \end{pmatrix} \qquad k \in \mathbb{R}$

Da $\overrightarrow{AB} = \begin{pmatrix} 1+2 \\ 2-5 \\ -2+2 \end{pmatrix} = \begin{pmatrix} 3 \\ -3 \\ 0 \end{pmatrix} = -3\begin{pmatrix} -1 \\ 1 \\ 0 \end{pmatrix}$ ist, verläuft die Schnittgerade s parallel zu AB (und CD) und schneidet daher die Seiten BC und AD.

$$\text{BC: } \vec{X} = \begin{pmatrix} 1 \\ 2 \\ -2 \end{pmatrix} + p \cdot \begin{pmatrix} 10-1 \\ 5-2 \\ 1+2 \end{pmatrix}$$

$$\vec{X} = \begin{pmatrix} 1 \\ 2 \\ -2 \end{pmatrix} + p \cdot \begin{pmatrix} 9 \\ 3 \\ 3 \end{pmatrix}$$

$$\vec{X} = \begin{pmatrix} 1 \\ 2 \\ -2 \end{pmatrix} + p \cdot \begin{pmatrix} 3 \\ 1 \\ 1 \end{pmatrix}; \quad p \in \mathbb{R}$$

$$\begin{aligned} \text{BC} \cap \text{s:} \quad 6 - k &= 1 + 3p \\ 5 + k &= 2 + p \\ 0 &= -2 + p \Rightarrow p = 2 \nearrow k = -1 \end{aligned} \qquad 6 + 1 = 1 + 3 \cdot 2 \text{ (erfüllt)}$$

$$\vec{G} = \begin{pmatrix} 6 \\ 5 \\ 0 \end{pmatrix} - \begin{pmatrix} -1 \\ 1 \\ 0 \end{pmatrix} = \begin{pmatrix} 7 \\ 4 \\ 0 \end{pmatrix} \quad \Rightarrow G(7|4|0)$$

$$\text{AD: } \vec{X} = \begin{pmatrix} -2 \\ 5 \\ -2 \end{pmatrix} + q \cdot \begin{pmatrix} 3 \\ 1 \\ 1 \end{pmatrix}; \quad q \in \mathbb{R}$$

$$\begin{aligned} \text{AD} \cap \text{s:} \quad 6 - k &= -2 + 3q \\ 5 + k &= 5 + q \\ 0 &= -2 + q \Rightarrow q = 2 \nearrow k = 2 \end{aligned} \qquad 6 - 2 = -2 + 3 \cdot 2 \text{ (erfüllt)}$$

$$\vec{H} = \begin{pmatrix} 6 \\ 5 \\ 0 \end{pmatrix} - 2\begin{pmatrix} -1 \\ 1 \\ 0 \end{pmatrix} = \begin{pmatrix} 4 \\ 7 \\ 0 \end{pmatrix} \quad \Rightarrow H(4|7|0)$$

d) $$\left.\begin{aligned} \overrightarrow{BG} &= \begin{pmatrix} 7-1 \\ 4-2 \\ 0+2 \end{pmatrix} = \begin{pmatrix} 6 \\ 2 \\ 2 \end{pmatrix} \\ \overrightarrow{GC} &= \begin{pmatrix} 10-7 \\ 5-4 \\ 1-0 \end{pmatrix} = \begin{pmatrix} 3 \\ 1 \\ 1 \end{pmatrix} \end{aligned}\right\} \Rightarrow \overrightarrow{BG} = 2 \cdot \overrightarrow{GC}$$

Da [GH] zu zwei Parallelogrammseiten parallel ist und die beiden anderen Seiten im Verhältnis 2 : 1 teilt, teilt die x_1x_2-Ebene die Parallelogrammfläche ebenfalls im Verhältnis 2 : 1.

2. a) M hat dann den geringsten Abstand, wenn $MS \perp E$, also $MS \parallel \vec{n}_E$.

$$\text{MS: } \vec{X} = \begin{pmatrix} 4 \\ 5 \\ -0{,}5 \end{pmatrix} + m \cdot \begin{pmatrix} 1 \\ 1 \\ -4 \end{pmatrix}; \quad m \in \mathbb{R}$$

$MS \cap E\colon\quad (4+m)+(5+m)-4(-0{,}5-4m)+7=0 \;\Rightarrow\; m=-1$

$$\vec{S}=\begin{pmatrix}4\\5\\-0{,}5\end{pmatrix}-1\begin{pmatrix}1\\1\\-4\end{pmatrix}=\begin{pmatrix}3\\4\\3{,}5\end{pmatrix} \;\Rightarrow\; S(3\,|\,4\,|\,3{,}5)$$

b) $$V=\left|\frac{1}{3}\left|\overrightarrow{AB};\overrightarrow{AD};\overrightarrow{AS}\right|\right|=\left|\frac{1}{3}\begin{vmatrix}3&9&5\\-3&3&-1\\0&3&5{,}5\end{vmatrix}\right|$$

$$=\left|\frac{1}{3}(49{,}5+0-45-0+148{,}5+9)\right|=54$$

oder

$$V=\frac{1}{3}\left|\overrightarrow{AB}\times\overrightarrow{AD}\right|\cdot\left|\overrightarrow{MS}\right|=\frac{1}{3}\left|\begin{pmatrix}3\\-3\\0\end{pmatrix}\times\begin{pmatrix}9\\3\\3\end{pmatrix}\right|\cdot\left|\begin{pmatrix}-1\\-1\\4\end{pmatrix}\right|$$

$$=\frac{1}{3}\left|\begin{pmatrix}-9\\-9\\36\end{pmatrix}\right|\cdot\left|\begin{pmatrix}-1\\-1\\4\end{pmatrix}\right|$$

$$=\frac{1}{3}\cdot\sqrt{1458}\cdot\sqrt{18}=54$$

3. a) $$\vec{S'}=\vec{S}+2\cdot\overrightarrow{SM}=\begin{pmatrix}3\\4\\3{,}5\end{pmatrix}+2\begin{pmatrix}1\\1\\-4\end{pmatrix}=\begin{pmatrix}5\\6\\-4{,}5\end{pmatrix} \;\Rightarrow\; S'(5\,|\,6\,|\,-4{,}5)$$

b) $$\vec{A'}=\vec{S'}+2\cdot\overrightarrow{S'A}=\begin{pmatrix}5\\6\\-4{,}5\end{pmatrix}+2\begin{pmatrix}-7\\-1\\2{,}5\end{pmatrix}=\begin{pmatrix}-9\\4\\0{,}5\end{pmatrix} \;\Rightarrow\; A'(-9\,|\,4\,|\,0{,}5)$$

oder

$\{A'\}=S'A\cap E$

$$S'A\colon\; \vec{X}=\begin{pmatrix}5\\6\\-4{,}5\end{pmatrix}+n\cdot\begin{pmatrix}-7\\-1\\2{,}5\end{pmatrix};\quad n\in\mathbb{R}$$

$S'A \cap E\colon\quad (5-7n)+(6-n)-4(-4{,}5+2{,}5n)+7=0 \;\Rightarrow\; n=2$

$$\vec{A'}=\begin{pmatrix}5\\6\\-4{,}5\end{pmatrix}+2\begin{pmatrix}-7\\-1\\2{,}5\end{pmatrix}=\begin{pmatrix}-9\\4\\0{,}5\end{pmatrix} \;\Rightarrow\; A'(-9\,|\,4\,|\,0{,}5)$$

Beim Parallelogramm A'B'C'D' ist darauf zu achten, dass es parallel zum Parallelogramm ABCD liegt und S der Diagonalenschnittpunkt ist (zentrische Streckung mit Zentrum S').

Leistungskurs Mathematik (Bayern): Abiturprüfung 2004
Analytische Geometrie VI

In einem kartesischen Koordinatensystem des $\mathbb{R}^3$ sind die Punkte $O(0|0|0)$, $A(10|0|0)$, $B(0|4|0)$, $S(0|0|6)$ sowie die Ebenenschar

$$E_t\colon 3x_2 + t x_3 - 3t = 0 \text{ mit } t \in \mathbb{R}$$

gegeben. Die Punkte A, B und S legen die Ebene F fest.

1 a) Bestimmen Sie eine Gleichung der Ebene F in Normalenform.
[mögliches Ergebnis: $6x_1 + 15x_2 + 10x_3 - 60 = 0$] (3 BE)

b) Berechnen Sie, unter welchem Winkel die Ebene F die x_1x_2-Ebene schneidet. (3 BE)

c) Zeigen Sie, dass die Ebene E_2 parallel zur Geraden BS ist. (3 BE)

d) Zeigen Sie, dass die zu AO parallele Mittelparallele des Dreiecks AOS identisch ist mit der Geraden p, die alle Ebenen der Schar E_t gemeinsam haben. (5 BE)

2. Die Punkte A, B, O und S bilden die Ecken der Pyramiden ABOS.

a) Legen Sie ein Koordinatensystem an. Zeichnen Sie die Pyramide ABOS, die Gerade p und die Schnittfläche der Ebene E_2 mit der Pyramide ein. (5 BE)

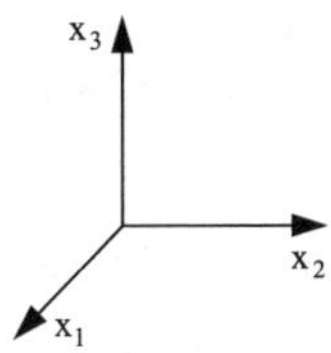

b) Berechnen Sie das Volumen der Pyramide ABOS. (3 BE)

c) Zeigen Sie, dass die Ebene E_2 die Pyramide ABOS in zwei Teilkörper mit gleichem Volumen zerlegt.
(Hinweis: Zerlegen Sie einen der beiden Teilkörper in ein dreiseitiges Prisma und eine dreiseitige Pyramide.) (6 BE)

3. a) Zeigen Sie, dass $M(1{,}2|1{,}2|1{,}2)$ der Mittelpunkt der Inkugel K der Pyramide ABOS ist. (5 BE)

b) Die Ebenenschar E_t enthält neben der x_1x_3-Ebene eine weitere Tangentialebene von K.
Berechnen Sie den zugehörigen Wert von t. (7 BE)

(40 BE)

Lösungen

1. a) F: $\vec{X}=\begin{pmatrix}10\\0\\0\end{pmatrix}+k\cdot\begin{pmatrix}-10\\4\\0\end{pmatrix}+\ell\cdot\begin{pmatrix}-10\\0\\6\end{pmatrix}$

$$\vec{X}=\begin{pmatrix}10\\0\\0\end{pmatrix}+k\cdot\begin{pmatrix}-5\\2\\0\end{pmatrix}+\ell\cdot\begin{pmatrix}-5\\0\\3\end{pmatrix};\quad k,\ell\in\mathbb{R}$$

$$\vec{n}_F=\begin{pmatrix}-5\\2\\0\end{pmatrix}\times\begin{pmatrix}-5\\0\\3\end{pmatrix}=\begin{pmatrix}6-0\\0+15\\0+10\end{pmatrix}=\begin{pmatrix}6\\15\\10\end{pmatrix}\qquad\begin{pmatrix}6\\15\\10\end{pmatrix}\circ\begin{pmatrix}10\\0\\0\end{pmatrix}=60$$

F: $6x_1+15x_2+10x_3-60=0$

b) $\cos\varepsilon=\left|\dfrac{\begin{pmatrix}6\\15\\10\end{pmatrix}\circ\begin{pmatrix}0\\0\\1\end{pmatrix}}{\sqrt{36+225+100}}\right|=\dfrac{10}{19}\quad\Rightarrow\quad\varepsilon=58{,}24°$

c) E_2: $3x_2+2x_3-6=0$

BS: $\vec{X}=\begin{pmatrix}0\\4\\0\end{pmatrix}+m\cdot\begin{pmatrix}0\\4\\-6\end{pmatrix};\quad m\in\mathbb{R}$

$$\begin{pmatrix}0\\3\\2\end{pmatrix}\circ\begin{pmatrix}0\\4\\-6\end{pmatrix}=12-12=0;\quad \vec{n}_{E_2}\perp\vec{u}_{BS}\quad\Rightarrow\quad E_2\parallel BS$$

d) Die gemeinsame Gerade p aller Ebenen E_t ergibt sich durch den Schnitt zweier Scharebenen.

E_t: $3x_2+tx_3-3t=0$

E_λ: $3x_2+\lambda x_3-3\lambda=0\quad\Rightarrow\quad x_2=\lambda-\dfrac{\lambda}{3}x_3$

$x_1=k$

$x_3=\ell$

Somit E_λ: $\vec{X}=\begin{pmatrix}0\\\lambda\\0\end{pmatrix}+k\cdot\begin{pmatrix}1\\0\\0\end{pmatrix}+\ell\cdot\begin{pmatrix}0\\-\frac{\lambda}{3}\\1\end{pmatrix}$

$E_t\cap E_\lambda$:
$$\begin{aligned}3\left(\lambda-\frac{\lambda}{3}\ell\right)+t\ell-3t&=0\\3\lambda-\lambda\ell+t\ell-3t&=0\\\lambda(3-\ell)-t(-\ell+3)&=0\\(3-\ell)(\lambda-t)&=0\end{aligned}$$

Wegen $\lambda\neq t$ (zwei **verschiedene** Ebenen der Schar) muss gelten: $\ell=3$.

Schnittgerade p: $\overrightarrow{X} = \begin{pmatrix} 0 \\ \lambda \\ 0 \end{pmatrix} + k \cdot \begin{pmatrix} 1 \\ 0 \\ 0 \end{pmatrix} + 3 \cdot \begin{pmatrix} 0 \\ -\frac{\lambda}{3} \\ 1 \end{pmatrix}$

$$\overrightarrow{X} = \begin{pmatrix} 0 \\ 0 \\ 3 \end{pmatrix} + k \cdot \begin{pmatrix} 1 \\ 0 \\ 0 \end{pmatrix}; \quad k \in \mathbb{R}$$

andere Lösungsmöglichkeit für p:
Alle E_t sind parallel zur x_1-Achse, da $\vec{n}_{E_t} = \begin{pmatrix} 0 \\ 3 \\ t \end{pmatrix}$, also auch $p \parallel \begin{pmatrix} 1 \\ 0 \\ 0 \end{pmatrix}$.

Alle E_t (mit $t \neq 0$) lassen sich auch angeben durch E_t: $\frac{3}{t} x_2 + x_3 - 3 = 0$. Also liegt $(0|0|3)$ auf allen E_t (auch auf E_0!):

p: $\overrightarrow{X} = \begin{pmatrix} 0 \\ 0 \\ 3 \end{pmatrix} + k \cdot \begin{pmatrix} 1 \\ 0 \\ 0 \end{pmatrix}; \quad k \in \mathbb{R}$

Die zu AO parallele Mittelparallele des Dreiecks AOS ist die Gerade durch die Mittelpunkte der Strecken [AS] und [OS].

$\overrightarrow{M}_{AS} = \frac{1}{2} \begin{pmatrix} 10+0 \\ 0+0 \\ 0+6 \end{pmatrix} = \begin{pmatrix} 5 \\ 0 \\ 3 \end{pmatrix} \quad \Rightarrow \quad M_{AS}(5|0|3)$

$\overrightarrow{M}_{OS} = \begin{pmatrix} 0 \\ 0 \\ 3 \end{pmatrix} \qquad \Rightarrow \quad M_{OS}(0|0|3)$

$M_{AS}M_{OS}$: $\overrightarrow{X} = \begin{pmatrix} 0 \\ 0 \\ 3 \end{pmatrix} + \ell \cdot \begin{pmatrix} 5 \\ 0 \\ 0 \end{pmatrix}$

$$\overrightarrow{X} = \begin{pmatrix} 0 \\ 0 \\ 3 \end{pmatrix} + \ell \cdot \begin{pmatrix} 1 \\ 0 \\ 0 \end{pmatrix}; \quad \ell \in \mathbb{R} \quad \Rightarrow \quad M_{AS}M_{OS} \equiv p$$

2. a)

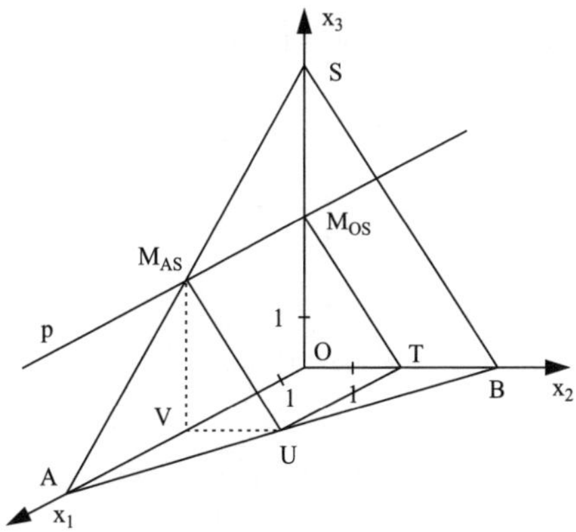

A(10|0|0)
B(0|4|0)
S(0|0|6)
O(0|0|0)
$M_{AS}(5|0|3)$
$M_{OS}(0|0|3)$
T(0|2|0)
U(5|2|0)
V(5|0|0)

Die Schnittfläche verläuft durch p (siehe Teilaufgabe 1 d) und parallel zu BS (siehe Teilaufgabe 1 c)

b) $V_{ABOS} = \left|\frac{1}{6}\left|\overrightarrow{OA}; \overrightarrow{OB}; \overrightarrow{OS}\right|\right| = \left|\frac{1}{6}\begin{vmatrix} 10 & 0 & 0 \\ 0 & 4 & 0 \\ 0 & 0 & 6 \end{vmatrix}\right| = \frac{1}{6} \cdot 240 = 40$

c) Die Pyramide ABOS wird durch die Ebene E_2 zerlegt in die Teilkörper $AUTOM_{OS}M_{AS}$ und $UBSM_{AS}M_{OS}T$.

Der Teilkörper $AUTOM_{OS}M_{AS}$ lässt sich zerlegen in das Prisma $VUM_{AS}OTM_{OS}$ und die Pyramide $VUM_{AS}A$.

$$\begin{aligned} V_{\text{Teilkörper}} &= A_{OTM_{OS}} \cdot \overline{OV} + \frac{1}{3} A_{VUM_{AS}} \cdot \overline{VA} \\ &= \frac{1}{2} \cdot 2 \cdot 3 \cdot 5 + \frac{1}{3} \cdot \frac{1}{2} \cdot 2 \cdot 3 \cdot 5 \\ &= 15 + 5 = 20 \\ &= \frac{1}{2} V_{ABOS} \end{aligned}$$

3. a) $M(1{,}2 \mid 1{,}2 \mid 1{,}2)$ hat von den drei Pyramidenflächen AOS (x_1x_3-Ebene), ABO (x_1x_2-Ebene) und OBS (x_2x_3-Ebene) jeweils den Abstand 1,2.

Berechnung des Abstands von der Pyramidenfläche ABS (Ebene F).

F_{HNF}: $\frac{1}{19}(6x_1 + 15x_2 + 10x_3 - 60) = 0$

$d(M; F) = \frac{1}{19}(6 \cdot 1{,}2 + 15 \cdot 1{,}2 + 10 \cdot 1{,}2 - 60) = -1{,}2$

Da M von allen vier Pyramidenflächen denselben Abstand hat, ist M Mittelpunkt der Inkugel der Pyramide ABOS.

b) $E_{t\,HNF}$: $\frac{1}{\sqrt{9+t^2}}(3x_2 + tx_3 - 3t) = 0$

$$d(M; E_t) = 1{,}2 \quad \Rightarrow \quad \frac{1}{\sqrt{9+t^2}}(3 \cdot 1{,}2 + t \cdot 1{,}2 - 3t) = 1{,}2$$

$$\begin{aligned} 3{,}6 - 1{,}8t &= 1{,}2\sqrt{9+t^2} \\ 12{,}96 - 12{,}96t + 3{,}24t^2 &= 12{,}96 + 1{,}44t^2 \\ 1{,}8t^2 - 12{,}96t &= 0 \\ t_1 = 0; \qquad t_2 &= 7{,}2 \end{aligned}$$

E_0: $3x_2 = 0$ (x_1x_3-Ebene)

$E_{7,2}$: $3x_2 + 7{,}2x_3 - 21{,}6 = 0$

Ihre Meinung ist uns wichtig!

Ihre Anregungen sind uns immer willkommen. Bitte informieren Sie uns mit diesem Schein über Ihre Verbesserungsvorschläge!

Titel-Nr.	Seite	Vorschlag

Bitte hier abtrennen

Zutreffendes bitte ankreuzen!

Die Absenderin/der Absender ist:

- ☐ Lehrer/in in den Klassenstufen: ____
- ☐ Fachbetreuer/in
  Fächer: ____
- ☐ Seminarlehrer/in
  Fächer: ____
- ☐ Regierungsfachberater/in
  Fächer: ____
- ☐ Oberstufenbetreuer/in
- ☐ Schulleiter/in
- ☐ Referendar/in, Termin 2. Staatsexamen: ____
- ☐ Leiter/in Lehrerbibliothek
- ☐ Leiter/in Schülerbibliothek
- ☐ Sekretariat
- ☐ Eltern
- ☐ Schüler/in, Klasse: ____
- ☐ Sonstiges: ____

Unterrichtsfächer: (Bei Lehrkräften!)

____

14-VM9

Bitte ausfüllen und im frankierten Umschlag an uns einsenden. Für Fensterkuverts geeignet.

STARK Verlag
Postfach 1852
85318 Freising

Kennen Sie Ihre Kundennummer?
Bitte hier eintragen.

Absender (Bitte in Druckbuchstaben!)

Name/Vorname ____

Straße/Nr. ____

PLZ/Ort ____

Telefon privat ____ **Geburtsjahr** ____

E-Mail-Adresse ____

Schule/Schulstempel (Bitte immer angeben!)